★以前学んだ，物理基礎の公式も多く使うので確認しておこう！

圧力

$$p=\frac{F}{S}$$

p〔Pa〕　圧力　S〔m²〕　面積
F〔N〕　力

水圧

$$p=\rho hg$$

p〔Pa〕　水圧　h〔m〕　水深
ρ〔kg/m³〕　水の密度
g〔m/s²〕　重力加速度の大きさ

浮力

$$F=\rho Vg$$

F〔N〕　浮力の大きさ
ρ〔kg/m³〕　水（流体）の密度
V〔m³〕　物体の水（流体）中の体積
g〔m/s²〕　重力加速度の大きさ

重力による位置エネルギー

$$U=mgh$$

U〔J〕　重力による位置エネルギー
m〔kg〕　質量
g〔m/s²〕　重力加速度の大きさ
h〔m〕　高さ

弾性力による位置エネルギー

$$U=\frac{1}{2}kx^2$$

U〔J〕　弾性力による位置エネルギー
k〔N/m〕　ばね定数
x〔m〕　ばねの伸び（または縮み）

仕事

$$W=Fx\cos\theta$$

W〔J〕　仕事
F〔N〕　力の大きさ
x〔m〕　移動距離
θ〔°〕　力の向きと移動の向きがなす角

仕事率

$$P=\frac{W}{t}$$

P〔W〕　仕事率　t〔s〕　時間
W〔J〕　仕事

運動エネルギー

$$K=\frac{1}{2}mv^2$$

K〔J〕　運動エネルギー
m〔kg〕　質量
v〔m/s〕　速さ

運動エネルギーと仕事の関係

$$\frac{1}{2}mv^2-\frac{1}{2}mv_0{}^2=W$$

m〔kg〕　質量
v_0〔m/s〕　変化前の速さ
v〔m/s〕　変化後の速さ
W〔J〕　物体にされた仕事

力学的エネルギー保存則

力学的エネルギー＝一定

条件▶保存力だけがはたらくとき，または保存力以外の力がはたらいても仕事をしないとき

波の要素

$$v=f\lambda,\ f=\frac{1}{T}$$

v〔m/s〕　波の速さ　λ〔m〕　波長
f〔Hz〕　振動数　T〔s〕　周期

うなり

$$f=|f_1-f_2|$$

f〔1/s〕　1秒当たりに生じるうなりの回数
f_1，f_2〔Hz〕　2つの音源の振動数

弦の固有振動

$$\lambda_m=\frac{2l}{m}\quad(m=1,\ 2,\ 3,\ \cdots)$$

λ_m〔m〕　固有振動の波長
l〔m〕　弦の長さ

気柱の固有振動

閉管　$\lambda_m=\dfrac{4l}{m}\quad(m=1,\ 3,\ 5,\ \cdots)$

開管　$\lambda_m=\dfrac{2l}{m}\quad(m=1,\ 2,\ 3,\ \cdots)$

λ_m〔m〕　固有振動の波長
l〔m〕　管の長さ

条件▶開口端補正が無視できるとき

電力量と電力

電力量：$W=IVt=I^2Rt=\dfrac{V^2}{R}t$

電　力：$P=IV=I^2R=\dfrac{V^2}{R}$

W〔J〕　電力量　V〔V〕　電圧　R〔Ω〕　抵抗
I〔A〕　電流　t〔s〕　時間　P〔W〕　電力

原子番号と質量数

原子番号＝陽子の数
質量数＝陽子の数＋中性子の数

◆ 大学入学共通テストの出題科目および科目選択方法 ◆

大学入学共通テストについて，理科では以下の８つの科目(物理基礎，化学基礎，生物基礎，地学基礎，物理，化学，生物，地学)が出題されます。この中から，下記のＡ～Ｄのいずれかの科目選択方法で受験することができます。

●大学入学共通テストの理科出題科目

教　科	グループ	出題科目
理　科	①	「物理基礎」，「化学基礎」，「生物基礎」，「地学基礎」
	②	「物理」，「化学」，「生物」，「地学」

・「グループ」はそれぞれ独立した時間帯に試験を行うことを示しています。

●大学入学共通テストの理科の科目選択方法

Ａ：グループ①から２科目
Ｂ：グループ②から１科目
Ｃ：グループ①から２科目及びグループ②から１科目
Ｄ：グループ②から２科目

グループ①を受験する受験生は，試験時間 60 分の間に２科目(計 100 点)を選択して解答します。
グループ②を受験する受験生は，１科目または２科目を選択し，１科目選択の場合の試験時間は 60 分，２科目選択の場合の試験時間は 130 分(うち解答時間は 120 分)となります。グループ②の１科目当たりの得点は 100 点です。

※大学や学部によって，必要な科目や，受験に使用できない科目が異なりますので，各大学の募集要項などを十分に確認してください。
※出題科目および科目選択方法は変更される可能性がありますので，最新の情報は大学入試センターのホームページなどで確認してください。

カテゴリー別

大学入学

共通テスト
対策問題集

物理

数研出版編集部 編

Ⅰ 知識確認の問題

Ⅱ 考察問題

Ⅲ グラフ・図・資料を読み解く問題

Ⅳ 読解問題

数研出版
https://www.chart.co.jp

大学入学共通テストとは

2021年1月から始まる「大学入学共通テスト」は，「各教科・科目の特質に応じ，知識・技能を十分有しているかの評価も行いつつ，思考力・判断力・表現力を中心に評価を行うものとする。」という方針のもと，「課題の把握」，「課題の探究」，「課題の解決」の力をはかるものです。「物理」では，知識を活用し，見慣れない事象に対して類推する問題，グラフや図，資料から実験の状況や結果などを読み取る問題，導入の文章から必要な情報を読み取る問題などの出題が予想されます。

本書の特色

「大学入学共通テスト」では，従来よりもさらに「思考力」「判断力」「表現力」が重視されると考えられます。本書では，初見のグラフや図，実験であっても，しっかり読み取ることができれば解答できる問題で構成することで，「大学入学共通テスト」に必要な能力を磨くことをねらいとしています。また，「知識・技能を十分有しているかの評価も行いつつ」という方針にもとづき，「物理」で必要な知識が十分に定着しているかも確認できるようになっています。

本書の構成

本書では「大学入学共通テスト」への対策として，次のⅠ～Ⅳのカテゴリーで構成しています。苦手なカテゴリーを重点的に取り組むことができ，学習状況によって，様々な使い方ができます。

カテゴリー Ⅰ

知識確認の問題

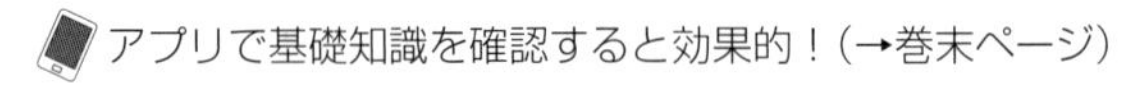

「物理」で必要な基本的な知識を習得できる穴埋め形式の「要点チェック」，知識が十分に定着しているかを確かめるための「確認問題」を扱いました。

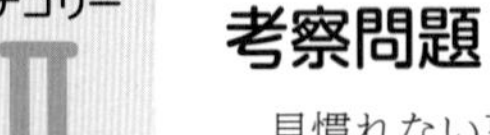

カテゴリー Ⅱ

考察問題

見慣れない事象に対して類推し，基本的な法則，知識をもとに解答する問題を扱いました。

カテゴリー Ⅲ

グラフ・図・資料を読み解く問題

問題文で与えられたグラフや図，資料から情報を読み取って解答したり，データや状況から適切なグラフなどを選択したりする問題を扱いました。

カテゴリー Ⅳ

読解問題

次のパターンのように，日常生活や実験の内容などに関して，導入の文章から必要な情報を読み取り，解答する問題を扱いました。

① 2人以上で対話している形式の問題。

② 問題冒頭に比較的長めの文章があり，それを読んだ上で解答する問題。

目　次

カテゴリーⅠ 知識確認の問題

カテゴリーⅡ 考察問題

カテゴリーⅢ グラフ・図・資料を読み解く問題

カテゴリーⅣ 読解問題

解答編の使い方

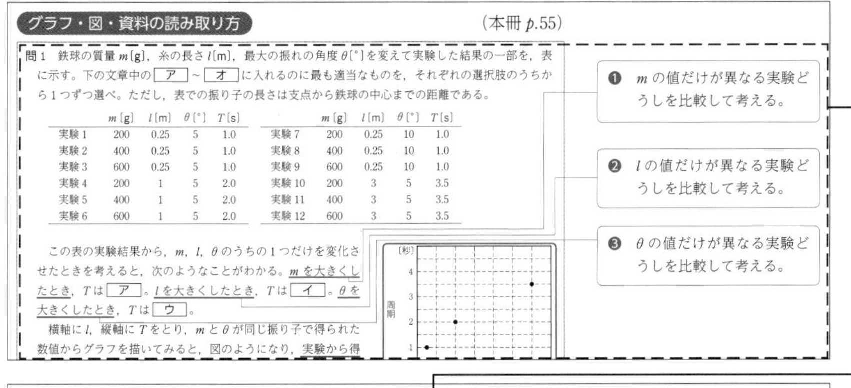

グラフ・図・資料の読み取り方　（本冊 p.55）

問1　鉄球の質量 m[g]，糸の長さ l[m]，最大の振れの角度 θ[°] を変えて実験した結果の一部を，表に示す。下の文章中の［ア］～［オ］に入れるのに最も適当なものを，それぞれの選択肢のうちから1つずつ選べ。ただし，表での振り子の長さは支点から鉄球の中心までの距離である。

	m[g]	l[m]	θ[°]	T[s]		m[g]	l[m]	θ[°]	T[s]
実験1	200	0.25	5	1.0	実験7	200	0.25	10	1.0
実験2	400	0.25	5	1.0	実験8	400	0.25	10	1.0
実験3	600	0.25	5	1.0	実験9	600	0.25	10	1.0
実験4	200	1	5	2.0	実験10	200	3	5	3.5
実験5	400	1	5	2.0	実験11	400	3	5	3.5
実験6	600	1	5	2.0	実験12	600	3	5	3.5

この表の実験結果から，m，l，θ のうちの1つだけを変化させたときを考えると，次のようなことがわかる。m を大きくしたとき，T は［ア］。l を大きくしたとき，T は［イ］。θ を大きくしたとき，T は［ウ］。

横軸に l，縦軸に T をとり，m と θ が同じ振り子で得られた数値からグラフを描いてみると，図のようになり，実験から得

❶ m の値だけが異なる実験どうしを比較して考える。

❷ l の値だけが異なる実験どうしを比較して考える。

❸ θ の値だけが異なる実験どうしを比較して考える。

問題文を再掲載し，問題文やグラフ・図から読み取れることや読んだ際に気づくべきポイントをまとめています。

解説

思考の過程▶

$T=2\pi\sqrt{\dfrac{l}{g}}$ を念頭におきつつ，実験結果がこの式の成立をうらづけていることを確認しながら読み進めていけばよい。

問1　❶～❸より，m，l，θ のうち，m だけを変化させた場合，T は変化していない。l だけを変化させたときには，l を大きくすると T も大きくなっている。θ だけを変化させた場合，T は変化していない。

❹より，縦軸の値を大きくするべく，T^2 を計算すると

$1.0^2=1.0$，$2.0^2=4.0$，$3.5^2=12.25\fallingdotseq 12$

となる。そうすると $\dfrac{T^2\text{の変化}}{l\text{の変化}}$ の値は

グラフが原点を通ることから，T^2 が l に比例していることがわかり，T が $\sqrt{l}$ に比例していることがわかった。

以上より，［ア］は①，［イ］は②，［ウ］は①，［エ］は①，［オ］は⑥。

T^2[s²]　0　1　2　3　l[m]

知識の確認　単振り子の周期

振れの角度が十分に小さい単振り子の周期 T は

$T=2\pi\sqrt{\dfrac{l}{g}}$

解答に至る手順を記載しています。どういう流れで解答するかをイメージできます。

確実に身につけておきたい基本的な知識を掲載しています。

カテゴリーⅠ・Ⅱの解答編は，2段組の解説となっておりますが，カテゴリーⅢ・Ⅳは通常の解説に加えて，問題文の該当部分を示しつつ，読み取り方のポイントも示しています。

I 知識確認の問題

第1章 力と運動

要点チェック 平面内の運動

1 速度の合成と分解，相対速度

(1) 速度の合成

互いに平行な速度$\vec{v_1}$〔m/s〕，$\vec{v_2}$〔m/s〕の合成速度$\vec{v}$〔m/s〕は　$\vec{v}$ = ア〔　　　　　〕

(2) 速度の分解

速度$\vec{v}$〔m/s〕の大きさをv〔m/s〕とする。$\vec{v}$とx軸とのなす角をθとすると，$\vec{v}$のx成分v_xとy成分v_yは

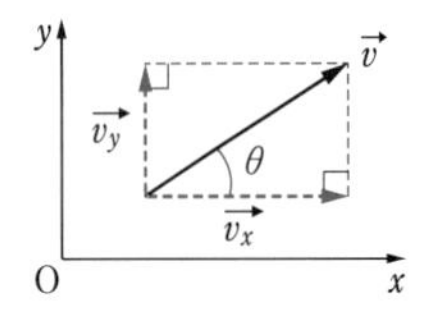

v_x = イ〔　　　　　〕，v_y = ウ〔　　　　　〕

ただし，$v^2 = v_x{}^2 + v_y{}^2$

(3) 相対速度

速度$\vec{v_A}$〔m/s〕で進む物体Aから，速度$\vec{v_B}$〔m/s〕で進む物体Bを見たときの相対速度$\vec{v_{AB}}$〔m/s〕は

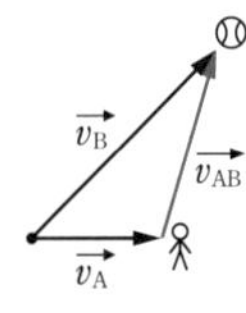

$\vec{v_{AB}}$ = エ〔　　　　　〕

2 落体の運動

(1) 水平投射

鉛直方向にはオ〔　　　　　〕，水平方向にはカ〔　　　　　〕と同様の運動をする。初速度の大きさをv_0〔m/s〕，重力加速度の大きさをg〔m/s²〕としたとき，水平方向で初速度の向きにx軸，鉛直下向きにy軸をとると，t〔s〕後の座標(x, y)と速度(v_x, v_y)は

x軸方向

v_x = キ〔　　　　　〕，x = ク〔　　　　　〕

y軸方向

v_y = ケ〔　　　　　〕，y = コ〔　　　　　〕

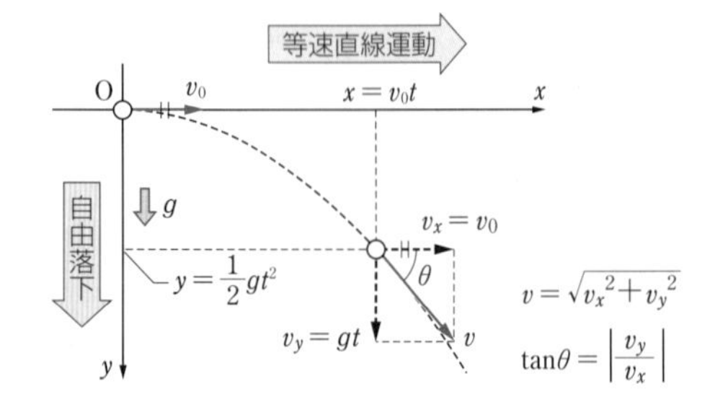

(2) 斜方投射

物体を水平から角度θの方向に投げ出す運動では，鉛直方向にはサ〔　　　　　〕，水平方向にはシ〔　　　　　〕と同様の運動をする。初速度の大きさをv_0〔m/s〕，重力加速度の大きさをg〔m/s²〕としたとき，水平方向右向きにx軸，鉛直方向上向きにy軸をとると，t〔s〕後の座標(x, y)と速度(v_x, v_y)は

x軸方向

v_x = ス〔　　　　　〕

x = セ〔　　　　　〕

y軸方向

v_y = ソ〔　　　　　〕

y = タ〔　　　　　〕

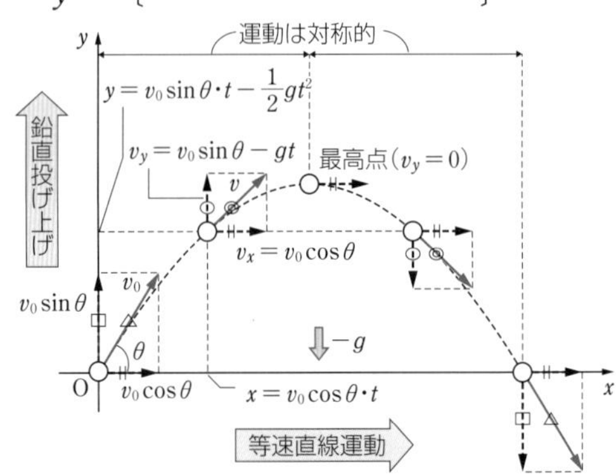

(3) 空気の抵抗

空気中を落下する球が，空気から受ける抵抗力の大きさR〔N〕は，速さv〔m/s〕に比例する。

$R = kv$　（kは比例定数）

最終的に抵抗力は重力mg〔N〕とつりあう。このときの速度v_f〔m/s〕をチ〔　　　　　〕という。

$$kv_f = mg \qquad よって \qquad v_f = \frac{mg}{k}$$

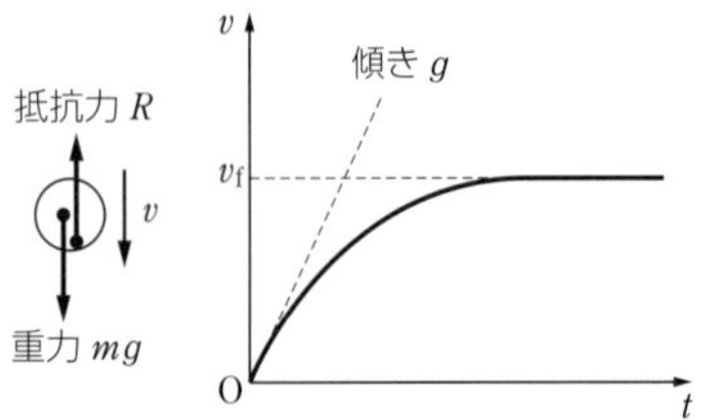

001. 斜方投射　4分

水平右向きに x 軸を，鉛直上向きに y 軸をとり，原点Oから小球を，x 軸に対して角度 θ の方向に速さ v_0 で投げ上げる。時刻 $t=0$ に投げ出された小球は，最高点に達した後，やがて床に衝突した。重力加速度の大きさを g とすると，この間の時刻 t における小球の座標 x と y を表す式の組合せとして正しいものを，次の①～⑥のうちから1つ選べ。

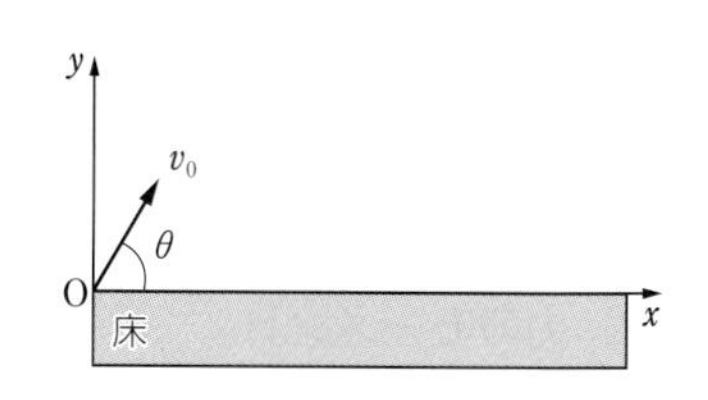

	x	y
①	v_0t	$-\frac{1}{2}gt^2$
②	v_0t	$v_0t-\frac{1}{2}gt^2$
③	$v_0t\sin\theta$	$v_0t\cos\theta+\frac{1}{2}gt^2$
④	$v_0t\sin\theta$	$v_0t\cos\theta-\frac{1}{2}gt^2$
⑤	$v_0t\cos\theta$	$v_0t\sin\theta+\frac{1}{2}gt^2$
⑥	$v_0t\cos\theta$	$v_0t\sin\theta-\frac{1}{2}gt^2$

〔2015 センター追試 改〕

002. 斜面をすべり下りる物体の運動　2分

図のように，水平面A，Bが，斜面台をはさんで，なめらかにつながっている。平面と斜面台の交線 L_A，L_B は互いに平行で，交線に垂直な斜面台の断面の形は場所によらず同じである。交線 L_A に垂直に交わる直線と角度 θ_A をなす方向から，小物体が速さ V_A で等速直線運動をしてきて，斜面を通過し，平面Bに到達した。平面B上では，小物体は交線 L_B に垂直に交わる直線と角度 θ_B をなす方向に速さ V_B で等速直線運動をした。小物体と面との間に摩擦はなく，また，小物体は面から離れることなく運動する。

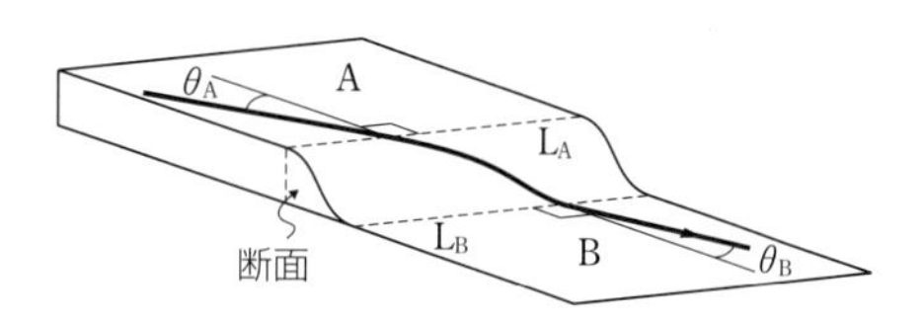

速さ V_A，V_B および角度 θ_A，θ_B の間の関係として正しいものを，次の①～⑤のうちから1つ選べ。

① $V_A=V_B$，$\theta_A=\theta_B$　② $V_A\sin\theta_A=V_B\cos\theta_B$　③ $V_A\cos\theta_A=V_B\sin\theta_B$

④ $V_A\sin\theta_A=V_B\sin\theta_B$　⑤ $V_A\cos\theta_A=V_B\cos\theta_B$

〔2005 センター本試 改〕

003. 空気の抵抗を受ける雨滴の運動　1分

雨滴は空気中を落下するとき，速さがあまり大きくならない範囲では速さに比例する抵抗力を受ける。その速さ v は，時刻 t とともにどのように変化するか。最も適当なものを，次の①～④のうちから1つ選べ。

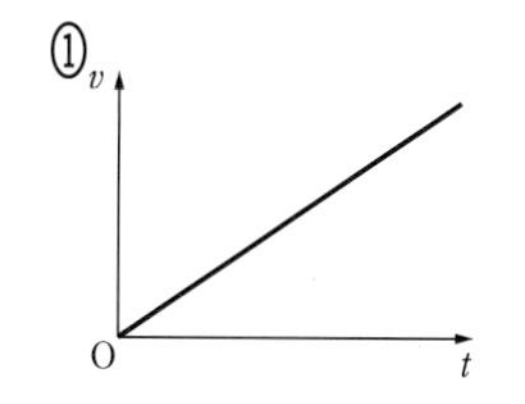

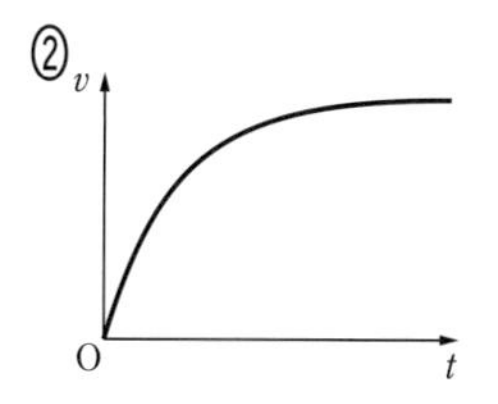

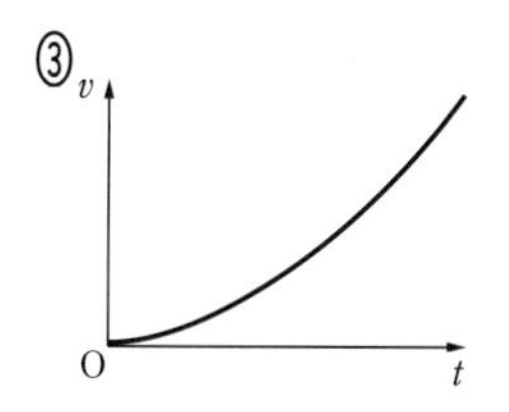

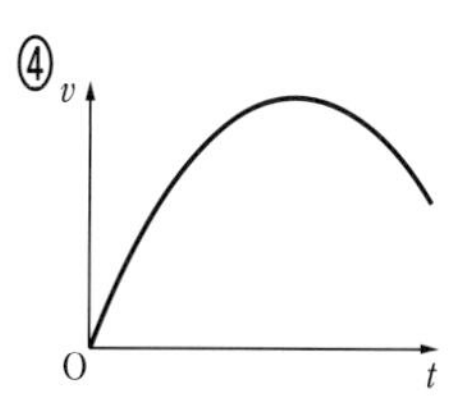

〔1999 センター本試〕

要点チェック　剛体

1 剛体にはたらく力のつりあい

(1) 剛体にはたらく力

剛体とは力を加えても変形しない理想的な物体。運動はア〔　　　〕運動とイ〔　　　〕運動の組み合わせ。

(2) 力のモーメント

剛体を，ある点のまわりに回転させようとする能力の大きさ。

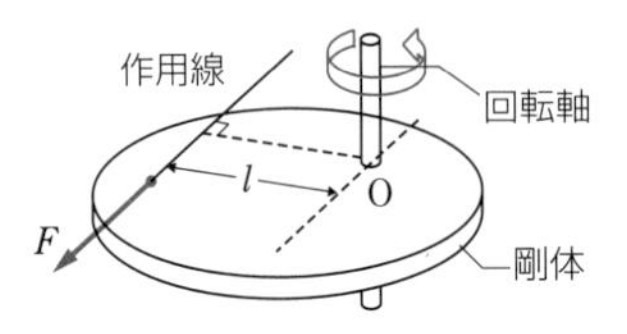

剛体にはたらく力の大きさを F〔N〕，点Oと力のウ〔　　　　　〕の距離を l〔m〕としたとき，力のモーメント M は

$M=$エ〔　　　　　〕

ただし，M の符号は反時計回りを正とし，単位の記号はオ〔　　　〕である。

(3) 剛体のつりあい

複数の力 $\vec{F_1}$，$\vec{F_2}$，$\vec{F_3}$，…(大きさ F_1，F_2，F_3，…)がはたらいている。

$M_1=F_1l_1$，$M_2=F_2l_2$，$M_3=F_3l_3$，…として，

①並進運動し始めない条件

カ〔　　　　　　　　　　　　　　〕$=\vec{0}$

②回転運動し始めない条件

キ〔　　　　　　　　　　　　　　〕$=0$

2 剛体にはたらく力の合力と偶力

(1) 平行でない2力の合力

2力を作用線の交点に移動し，合成する。

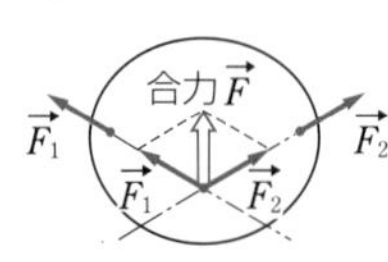

(2) 平行で同じ向きの2力の合力

剛体に2力(大きさ F_1，F_2)が同じ向きではたらくとき，合力の大きさは F_1+F_2，合力の作用線はABを

$l_1 : l_2=F_2 : F_1$

に内分する。

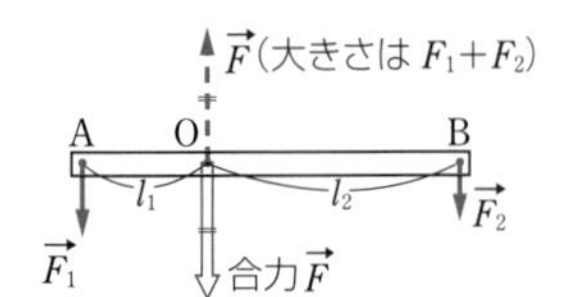

(3) 平行で逆向きの2力の合力

剛体に2力(大きさ F_1，F_2 であり，$F_1>F_2$)が逆向きにはたらくとき，向きは $\vec{F_1}$ と同じ，合力の大きさは F_1-F_2，合力の作用線はABを

$l_1 : l_2=F_2 : F_1$

に外分する。

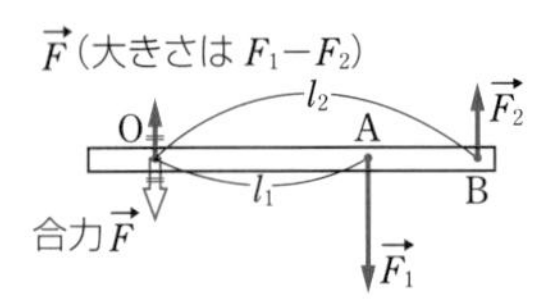

(4) 偶力

大きさは等しく，平行でク〔　　　〕向きの2力の1対。

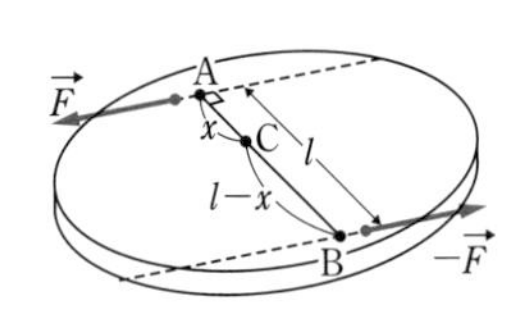

はたらき

ケ〔　　　　　〕運動をさせる。

コ〔　　　　　〕運動はさせない。

偶力のモーメント　Fl

(F は力の大きさ，l は作用線間の距離)

どの点のまわりの力のモーメントを考えても，その和は Fl になる。

3 重心

物体の各部分にはたらく重力の合力の作用点を重心という。

図のように，軽い棒で結ばれた小物体A，Bの質量を m_1，m_2〔kg〕，位置を x_1，x_2〔m〕とすると，重心の位置 x_G〔m〕は

$x_G=$サ〔　　　　　　　　〕

また，一般の剛体の重心の座標(x_G，y_G)は

$$x_G=\frac{m_1x_1+m_2x_2+m_3x_3+\cdots}{m_1+m_2+m_3+\cdots}$$

$$y_G=\frac{m_1y_1+m_2y_2+m_3y_3+\cdots}{m_1+m_2+m_3+\cdots}$$

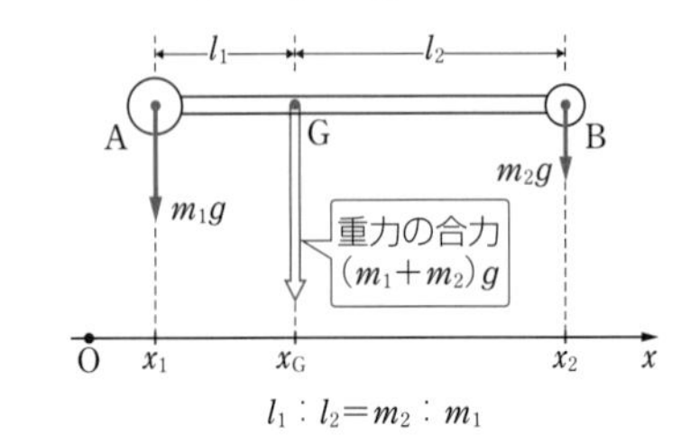

確認問題

004. 力のつりあいとモーメント ⏱3分

質量 M，長さ L の一様な細い棒 AB が，図のようにその一端 A と，A から $\frac{3}{4}L$ だけ離れた点 C で支えられている。棒の他端 B に下向きの力 F を徐々に加えていくと，$F=F_0$ で棒 AB は点 C を中心に回転を始める。このときの力の大きさ F_0 はいくらか。正しいものを，次の①～⑤のうちから1つ選べ。ただし，重力加速度の大きさを g とする。

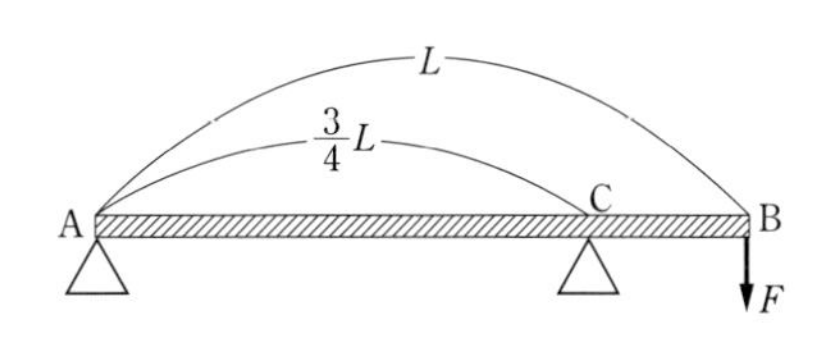

① $3Mg$　② $2Mg$　③ $\frac{1}{2}Mg$　④ Mg　⑤ $\frac{2}{3}Mg$

〔1999 センター追試 改〕

005. 杭(くい)の上に置いた棒のつりあい ⏱3分

右の図のように，長さ l の一様な棒 AB の端 A に糸を結び，この糸の他端を鉛直に立てた杭 CD 上の点 P につなぎ，棒を杭の上に置いたところ，棒は水平になり静止した。

このとき，棒が杭と接する点 C は点 A から距離 $\frac{l}{4}$ にあり，糸が杭となす角度は θ であった。

棒 AB の質量を M とするとき，糸の張力 T はいくらか。正しいものを次の①～⑥のうちから1つ選べ。ただし，重力加速度の大きさを g とする。

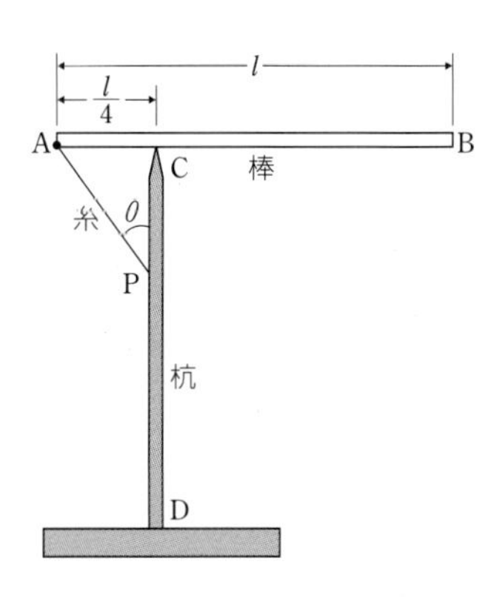

① $\dfrac{Mg}{2\cos\theta}$　② $\dfrac{Mg}{2\sin\theta}$　③ $\dfrac{Mg}{\cos\theta}$　④ $\dfrac{Mg}{\sin\theta}$

⑤ $2Mg\cos\theta$　⑥ $2Mg\sin\theta$

〔2004 センター本試〕

006. 糸でつるした棒のつりあい ⏱3分

長さ $2a$ の棒 AB を長さ $2a$ の糸2本で点 P からつり下げた。さらに質量 m のおもりを B 端から x の距離の位置につり下げたところ棒が傾いたので，図のように，B 端に水平方向に力を加えて棒を水平に保った。このときの糸 AP にはたらく張力 T の大きさを表す式として正しいものを，次の①～⑥のうちから1つ選べ。ただし，棒 AB と糸の質量は無視できるものとし，また重力加速度の大きさを g とし，$x > a$ とする。

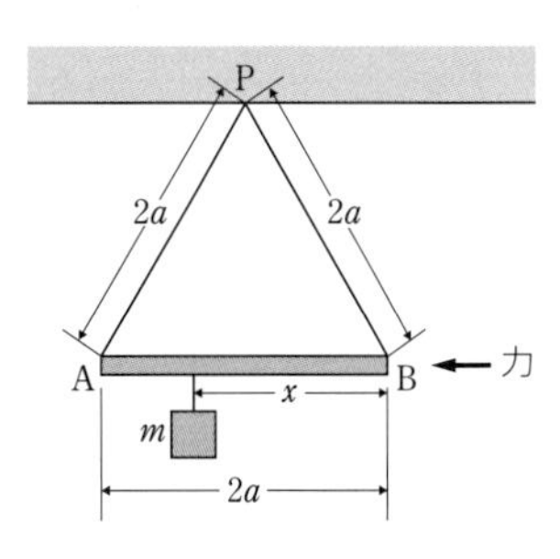

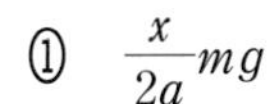

① $\dfrac{x}{2a}mg$　② $\dfrac{x}{\sqrt{3}a}mg$　③ $\dfrac{x}{a}mg$　④ $\dfrac{x-a}{2a}mg$

⑤ $\dfrac{x-a}{\sqrt{3}a}mg$　⑥ $\dfrac{x-a}{a}mg$

〔2003 センター追試 改〕

要点チェック　運動量の保存

1 運動量と力積

(1) 運動量

物体の運動の勢い(激しさ)を表す量を運動量といい，次の式で表せる。

$\vec{p}=$ ア〔　　　〕

($\vec{p}$〔kg·m/s〕：運動量
m〔kg〕：質量　$\vec{v}$〔m/s〕：速度)

(2) 力積

一定の大きさの力 F〔N〕が時間 Δt〔s〕の間はたらくとき，力積はイ〔　　　〕と表せる。

(3) 運動量と力積の関係

物体の運動量の変化は，その間に物体が受けた力積に等しい。質量 m〔kg〕の物体が，速度 $\vec{v}$〔m/s〕で運動していたとき，一定の力 $\vec{F}$〔N〕を受けて Δt〔s〕後に $\vec{v'}$〔m/s〕になったとすると

ウ〔　　　　　〕$=\vec{F}\Delta t$

が成りたつ。

運動方向と力の方向が異なるとき，運動量の大きさだけでなく，エ〔　　　〕も変わる。

2 運動量保存則

(1) 内力と外力

A，B からなる物体系を考える。A，B が互いに及ぼし合う力をオ〔　　　〕といい，A，B 以外からはたらく力をカ〔　　　〕という。

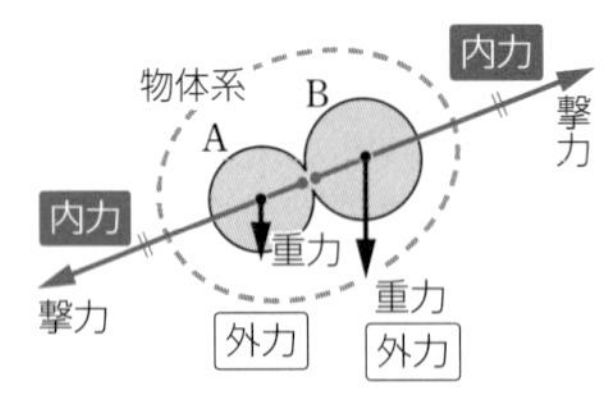

(2) 運動量保存則

物体に外力がはたらかず，内力のみのとき，全体のキ〔　　　〕

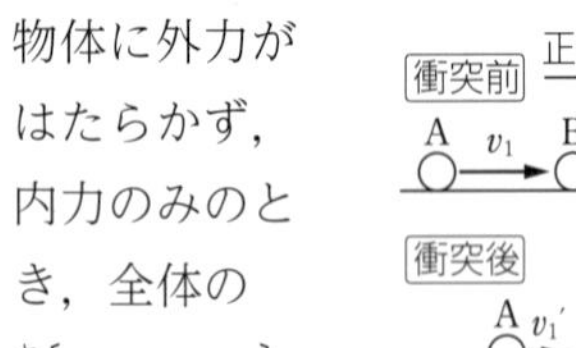

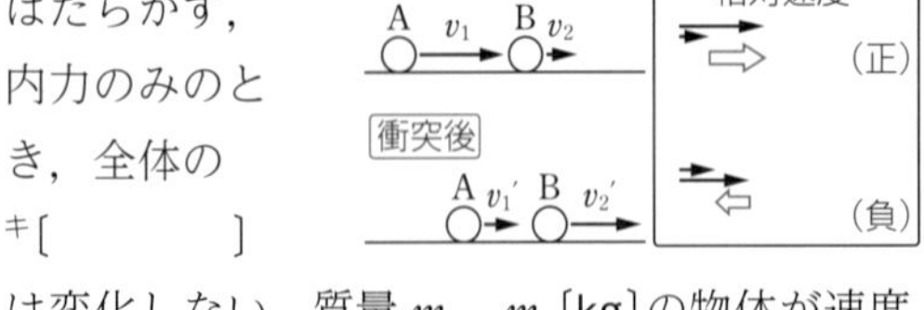

は変化しない。質量 m_1，m_2〔kg〕の物体が速度 $\vec{v_1}$，$\vec{v_2}$〔m/s〕で運動して衝突したとき，衝突直後の速度が $\vec{v_1'}$，$\vec{v_2'}$〔m/s〕になったとすると

$m_1\vec{v_1}+m_2\vec{v_2}=$ ク〔　　　　　〕

が成りたつ。

3 反発係数

(1) 床との衝突

衝突前後の物体の速度をそれぞれ v，v'〔m/s〕としたとき衝突前後の速さの比は

$$e=\frac{|v'|}{|v|}=-\frac{v'}{v}$$

e は反発係数(または，はね返り係数)という。

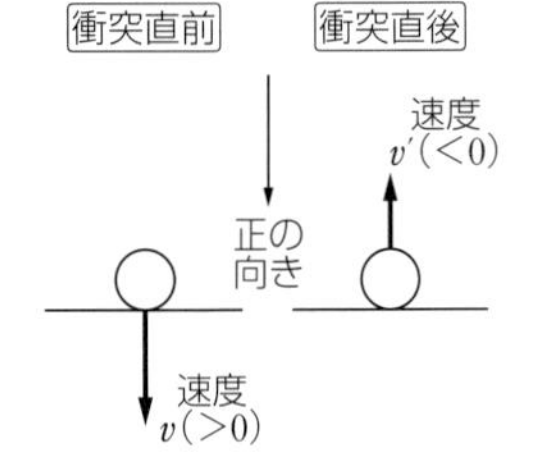

(2) 直線上の 2 物体の衝突

2 物体の衝突前の速度をそれぞれ v_1，v_2〔m/s〕，衝突後の速度をそれぞれ v_1'，v_2'〔m/s〕とすると，反発係数 e は

$e=$ ケ〔　　　　　〕

$e=1$：コ〔　　　　〕

最もよくはねかえる。

力学的エネルギーは保存される。

$0\leqq e<1$：サ〔　　　　〕

力学的エネルギーは保存されない。

$e=0$：シ〔　　　　　〕

はねかえらず，2 物体は合体する。

$(|v_1'-v_2'|=$ ス〔　　〕$)$

(3) なめらかな床との斜めの衝突

小球は床にセ〔　　　〕な方向には力を受けないので

$v_x'=v_x$

一方，床にソ〔　　　〕な方向では $e=-\dfrac{v_y'}{v_y}$ が成りたつので

$v_y'=-ev_y$

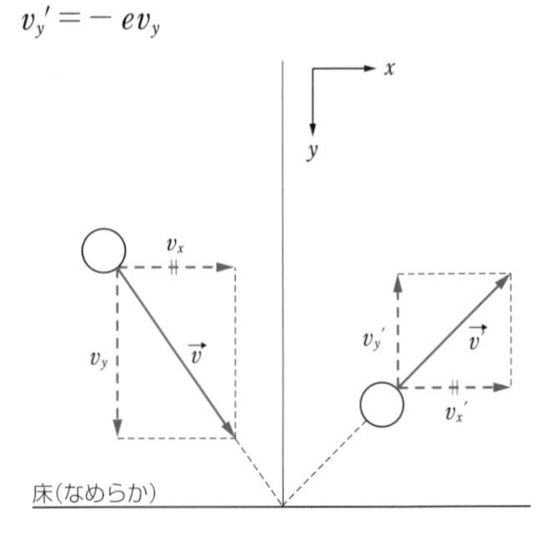

007. 非弾性衝突　1分

2つの物体が非弾性衝突をするとき，衝突の前後で常に保存される量は何か。次の①～④のうちから正しいものを1つ選べ。

① 運動エネルギーの和　② 力学的エネルギーの和
③ 運動量の和　④ 運動量の差

〔1996 センター追試〕

008. 運動量の変化と力積　2分

速さ v で北向きに飛んできた質量 m のボールを，バットでバントしたところ，ボールの速さが0になり，その後，ボールは真下に落下した。

このとき，バットがボールに与えた力積はいくらか。次の①～⑤のうちから正しいものを1つ選べ。

① 北向きに mv　② 北向きに $2mv$　③ 0
④ 南向きに mv　⑤ 南向きに $2mv$

〔1998 センター追試〕

009. 2物体への分裂　2分

図のように，なめらかな水平面上を，質量 M の物体が速さ v で等速直線運動をしている。この物体が運動の途中でA，B2つの部分に分裂した。Aの質量は m，速さは v_A で，AもBも分裂前と同じ向きに等速直線運動をした。分裂後のBの速さ v_B はいくらになったか。次の①～⑥のうちから正しいものを1つ選べ。

① $\dfrac{Mv+mv_A}{M+m}$　② $\dfrac{2Mv}{M+m}$　③ $\dfrac{2mv_A}{M+m}$

④ $\dfrac{Mv-mv_A}{M-m}$　⑤ $\dfrac{2Mv}{M-m}$　⑥ $\dfrac{2mv_A}{M-m}$

010. 床ではねかえるボール　2分

床との間の反発係数(はねかえり係数)が0.5のボールを，高さ8mの所から自由落下させた。ボールは床に衝突後，垂直にはね上がり再び落下し始めた。はね上がった高さの最大値は何mか。最も適当な数値を，次の①～⑥のうちから1つ選べ。ただし，空気の抵抗は無視できるものとする。

① 0.5　② 1　③ 2　④ 4　⑤ 8　⑥ 16

〔2006 センター追試〕

要点チェック　円運動と万有引力

1 等速円運動

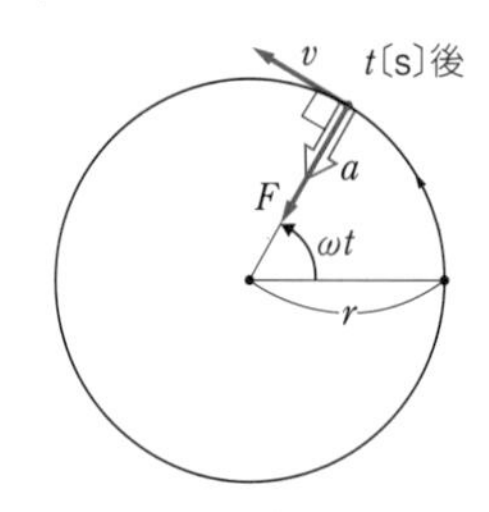

物体が円周上を一定の速さで回る運動を等速円運動という。

単位時間当たりの回転角を角速度といい，時間 t〔s〕の間の回転角 θ〔rad〕は，角速度 ω〔rad/s〕を用いて

$\theta=$ ア〔　　　〕

と表せる。

速度の方向は，円の イ〔　　　　〕方向，つまり円の中心方向に対して垂直であり，その大きさ v〔m/s〕は，円運動の半径を r〔m〕とすると

$v=$ ウ〔　　　〕

と表せる。

1回転する時間 T〔s〕を周期といい

$$T=\frac{2\pi r}{v}=\frac{2\pi}{\omega}$$

と表せる。

単位時間当たりの回転数 n〔Hz〕は

$$n=\frac{1}{T}=\frac{v}{2\pi r}=\frac{\omega}{2\pi}$$

となる。

加速度の大きさは変化せず，向きは常に円の中心を向く。その大きさ a〔m/s^2〕は

$a=$ エ〔　　　〕

と表せる。

等速円運動をしている物体が受ける円の中心へ向かう一定の大きさの力を オ〔　　　　〕という。

2 慣性力

(1) 慣性力

加速度運動する観測者が見る，みかけの力。

観測者の加速度を $\vec{a}$〔m/s^2〕，小球の質量を m〔kg〕としたとき，慣性力は カ〔　　　　〕と表せる。

(2) 遠心力

観測者が円運動しているときの慣性力。遠心力の大きさ F〔N〕は，質量を m〔kg〕，円運動の半径を r〔m〕，角速度を ω〔rad/s〕とすると

$F=$ キ〔　　　　〕

3 単振動

(1) 単振動

ばねにつけたおもりの往復運動，または等速円運動を真横から見たような一直線上の運動。

単振動の振幅を A〔m〕，角振動数を ω〔rad/s〕としたとき，時刻 t〔s〕における単振動の変位 x〔m〕，速度 v〔m/s〕，加速度 a〔m/s^2〕は次のように表される。

$x=A\sin\omega t$

$v=A\omega\cos\omega t$

$a=-A\omega^2\sin\omega t=-\omega^2 x$

また，1秒当たりの往復回数 f〔Hz〕を振動数といい，周期を T〔s〕とすると

$$f=\frac{1}{T}=\frac{\omega}{2\pi}\quad(\omega=2\pi f)$$

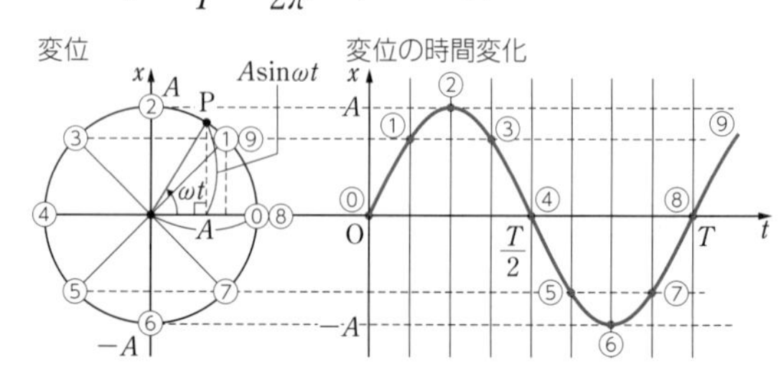

(2) 復元力

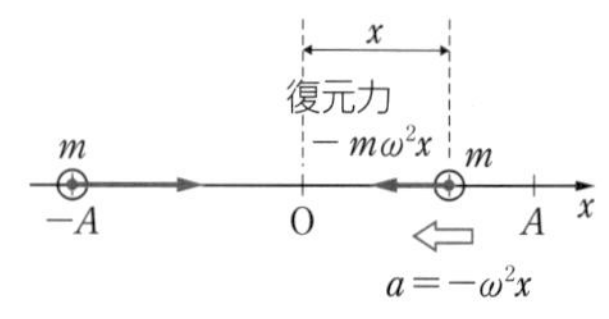

単振動を起こすために必要な力で，常に振動の中心を向く。

物体の質量を m〔kg〕，角振動数 ω〔rad/s〕とし，$m\omega^2=K$（K は正の定数）とおくと

復元力　$F=-m\omega^2 x=$ ク〔　　　　〕

よって，運動方程式 $ma=-Kx$ と加速度の式 $a=-\omega^2 x$ を比較して

角振動数　$\omega=$ ケ〔　　　〕

周期　$T=\frac{2\pi}{\omega}=$ コ〔　　　　〕

(3) ばね振り子

軽いつる巻きばねに小球をつけたもの。

復元力 $F=-kx$ より，運動方程式は

$ma=-kx$

ゆえに周期 T〔s〕は　$T=$ サ〔　　　　〕

(4) 単振り子

軽い糸に小球をつるし，鉛直面内で振動させたもの。
振れ角 θ〔rad〕が小さいとき，小球は^{シ}〔　　　　〕をするとみなせる。
復元力は

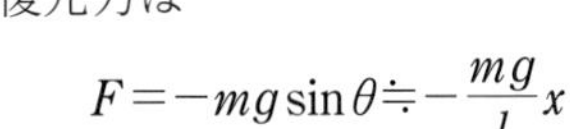

$$F=-mg\sin\theta\fallingdotseq-\frac{mg}{l}x$$

より，運動方程式は

$$ma=-\frac{mg}{l}x$$

ゆえに周期 T〔s〕は

$$T=^{ス}〔\qquad\qquad〕$$

となる。
振れが小さいとき，周期は糸の長さおよび重力加速度の大きさのみで決まる。これを，振り子の^{セ}〔　　　　〕という。

4 万有引力

(1) ケプラーの法則

第一法則
　惑星は太陽を1つの^{ソ}〔　　　　〕とする^{タ}〔　　　　〕上を運動する。

第二法則
　惑星と太陽とを結ぶ線分が一定時間に通過する^{チ}〔　　　　〕は一定である。
　これを^{ツ}〔　　　　　　〕の法則という。

第三法則
　惑星の公転周期 T〔s〕の2乗と軌道だ円の長半径 a〔m〕の3乗の比は，すべての惑星で一定になる。

$$^{テ}〔\qquad〕=k\ (k\text{ は定数})$$

面積速度 $\frac{1}{2}rv\sin\theta=\frac{1}{2}r_1v_1=\frac{1}{2}r_2v_2$

(2) 万有引力

2つの物体が及ぼしあう万有引力の大きさ F〔N〕は，2物体の質量 m_1，m_2〔kg〕の積に比例し，距離 r〔m〕の2乗に反比例する。

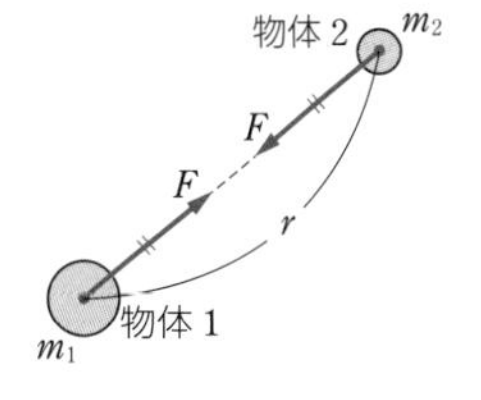

$$F=^{ト}〔\qquad\qquad〕$$

（万有引力定数　$G=6.67\times10^{-11}$N・m²/kg²）

(3) 重力

遠心力と^{ナ}〔　　　　　〕の合力。
実際，遠心力は非常に小さいため，重力は万有引力と等しいと考える。

$$mg=G\frac{Mm}{R^2}\qquad\text{よって}\qquad g=\frac{GM}{R^2}$$

（M〔kg〕：地球の質量　R〔m〕：地球の半径
m〔kg〕：地上の物体の質量）

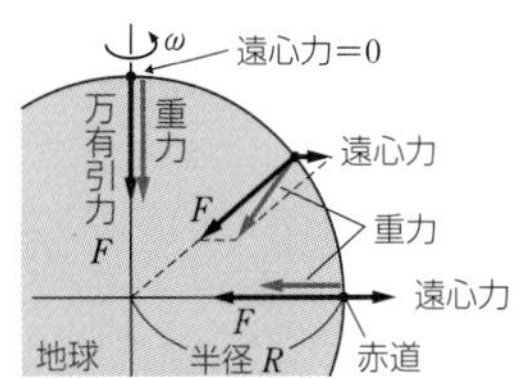

(4) 万有引力による位置エネルギー

万有引力がする仕事は経路に関係なく，2点の位置だけで決まる。よって，万有引力は保存力である。
質量 M〔kg〕の地球の中心から距離 r〔m〕の位置にある質量 m〔kg〕の物体がもつ万有引力による位置エネルギー U〔J〕は

$$U=^{ニ}〔\qquad\qquad〕$$

ただし，無限遠を基準点（$U=0$J の点）とする。

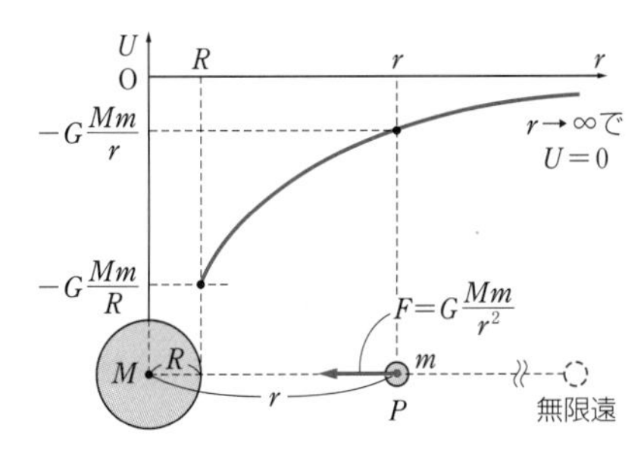

確認問題

11. 等速円運動 3分

なめらかな水平面上の点 O に，長さ 0.30 m の軽い糸の一端を固定し，他端に質量 2.0 kg の物体をつけ，速さ 1.0 m/s の等速円運動をさせた。

問 1　等速円運動の周期 T〔s〕を求めよ。

① 1.6　② 1.9　③ 2.2　④ 2.5　⑤ 2.8　⑥ 3.1

問 2　物体の加速度の大きさ a〔m/s²〕を求めよ。

① 2.1　② 2.4　③ 2.7　④ 3.0　⑤ 3.3　⑥ 3.6

問 3　この運動を続けるのに必要な向心力の大きさ F〔N〕を求めよ。

① 1.1　② 1.5　③ 2.7　④ 3.6　⑤ 4.8　⑥ 6.7

12. エレベーター内の物体 2分

図のように，エレベーターの床にばね定数 k の軽いばねを取りつけた。ばねの上端に軽くて伸びないひもをつけ，軽い滑車を通してひもの他端に物質 M の物体をつけた状態で，エレベーターを上昇させた。鉛直上向きに大きさ a の加速度で等加速度運動しているエレベーターの中で，物体がエレベーターに対して静止していた。このとき，ばねの自然の長さからの伸び x を表す式として正しいものを，下の ①～⑥ のうちから 1 つ選べ。重力加速度の大きさを g とする。

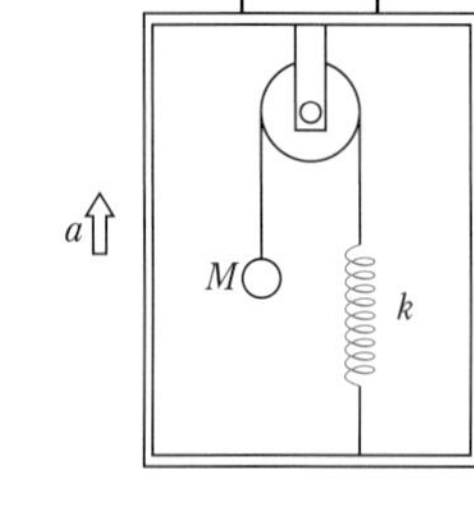

① $\dfrac{Mg}{k}$　② $\dfrac{M(g+a)}{k}$　③ $\dfrac{M(g-a)}{k}$　④ $\dfrac{2Mg}{k}$

⑤ $\dfrac{2M(g+a)}{k}$　⑥ $\dfrac{2M(g-a)}{k}$

〔2017 センター本試 改〕

13. 水平ばね振り子 3分

ばね定数 4.0 N/m の軽いつる巻きばねをなめらかな水平面上に置き，一端を固定し，他端に質量 0.25 kg の小球を取りつける。小球を水平方向に距離 0.50 m だけ引いてからはなすと，小球は単振動をする。

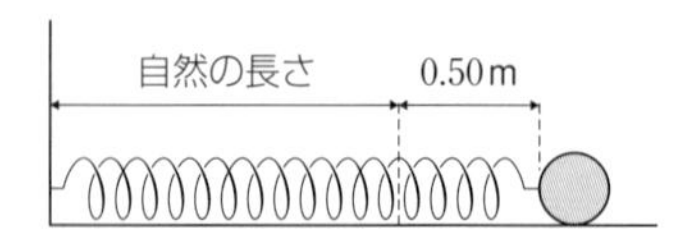

問 1　この単振動の周期 T〔s〕を求めよ。

① 1.6　② 1.7　③ 1.8　④ 1.9　⑤ 2.0　⑥ 2.1

問 2　小球の加速度の大きさの最大値 a_0〔m/s²〕を求めよ。

① 2.0　② 3.5　③ 5.0　④ 6.5　⑤ 8.0　⑥ 9.5

14. 万有引力と重力 2分

地球の半径を R，質量を M，万有引力定数を G とする。次の文章中の［ア］に当てはまる式として最も適当なものを，下の ①～⑥ のうちから 1 つ選べ。

重力加速度について考える。質量 m の物体が地球の中心から $r\,(r \geqq R)$ だけ離れた位置にあるとき，この物体に作用する万有引力は，地球の中心に向かい，その大きさは $f=G\dfrac{mM}{r^2}$ である。地表近くでの重力加速度の大きさを g とし，それを万有引力のみによるものと仮定すると $g=$［ア］となる。

① $\dfrac{GM}{R}$　② $\dfrac{GmM}{R}$　③ $\dfrac{Gm}{R}$　④ $\dfrac{GM}{R^2}$　⑤ $\dfrac{GmM}{R^2}$　⑥ $\dfrac{Gm}{R^2}$

〔1992 センター追試〕

第2章 熱と気体

要点チェック 気体のエネルギーと状態変化

1 気体の法則

(1) ボイル・シャルルの法則

ボイルの法則 ア[　　　]＝一定（T＝一定）

シャルルの法則 イ[　　　]＝一定（p＝一定）

ボイル・シャルルの法則 ウ[　　　]＝一定

（p〔Pa〕：圧力　V〔m³〕：体積　T〔K〕：絶対温度）

(2) 理想気体の状態方程式

pV＝エ[　　　]

（n〔mol〕：物質量　R〔J/(mol·K)〕：気体定数）

2 気体分子の運動

(1) 壁が N 個の分子から受ける圧力

気体の圧力は，多くの気体分子が不規則に壁に衝突する際に及ぼす力積によって生じる。体積 V〔m³〕に入れた質量 m〔kg〕の分子 N 個からなる理想気体について，圧力は $p=\dfrac{Nm\overline{v^2}}{3V}$ となる。

(2) 平均運動エネルギーと絶対温度

圧力 p の式と理想気体の状態方程式「$pV=nRT$」より，気体分子の平均運動エネルギーは

$\dfrac{1}{2}m\overline{v^2}$＝オ[　　　]

また，気体のモル質量を M〔kg/mol〕とすると，気体分子の二乗平均速度は

$\sqrt{\overline{v^2}}$＝カ[　　　]

3 気体の状態変化

(1) 内部エネルギー

物体中の原子・分子・イオンの熱運動による運動エネルギーと位置エネルギーの総和。単原子分子理想気体の内部エネルギー U〔J〕は，熱運動によるキ[　　　]の合計で，位置エネルギーは無視できるので

U＝ク[　　　]

（U〔J〕：内部エネルギー　n〔mol〕：物質量
T〔K〕：絶対温度　R〔J/(mol·K)〕：気体定数）

(2) 気体の状態変化

定積変化　体積一定の状態変化。

気体が外部からされる仕事　W＝ケ[　　　]

定圧変化　圧力一定の状態変化。

気体が外部にした仕事　W'＝コ[　　　]

等温変化　温度一定の状態変化。

内部エネルギーの変化　ΔU＝サ[　　　]

断熱変化　熱の出入りのない状態変化。

物体が受け取った熱量　Q＝シ[　　　]

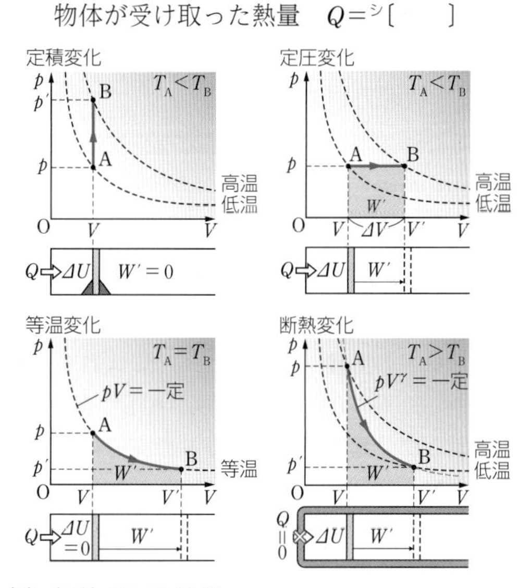

(3) 気体のモル比熱

物質 1mol の温度を 1K 高めるのに必要な熱量。物質 n〔mol〕の温度を ΔT〔K〕高める熱量 Q〔J〕は，モル比熱 C〔J/(mol·K)〕を用いると

Q＝ス[　　　]

定積モル比熱を C_V, 定圧モル比熱を C_p とすると

C_p＝セ[　　　]…マイヤーの関係

単原子分子理想気体のモル比熱

定積モル比熱　C_V＝ソ[　　　]

定圧モル比熱　C_p＝タ[　　　]

比熱比　γ＝チ[　　　]

断熱変化では　pV^γ＝一定

…ポアソンの法則

確認問題

015. 気体の法則 4分

問1　圧力 5.0×10^5 Pa，体積 $1.0\,\mathrm{m^3}$ の気体を，温度を一定に保ちながら体積を $2.0\,\mathrm{m^3}$ に膨張させると，気体の圧力は何 Pa になるか。最も近い値を，次の ①～⑥ のうちから 1 つ選べ。

① 1.0×10^5　② 2.5×10^5　③ 4.0×10^5　④ 1.0×10^6　⑤ 2.5×10^6　⑥ 4.0×10^6

問2　温度 27 ℃，体積 $6.0\,\mathrm{m^3}$ の気体を，圧力を一定に保ちながら温度を 127 ℃にすると，気体の体積は何 $\mathrm{m^3}$ となるか。最も近い値を，次の ①～⑥ のうちから 1 つ選べ。

① 3.0　② 4.0　③ 5.0　④ 6.0　⑤ 7.0　⑥ 8.0

問3　温度 77 ℃，圧力 2.8×10^5 Pa，体積 $2.5\,\mathrm{m^3}$ の気体を，温度 127 ℃，体積 $1.0\,\mathrm{m^3}$ にすると，気体の圧力は何 Pa になるか。最も近い値を，次の ①～⑥ のうちから 1 つ選べ。

① 6.0×10^4　② 8.0×10^4　③ 1.0×10^5　④ 6.0×10^5　⑤ 8.0×10^5　⑥ 1.0×10^6

016. 状態方程式 2分

変形しない容器に温度 400 K の理想気体 3.0 mol を入れたところ，圧力は 6.0×10^5 Pa になった。気体定数を 8.3 J/(mol·K) とすると，容器の体積 V〔$\mathrm{m^3}$〕は［ア］.［イ］$\times10^{-[ウ]}$ $\mathrm{m^3}$ である。

① 1　② 2　③ 3　④ 4　⑤ 5　⑥ 6　⑦ 7　⑧ 8　⑨ 9　⓪ 0

017. 気体の分子運動 3分

次の文章中の空欄［ア］・［イ］に入れる式の組合せとして正しいものを，下の ①～⑧ のうちから 1 つ選べ。

図のように，高さ h，底面積 S の直方体容器が置いてある。この中に質量 m の単原子分子 N 個からなる理想気体を入れた。理想気体の温度(絶対温度)を T とする。分子は壁と弾性衝突し，分子間の衝突や重力の影響は無視できるものとする。

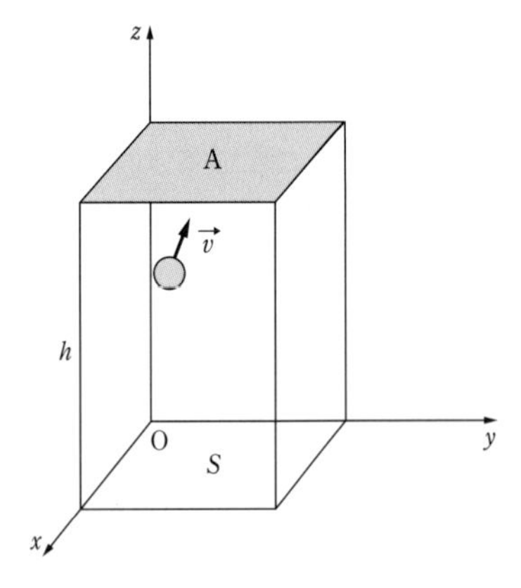

図で，z 軸に垂直な壁 A が受ける圧力を考える。分子が壁 A に衝突する直前の速度を $\vec{v}=(v_x,\ v_y,\ v_z)$ とすると，この分子が 1 回の衝突で壁 A に与える力積 I は $I=2mv_z$ である。また，壁 A に衝突してから再び同じ壁 A に衝突するまでの時間 t は［ア］である。このとき，気体の圧力は $\dfrac{NI}{tS}$ の平均値で与えられ，［イ］となる。ここで，N 個の分子について，速さの 2 乗の平均を $\overline{v^2}$，速度成分の 2 乗の平均をそれぞれ $\overline{v_x^2}$，$\overline{v_y^2}$，$\overline{v_z^2}$ とすると，分子は特定の方向にかたよることなく運動しているため，$\overline{v_x^2}=\overline{v_y^2}=\overline{v_z^2}=\dfrac{1}{3}\overline{v^2}$ が成りたつ。

	①	②	③	④	⑤	⑥	⑦	⑧
ア	$\dfrac{h}{v_z}$	$\dfrac{h}{v_z}$	$\dfrac{h}{v_z}$	$\dfrac{h}{v_z}$	$\dfrac{2h}{v_z}$	$\dfrac{2h}{v_z}$	$\dfrac{2h}{v_z}$	$\dfrac{2h}{v_z}$
イ	$\dfrac{Nm\overline{v^2}}{Sh}$	$\dfrac{Nm\overline{v^2}}{2Sh}$	$\dfrac{Nm\overline{v^2}}{3Sh}$	$\dfrac{Nm\overline{v^2}}{6Sh}$	$\dfrac{Nm\overline{v^2}}{Sh}$	$\dfrac{Nm\overline{v^2}}{2Sh}$	$\dfrac{Nm\overline{v^2}}{3Sh}$	$\dfrac{Nm\overline{v^2}}{6Sh}$

〔2018 センター追試〕

18. モル比熱 1分

理想気体の定積モル比熱と定圧モル比熱について述べた文として最も適当なものを，次の①～④のうちから1つ選べ。

① 定積モル比熱は，体積を一定に保つために仕事が必要なので，定圧モル比熱より大きくなる。

② 定圧モル比熱は，気体に与えた熱量の一部が外部に仕事をすることに使われるので，定積モル比熱より大きくなる。

③ 定積モル比熱と定圧モル比熱は，どちらも温度を1K上げるために必要な熱量なので，常に等しくなる。

④ 定積モル比熱と定圧モル比熱は，比熱を測定する状況が異なるので，その間に定まった大小関係はない。

〔2015 センター追試〕

19. p-V 図の見方 3分

ある気体(理想気体)が，ピストンでシリンダー内に閉じこめられている。図は，この気体の圧力と体積の変化を表す図である。初め状態Aにあった気体を，状態B，状態C，状態Dの順に変化させた後，再び状態Aにもどした。ただし，過程A→Bは断熱変化，過程B→Cは定圧(等圧)変化，過程C→Dは定積(等積)変化，過程D→Aは等温変化である。

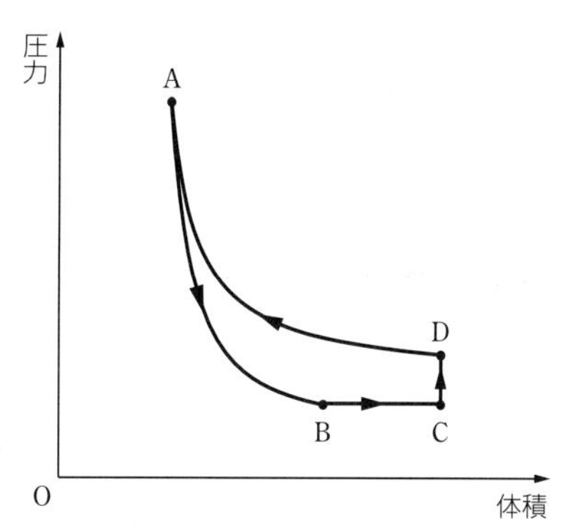

問1 状態A，B，Cの温度をそれぞれ T_A，T_B，T_C としたとき，それらの関係を表す不等式として正しいものを，次の①～⑥のうちから1つ選べ。

① $T_A < T_B < T_C$　② $T_A < T_C < T_B$　③ $T_B < T_A < T_C$　④ $T_B < T_C < T_A$
⑤ $T_C < T_A < T_B$　⑥ $T_C < T_B < T_A$

問2 3つの過程B→C，C→D，D→Aにおいて，気体がピストンにした仕事を $W_{B \to C}$，$W_{C \to D}$，$W_{D \to A}$ とする。それぞれ，正であるか，負であるか，0であるかについて，正しい組合せを，右の①～⑥のうちから1つ選べ。

	$W_{B \to C}$	$W_{C \to D}$	$W_{D \to A}$
①	正	負	0
②	正	0	負
③	負	正	0
④	負	0	正
⑤	0	正	負
⑥	0	負	正

〔2009 センター本試〕

第3章 波

要点チェック 波の伝わり方

1 正弦波の式

正弦波の振幅をA〔m〕，周期をT〔s〕，波長をλ〔m〕とすると，時刻t〔s〕における変位y〔m〕は次のように表される。

x軸の正の向きに進む正弦波の場合

$$y=A\sin 2\pi\left(\frac{t}{T}-\frac{x}{\lambda}\right)$$

x軸の負の向きに進む正弦波の場合は，上式の「－」が「＋」になり

$$y=A\sin 2\pi\left(\frac{t}{T}+\frac{x}{\lambda}\right)$$

ここで，$2\pi\left(\frac{t}{T}\mp\frac{x}{\lambda}\right)$を位相といい，媒質の振動状態を表す。

ⓐ 波源の変位の時間変化

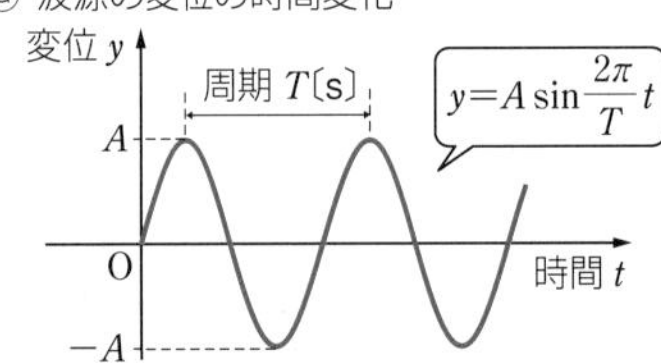

ⓑ 時刻 0 の波形

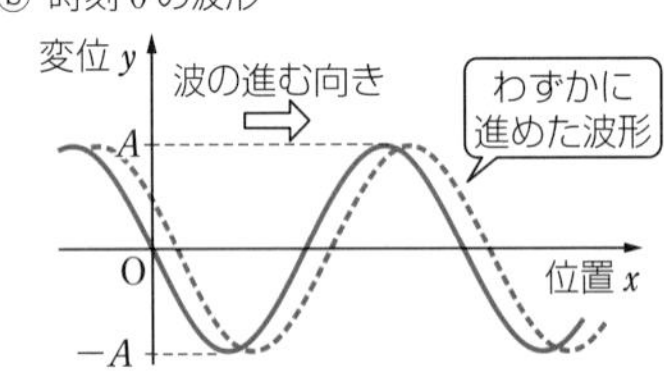

2 波の伝わり方

(1) 波面

ア〔　　　〕が等しい点を連ねた面。波の進む向きと常にイ〔　　　〕。

ウ〔　　　〕…波面が平面。

エ〔　　　〕…波面が球面。

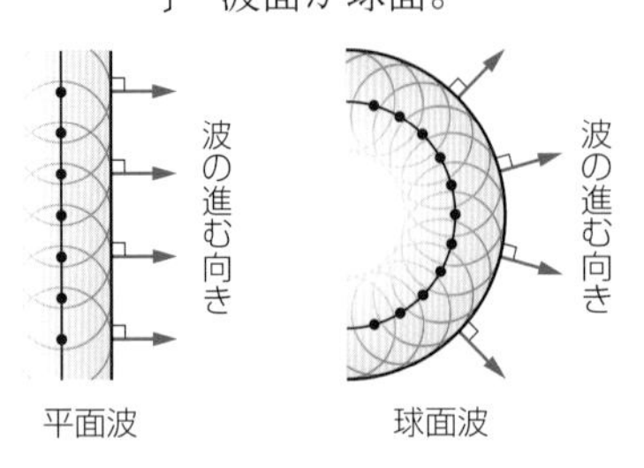

平面波　　球面波

(2) 波の干渉

2つの波源が同位相で振動するとき，波長をλ，波源からの距離をl_1，l_2，$m=0$，1，2，…として

強めあう条件：$|l_1-l_2|=$オ〔　　　〕

弱めあう条件：$|l_1-l_2|=$カ〔　　　〕

波源がキ〔　　　〕で振動する場合，上の条件式は逆になる。

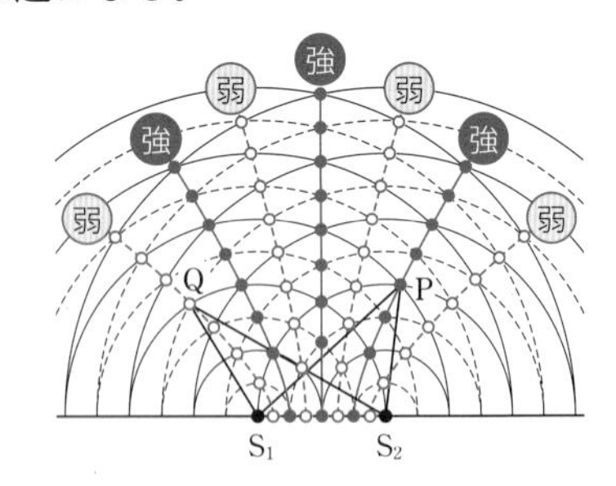

(3) 波の反射と屈折

入射角，反射角，屈折角をそれぞれi，j，r，媒質1，2での波の速さをv_1，v_2，媒質1，2での波の波長をλ_1，λ_2，媒質1に対する媒質2の屈折率をn_{12}とすると，次のような関係が成りたつ。

反射の法則　$i=$ク〔　　　〕

屈折の法則　ケ〔　　　〕$=$コ〔　　　〕

$=$サ〔　　　〕$=n_{12}$

・屈折により変化する ⇒ 波の速さ，波長

・屈折により変化しない ⇒ 波のシ〔　　　〕

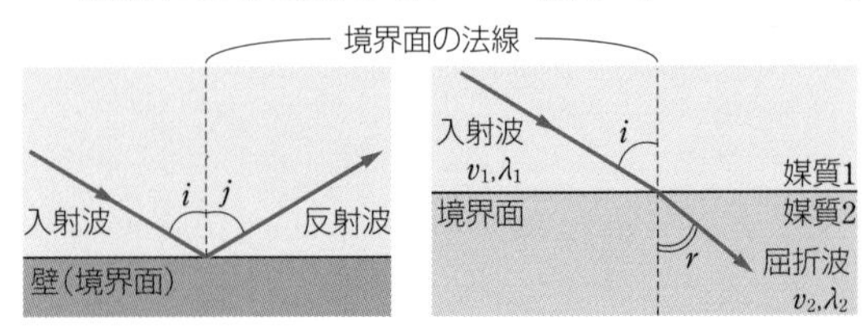

(4) 波の回折

波が障害物の背後にまわりこむ現象。すき間や障害物の幅に対して波長が小さいと，ほとんど起こらない。同程度以上になると目立ってくる。

020. 正弦波の式 5分

x 軸の正の向きに進む正弦波がある。正弦波の変位 y〔m〕は，振幅を A〔m〕，位置を x〔m〕，時刻を t〔s〕として，$y=A\sin(t-x)$ と表されている。

問1　この正弦波の波長 λ〔m〕と，速度 v〔m/s〕はそれぞれいくらになるか。正しいものを，次の ①〜④ のうちから1つ選べ。

① $\lambda=1$，$v=1$　② $\lambda=1$，$v=2\pi$　③ $\lambda=2\pi$，$v=1$　④ $\lambda=2\pi$，$v=2\pi$

問2　この正弦波の，時刻 $t=0$ s における波形を正しく表している図を，次の ①〜④ のうちから1つ選べ。

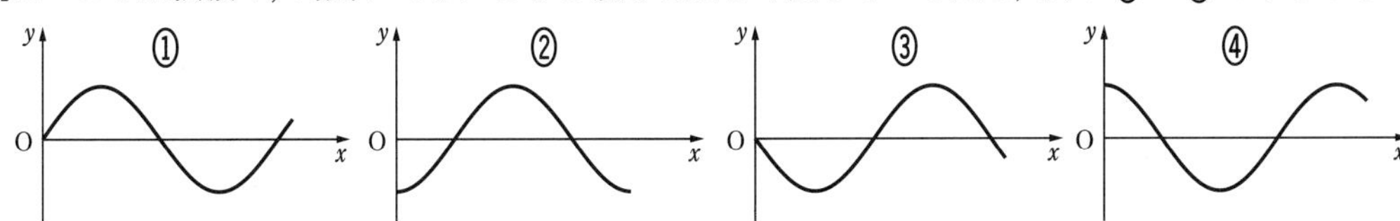

021. 水面波 3分

底の平らな水槽を水平に置き，水面の波を調べた。次の問いに答えよ。

問1　水面上のある点で，小球を振動数 f で上下に振動させ，上から見たところ，水面に波長 λ の円形に広がる波が発生した。この波の速さはいくらか。正しいものを，次の ①〜⑥ のうちから1つ選べ。

① $\dfrac{f\lambda}{2}$　② $f\lambda$　③ $2f\lambda$　④ $\pi f\lambda$　⑤ $2\pi f\lambda$　⑥ $4\pi f\lambda$

問2　水面上の2点P，Qで，2つの小球を，同じ振動数，同じ振幅，同じ位相で上下に振動させて，波を発生させた。水面が上下にほとんど振動しない点をつなぐと，どのような図形になるか。最も適当なものを，次の ①〜④ のうちから1つ選べ。

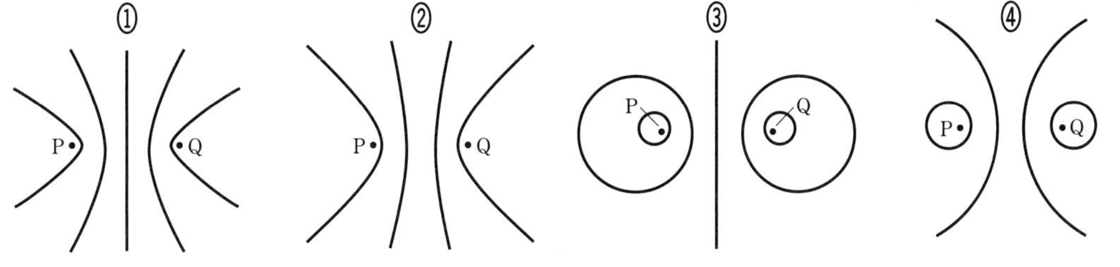

〔2001 センター本試 改〕

022. 屈折の法則 2分

次の文章中の空欄［ア］〜［ウ］に入る最も適当な値を次の解答群から選べ。

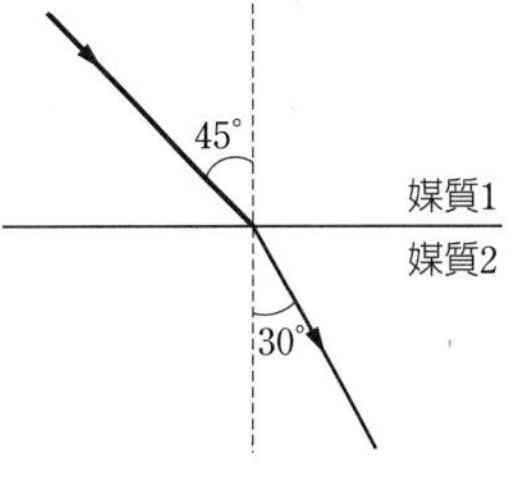

図のように，速さ $v_1=4.0$ m/s，振動数 $f_1=2.0$ Hz で媒質1から媒質2へ進んできた波が，境界面で屈折している。入射角が45°，屈折角が30°のとき，屈折率 n_{12} は $n_{12}=$［ア］である。媒質2における波の速さ v_2 は $v_2=$［イ］m/s，波長 λ_2 は $\lambda_2=$［ウ］m である。ただし，$\sqrt{2}=1.4$ とする。

① 1.4　② 1.6　③ 1.8　④ 2.0　⑤ 2.2　⑥ 2.4　⑦ 2.6　⑧ 2.8

要点チェック　音の伝わり方

1 音の伝わり方

・音は建物などに当たりもどってくる。
　⇒ 音のア〔　　　　〕
・音は異なる媒質の境界面，または同じ媒質中のイ〔　　　　〕の違いにより，進む向きが変わる。
　⇒ 音のウ〔　　　　〕
・音は障害物の背後にも届く。
　⇒ 音のエ〔　　　　〕
・2つの音源から同じ振動数の音を出すと，場所により，音の強弱を生じる。
　⇒ 音のオ〔　　　　〕

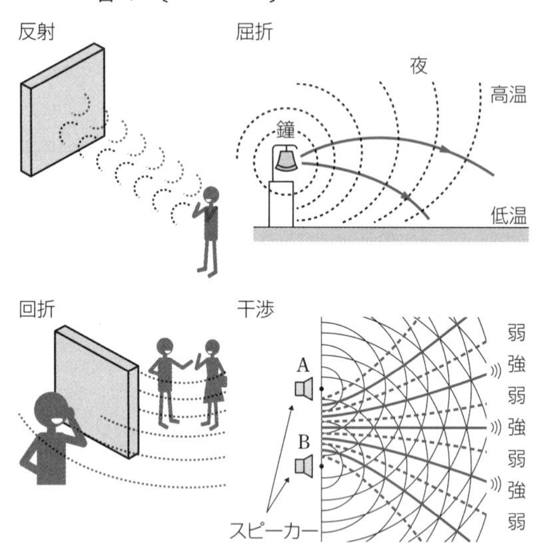

2 音のドップラー効果

音源やカ〔　　　　〕が動くことで，もとの振動数と異なる振動数が観測される現象をキ〔　　　　　　〕という。
音源が近づいてくる場合，音波と音源の進む向きが同じため，波長がク〔長く・短く〕なる。
音源が遠ざかる場合，音波と音源の進む向きが逆になるため，波長がケ〔長く・短く〕なる。
ドップラー効果は次の式で表される。

$$f' = {}^{コ}\left[\qquad\qquad\right] f$$

f〔Hz〕：音源の振動数
f'〔Hz〕：観測者が受け取る音波の振動数
V〔m/s〕：音の速さ
v_S〔m/s〕：音源の速度
v_O〔m/s〕：観測者の速度

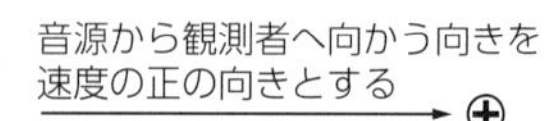

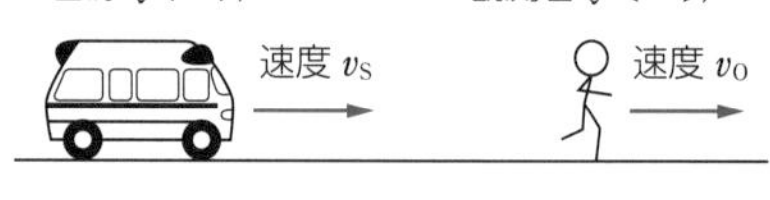

確認問題

23. 音　2分

音に関する次の文章中の空欄［ア］～［エ］に当てはまる最も適当な語句を，次の ①～⓪ のうちから1つずつ選べ。

空気中を伝わる音は空気の疎密が波として伝わる現象である。私たち人間に聞こえる音の［ア］は，およそ 20Hz～20,000Hz である。音の高低は音波の［ア］で決まり，同じ高さの音に対して音の強弱は音波の［イ］で決まる。空気中を伝わる音の速さは気温によって異なり，気温の低いほうが音の速さは［ウ］なる。晴れた日の夜に遠くの音が聞こえやすくなるのは，上空に比べて地表付近の温度が低く，地表付近での音の速さが［ウ］なり，音が地表に向かって［エ］するからである。

① 振幅　② 波形　③ 振動数　④ 屈折　⑤ 反射
⑥ 共鳴　⑦ 干渉　⑧ 散乱　⑨ 速く　⓪ 遅く

〔2002 センター追試〕

024. ドップラー効果 2分

音のドップラー効果について考える。音源，観測者は一直線上に位置しているものとし，空気中の音の速さは V とする。また，風は吹いていないものとする。

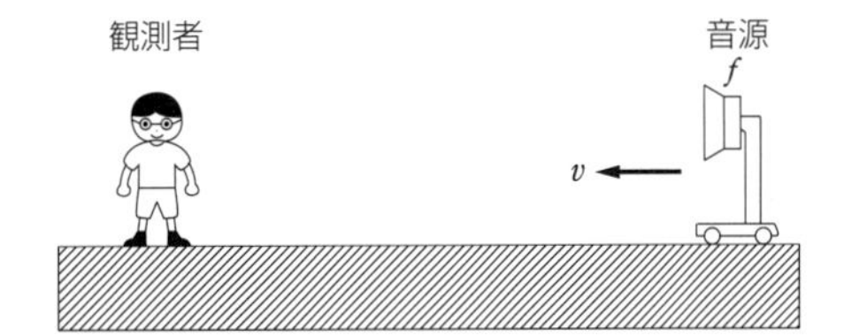

図のように，静止している観測者へ向かって，振動数 f の音源が速さ v で移動している。音源から観測者へ向かう音波の波長 λ を表す式として正しいものを，下の ①～⑤ のうちから1つ選べ。

① $\lambda=\dfrac{V}{f}$　② $\lambda=\dfrac{V-v}{f}$　③ $\lambda=\dfrac{V+v}{f}$

④ $\lambda=\dfrac{V^2}{(V-v)f}$　⑤ $\lambda=\dfrac{V^2}{(V+v)f}$

〔2017 センター本試 改〕

025. 音の干渉 3分

図のように 3.0m 離れた2点A，Bに置いたスピーカーから，同じ振動数で，同じ位相，同じ振幅の音を出す。いろいろな場所でスピーカーからの音を聞くと，音が大きく聞こえたり小さく聞こえたりする場所があった。スピーカーが置かれている場所の周辺からの音の反射はなく，また風もないものとする。

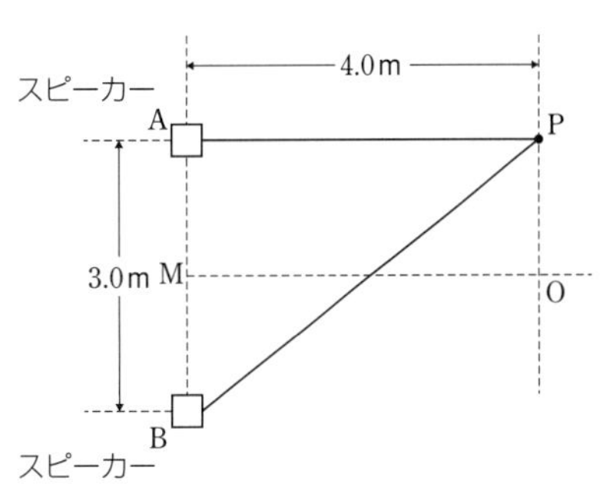

問1　直線ABから 4.0m 離れ，ABに平行な直線上を観測者が移動していく。2点A，Bから等距離の点Oで聞こえる音が大きくなり，次にOから 1.5m 移動した点Pで再び聞こえる音が大きくなった。波長は何mか。次の ①～⑥ のうちから正しいものを1つ選べ。

① 0.5m　② 1.0m　③ 1.5m　④ 2.0m　⑤ 2.5m　⑥ 3.0m

問2　線分AB上で音が大きく聞こえる点は，ABの中点Mからの距離を d とすると，音の波長 λ とどのような関係にあるか。次の ①～⑥ のうちから正しいものを1つ選べ。ただし，m は0または正の整数である。

① $d=\dfrac{1}{4}\left(m+\dfrac{1}{2}\right)\lambda$　② $d=\dfrac{1}{4}m\lambda$　③ $d=\dfrac{1}{2}\left(m+\dfrac{1}{2}\right)\lambda$

④ $d=\dfrac{1}{2}m\lambda$　⑤ $d=\left(m+\dfrac{1}{2}\right)\lambda$　⑥ $d=m\lambda$

〔1998 センター追試〕

要点チェック 光

1 光の性質

(1) 光の反射・屈折

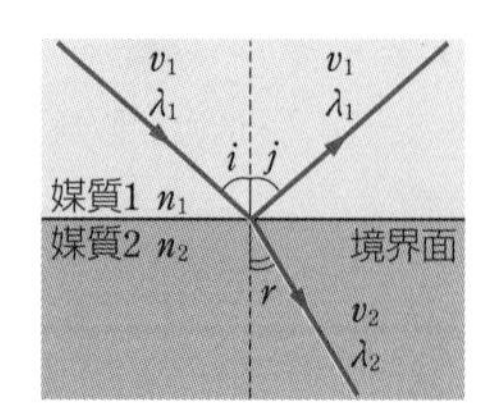

図のように反射・屈折する光について，次の関係式が成りたつ。

反射の法則　$i=j$

媒質1に対する媒質2の相対屈折率

$$n_{12}=\frac{\sin i}{\sin r}=\frac{v_1}{v_2}=\frac{\lambda_1}{\lambda_2}=\frac{n_2}{n_1}$$

(2) 全反射

入射する光がすべて反射される現象。光が屈折率の大きい媒質(n_1)から小さい媒質(n_2)へ入射する場合，入射角がア〔　　　　〕i_0 をこえると起きる。

$\sin i_0=$イ〔　　〕

(3) 光の分散とスペクトル

・光のウ〔　　　　〕

…屈折により，いろいろな色の光に分かれる現象。

・エ〔　　　　　　〕

…光を波長によって分けたもの。連続しているオ〔　　　　　　　〕と，とびとびに分布しているカ〔　　　　　　　〕がある。

(4) 光の散乱

光の波長より小さな粒子に当たると，光はキ〔　　　　〕される。波長が短い光ほど(キ)されやすい。

(5) 偏光

光がク〔　　　　〕であるために起こる。

・自然光…いろいろな振動面をもつ光。

・偏光…特定方向の振動面のみをもつ光。

2 レンズ

(1) 凸レンズ

焦点の外側に物体を置くと，レンズの後方にケ〔　　　　〕(倒立像)ができる。一方，焦点の内側に物体を置き，レンズ後方から見るとコ〔　　　　〕(正立像)が見える。

(2) 凹レンズ

レンズを置く位置によらず，正立虚像が見える。

(3) レンズの式

写像公式：$\dfrac{1}{a}+\dfrac{1}{b}=\dfrac{1}{f}$，倍率：$m=\left|\dfrac{b}{a}\right|$

(a：物体の位置　b：像の位置　f：焦点距離)

3 光の干渉と回折

(1) ヤングの実験

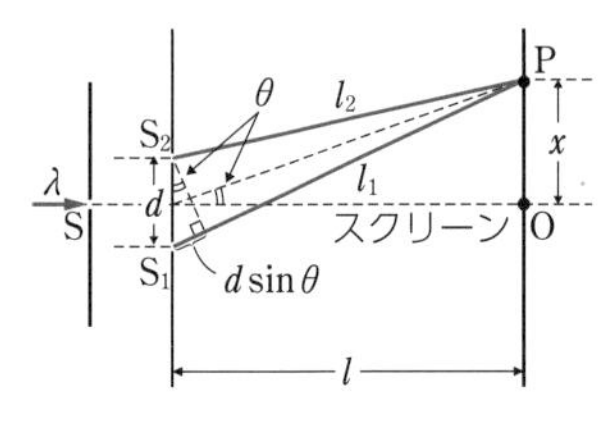

2つのスリットによってサ〔　　　　〕した光がシ〔　　　　〕し，スクリーン上に干渉縞が観察できる。

$$経路差\quad |l_1-l_2|=\frac{d}{l}x=\begin{cases} m\lambda & \cdots明線 \\ \left(m+\dfrac{1}{2}\right)\lambda & \cdots暗線 \end{cases}$$

(ただし，$m=0,\ 1,\ 2,\ \cdots$)

(2) 回折格子

ガラス板の片面に，多くの細い筋を等間隔で平行に引いたもの。筋の間隔 d をス〔　　　　　〕という。回折して干渉した光が強めあう条件は，回折角を θ とすると

経路差　セ〔　　　　　　〕$=m\lambda$

(ただし，$m=0,\ 1,\ 2,\ \cdots$)

(3) 薄膜による光の干渉

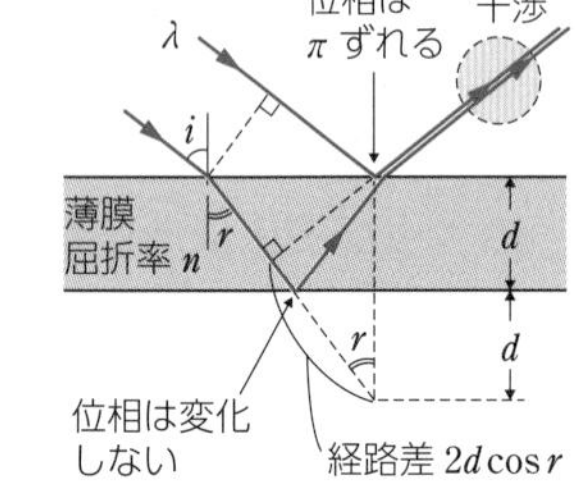

・経路差

ソ〔　　　　　〕

・光路差

タ〔　　　　　　〕

・反射による位相の変化

屈折率 大→小

位相はチ〔π ずれる・変化しない〕。

自由端反射に相当。

屈折率 小→大

位相はツ〔π ずれる・変化しない〕。

固定端反射に相当。

・干渉の条件式

$$光路差\quad 2nd\cos r=\begin{cases} \left(m+\dfrac{1}{2}\right)\lambda & \cdots明線 \\ m\lambda & \cdots暗線 \end{cases}$$

(ただし，$m=0,\ 1,\ 2,\ \cdots$)

26. 光の屈折 ⏱2分

次の文章中の空欄[ア]～[エ]に入れるのに最も適当な語句を，下のそれぞれの解答群のうちから1つずつ選べ。

コップの水にストローをさすと，水中に入った部分が折れ曲がって見える。これは，光が一様な媒質中では直進するが，異なる媒質との境界で屈折するために起こる。屈折現象は，光の[ア]が媒質によって異なることが原因となっている。光が水中から空気との境界にさしかかるとき，境界面への入射角が[イ]より大きいと，光は空気中には伝わらない。このとき[ウ]が起こっている。光が水と空気の境界に入射するとき，屈折率は光の[エ]によって異なる。雨上がりに虹(にじ)が現れるのはこのためである。

[ア]の解答群　① 振動数　② 速さ　③ 分散　④ 偏光

[イ]の解答群　① 屈折角　② 反射角　③ 散乱角　④ 臨界角

[ウ]の解答群　① 全反射　② ドップラー効果　③ 干渉　④ 回折

[エ]の解答群　① 偏光　② 強さ　③ 波長　④ 入射角

〔2001 センター追試〕

27. 凸レンズ ⏱2分

図のように，凸レンズの2つの焦点 F_1，F_2 の間に物体ABを置くと，正立の虚像ができた。ここで，直線PQは光軸であり，直線LMはレンズの中心点Oと点Bを通る直線である。

虚像の大きさは物体の大きさの何倍か。正しいものを，次の①～④のうちから1つ選べ。

① 1　② 2　③ 3　④ 4

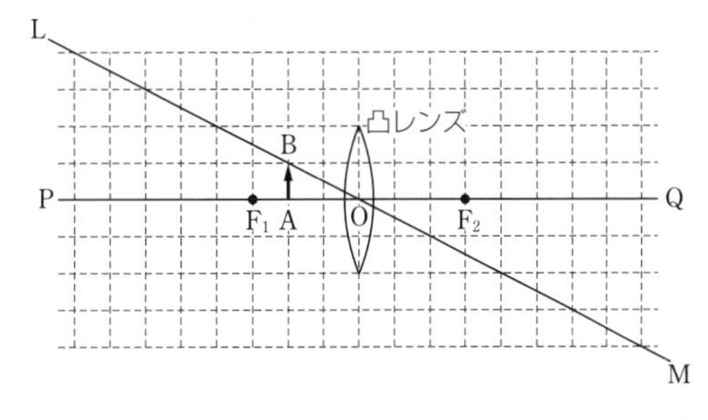

〔1999 センター本試〕

28. ヤングの実験 ⏱2分

図のように，光源から出た単色光をスリットSに通し，さらに近接した2つのスリットA，Bに当てたところ，スクリーン上に明暗の縞(しま)(干渉縞)が現れ，点Oに最も明るい明線が見られた。スリットA，BはSから等距離に置かれているとする。

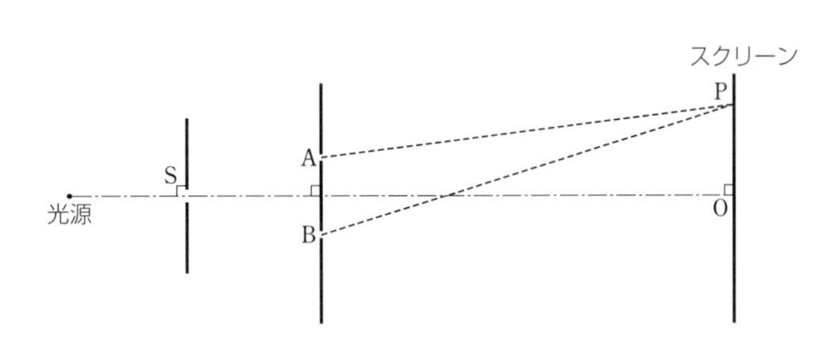

スクリーン上で点Oにいちばん近い明線の位置を点Pとする。このとき，経路差 $|AP-BP|$ は，光の波長 λ とどのような関係にあるか。正しいものを，次の①～④のうちから1つ選べ。

① $|AP-BP|=2\lambda$　② $|AP-BP|=\frac{3\lambda}{2}$　③ $|AP-BP|=\lambda$　④ $|AP-BP|=\frac{\lambda}{2}$

〔2002 センター追試 改〕

第4章 電気と磁気

要点チェック 電場

1 静電気力

(1) 電気量保存の法則

帯電の前後で電気量の総和は変わらない。

(2) クーロンの法則

電気量 q_1, q_2〔C〕の2つの点電荷の

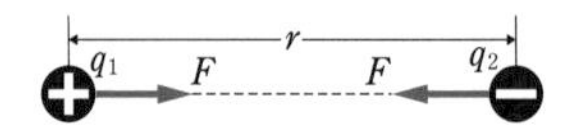

間にはたらく力の大きさ F〔N〕は，2つの電荷間の距離を r〔m〕，クーロンの法則の比例定数を k とすると

$F=$ ア〔　　　〕

(3) 静電誘導

帯電していない導体に帯電体を近づけると帯電体に近い側の表面に帯電体と異種の電気が現れる現象。不導体に生じる場合を誘電分極という。

2 電場

(1) 電場

+1C の電荷が受ける力であり，大きさと向きをもつ。電場 $\vec{E}$〔N/C〕の中に電気量 q〔C〕の電荷を置いたとき，電荷が受ける力 $\vec{F}$〔N〕は

$\vec{F}=$ イ〔　　　〕

(2) 点電荷のまわりの電場

電気量 Q〔C〕をもった電荷が，距

離 r〔m〕の位置につくる電場の強さ E〔N/C〕は

$E=$ ウ〔　　　〕

(3) 電気力線

正電荷から出て エ〔　　〕電荷に入る。各点での接線は，その点での電場の方向と一致する。電場が強い所ほど電気力線は オ〔　　〕である。

(4) ガウスの法則

電気量 Q〔C〕の帯電体から出る電気力線の総数は カ〔　　　〕本。

3 電位

(1) 電位

電荷1C当たりの，静電気力による位置エネルギー。電気量 q〔C〕の電荷が電位 V〔V〕の点でもつ静電気力による位置エネルギー U〔J〕は

$U=$ キ〔　　　〕

(2) 一様な電場の電位差

強さ E〔N/C〕の一様な電場内の電場の向きにそった2点間の距離が d〔m〕，電位差が V〔V〕のとき $V=$ ク〔　　　〕

(3) 点電荷のまわりの電位

電気量 Q〔C〕の電荷が，距離 r〔m〕の位置につくる電位 V〔V〕は，電位の基準の位置を無限遠にとると $V=$ ケ〔　　　〕

(4) 等電位面

コ〔　　　〕が等しい点を立体的に連ねてできる面。密な位置ほど電場は サ〔　　〕く，電気力線と等電位線(等電位面)は シ〔　　　〕する。

4 コンデンサー

(1) コンデンサー

コンデンサーに蓄えられる電気量 Q〔C〕は，極板間の電位差 V〔V〕に比例し，電気容量を C〔F〕とすると $Q=$ ス〔　　　〕

極板の面積を S〔m²〕，極板の間隔を d〔m〕とすると $C=$ セ〔　　　〕 (ε〔F/m〕：誘電率)

コンデンサーに蓄えられる静電エネルギー U〔J〕は，電気量を Q〔C〕，電気容量を C〔F〕，極板間の電位差を V〔V〕とすると $U=$ ソ〔　　　〕

(2) 比誘電率

真空の誘電率 ε_0〔F/m〕に対する誘電体の誘電率 ε〔F/m〕の比で，$\varepsilon_r=$ タ〔　　〕と表せる。

(3) 合成容量

合成容量を C〔F〕，コンデンサー C_1，C_2 のそれぞれの電気容量を C_1，C_2〔F〕としたとき

① 並列接続：$C=$ チ〔　　　〕

② 直列接続：$\frac{1}{C}=$ ツ〔　　　〕

029. 誘電分極と静電誘導 2分

次の文章中の空欄 ア ～ ウ に入れる語句の組合せとして最も適当なものを，下の①～⑨のうちから1つ選べ。

図(a)のように，帯電していない不導体(絶縁体)に，正に帯電した棒を近づけると，誘電分極のため不導体と棒の間に ア がはたらく。

図(b)のように，帯電していない導体A，Bを接触させ，正に帯電した棒を近づけると，静電誘導のため導体Bと棒の間には イ がはたらく。次に，図(c)のように棒を近づけたまま，導体A，Bを周囲との電荷の出入りがないようにして離した後，棒を取り除き，図(d)のように導体A，Bも互いに十分遠ざける。このとき導体Aは ウ 。

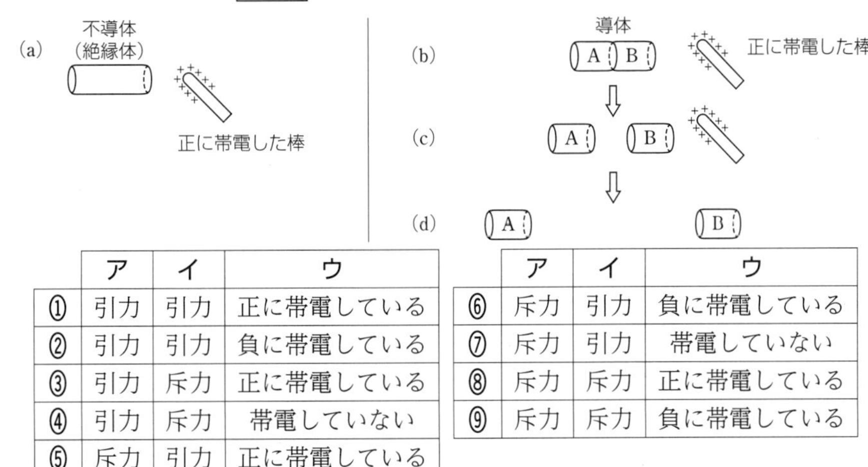

	ア	イ	ウ
①	引力	引力	正に帯電している
②	引力	引力	負に帯電している
③	引力	斥力	正に帯電している
④	引力	斥力	帯電していない
⑤	斥力	引力	正に帯電している
⑥	斥力	引力	負に帯電している
⑦	斥力	引力	帯電していない
⑧	斥力	斥力	正に帯電している
⑨	斥力	斥力	負に帯電している

〔2016 センター本試〕

030. 静電気力のつりあい 3分

図のように，正方形の各頂点に4つの点電荷を固定した。それぞれの電気量は q，Q，Q'，Q である。ただし，$Q>0$，$q>0$ である。電気量 q の点電荷にはたらく静電気力がつりあうとき，Q' を表す式として正しいものを，次の①～⑧のうちから1つ選べ。

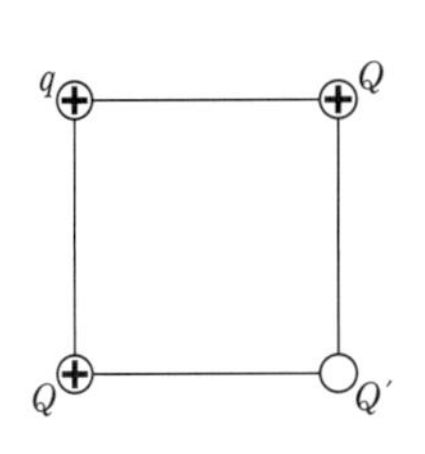

① Q　② $\sqrt{2}Q$　③ $2Q$　④ $2\sqrt{2}Q$

⑤ $-Q$　⑥ $-\sqrt{2}Q$　⑦ $-2Q$　⑧ $-2\sqrt{2}Q$

〔2015 センター本試〕

031. 誘電体が挿入された平行板コンデンサー 4分

図のように，極板間隔 d の平行板コンデンサーに電池を接続し，極板と同じ大きさで，厚さ $\frac{d}{2}$，比誘電率 ε_r の誘電体を入れた。誘電体の上の表面には厚さの無視できる金属膜がついている。コンデンサーの電気容量は，誘電体を入れないときの何倍になるか。正しいものを，次の①～⑥のうちから1つ選べ。

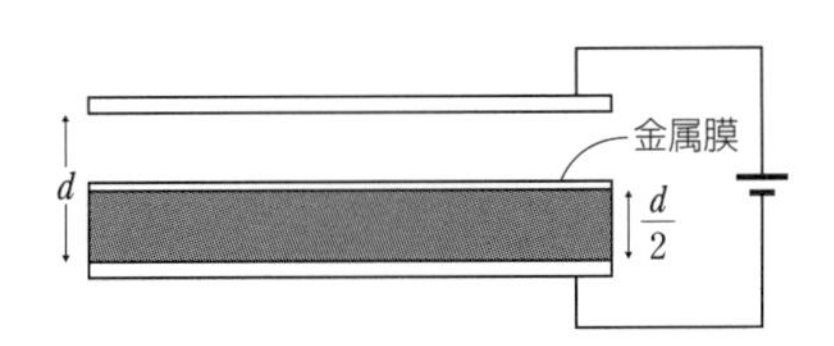

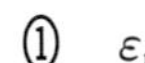

① ε_r　② $2\varepsilon_r$　③ $\frac{\varepsilon_r}{2}$　④ $\frac{\varepsilon_r+1}{2}$　⑤ $\frac{2}{\varepsilon_r+1}$　⑥ $\frac{2\varepsilon_r}{\varepsilon_r+1}$

〔2000 センター追試 改〕

要点チェック　電流

1 電流と電気抵抗

(1) 抵抗率

抵抗 R は導体の長さ l に比例し，断面積 S に反比例する。抵抗率を ρ とすると

$R=$ ア〔　　　〕

(2) 抵抗率の温度変化

0℃における抵抗率を ρ_0，t〔℃〕における抵抗率を ρ とすると

$\rho=$ イ〔　　　　　　〕

（α〔1/K〕：抵抗率の温度係数）

(3) 電子の運動による電流のモデル化

導体（断面積 S〔m²〕）中の自由電子の平均の速さを v〔m/s〕，単位体積当たりの自由電子（電気量 $-e$〔C〕）の数を n〔1/m³〕とすると，断面を時間 t〔s〕の間に通過する自由電子数

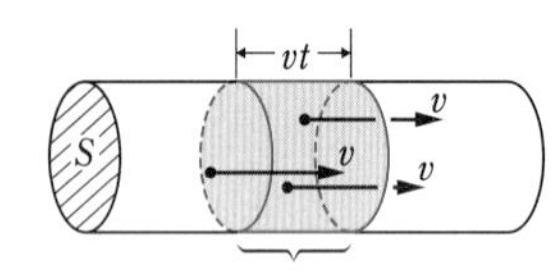

体積 vtS 中に，ウ〔　　　〕個の自由電子がある

$N=$ ウ〔　　　　　〕

電流の大きさ

$I=\dfrac{eN}{t}=$ エ〔　　　　　〕

2 直流回路

(1) 電流計と電圧計

電流計…電流をはかろうとする回路にオ〔　　　〕につなぐ。
一般に，内部抵抗はカ〔大きい・小さい〕。

電圧計…電圧をはかろうとする回路の2点にキ〔　　　〕につなぐ。
一般に，内部抵抗はク〔大きい・小さい〕。

(2) 分流器

電流計の測定範囲をこえる大きな電流をはかるため，電流計とケ〔　　　〕に接続する。内部抵抗 r_A の電流計の測定範囲を n 倍にする分流器の抵抗値 R_A は

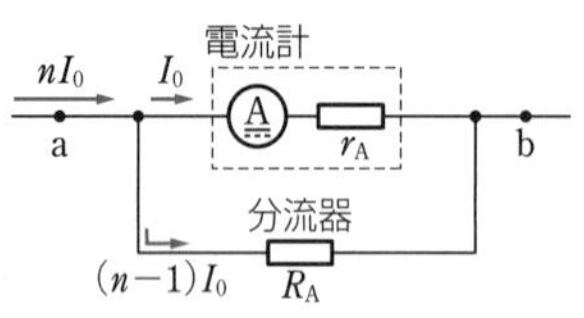

$R_A=$ コ〔　　　　〕

(3) 倍率器

電圧計の測定範囲をこえる大きな電圧をはかるため，電圧計にサ〔　　　〕に接続する。内部抵抗 r_V の電圧計の測定範囲を n 倍にする倍率器の抵抗値 R_V は

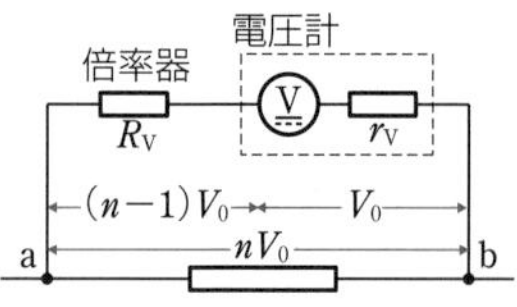

$R_V=$ シ〔　　　　　　〕

(4) キルヒホッフの法則

・キルヒホッフの法則Ⅰ：
回路中の交点について
流れこむ電流の和＝流れ出る電流の和

・キルヒホッフの法則Ⅱ：
回路中の一回りの閉じた経路について
起電力の和＝電圧降下の和

ⓐキルヒホッフの法則Ⅰ　ⓑキルヒホッフの法則Ⅱ

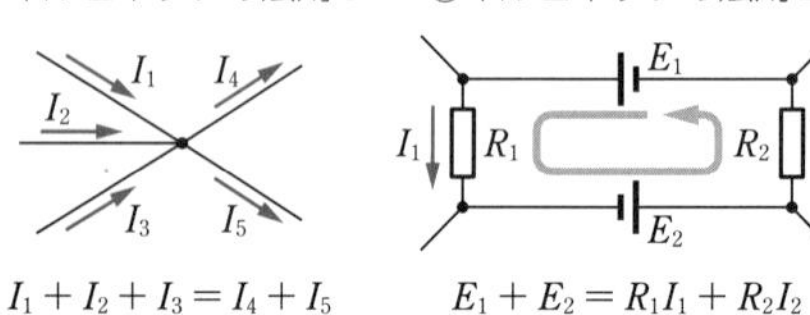

$I_1+I_2+I_3=I_4+I_5$　　$E_1+E_2=R_1I_1+R_2I_2$

(5) 電池の起電力と内部抵抗

端子電圧

$V=$ ス〔　　　　〕

（E〔V〕：起電力
r〔Ω〕：内部抵抗
I〔A〕：電流）

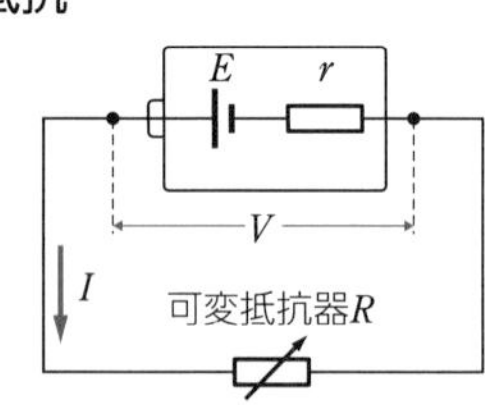

(6) ホイートストンブリッジ

検流計 G に電流が流れなくなったとき

$\dfrac{R_1}{R_2}=$ セ〔　　　〕

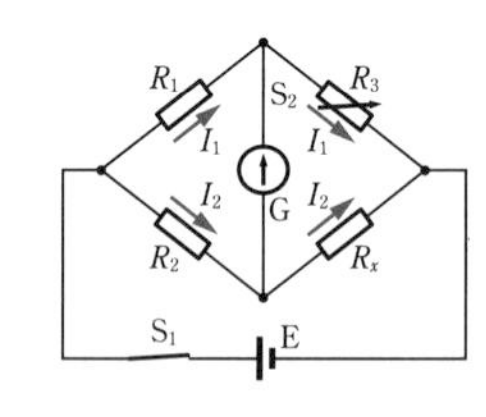

3 半導体

(1) 半導体ダイオード

一方向に電流を流すソ〔　　　〕作用をもつ電子部品。

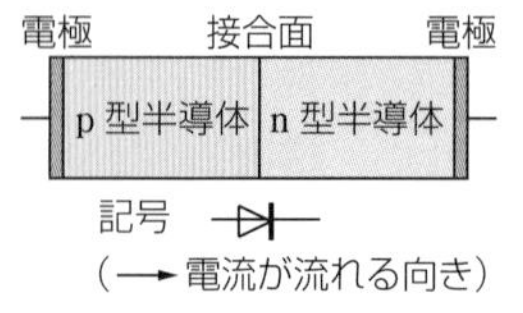

(2) トランジスター

3つの不純物半導体を組み合わせた，電気信号の増幅作用をもつ電子部品。

確認問題

032. キルヒホッフの法則 4分

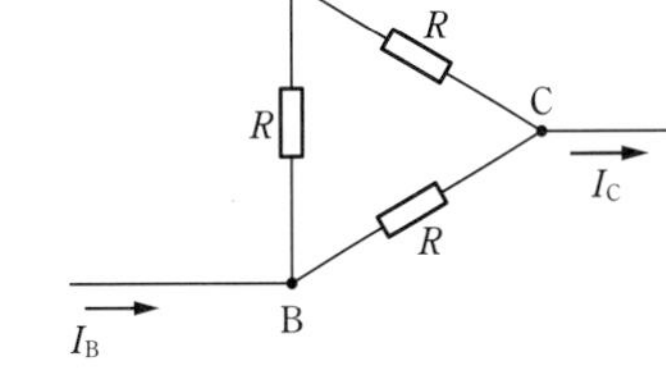

図は，ある回路の中から一部分を書き出したものである。3つの抵抗の大きさは等しく R とする。点A，Bに流れこむ電流はそれぞれ I_A，I_B であり，点Cから流れ出す電流は I_C である。電流の流れる向きは図中に矢印で示した。

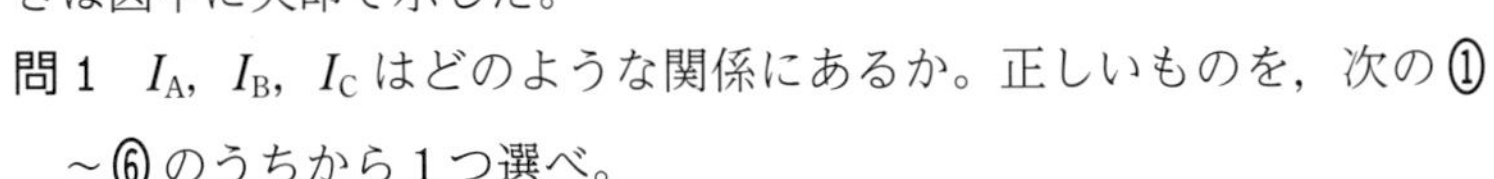

問1　I_A，I_B，I_C はどのような関係にあるか。正しいものを，次の①～⑥のうちから1つ選べ。

① $\dfrac{I_A}{2}+\dfrac{I_B}{2}+I_C=0$　② $\dfrac{I_A}{2}+\dfrac{I_B}{2}-I_C=0$　③ $I_A+I_B+I_C=0$

④ $I_A+I_B-I_C=0$　⑤ $I_A+I_B+\dfrac{I_C}{2}=0$　⑥ $I_A+I_B-\dfrac{I_C}{2}=0$

問2　図の回路における点Bに対する点Aの電位はどのようになるか。正しいものを，次の①～⑥のうちから1つ選べ。

① $R(I_A-I_B)$　② $R(I_B-I_A)$　③ $\dfrac{R}{2}(I_A-I_B)$

④ $\dfrac{R}{2}(I_B-I_A)$　⑤ $\dfrac{R}{3}(I_A-I_B)$　⑥ $\dfrac{R}{3}(I_B-I_A)$

〔2004 センター追試〕

033. 電流計の内部抵抗 3分

内部抵抗が r の電流計を用いた回路について考える。

問1　図1のように，電流計，抵抗値 R_1 の抵抗，および抵抗Aを直流電源に接続した。電流計を流れる電流の大きさが I であるとき，抵抗Aを流れる電流の大きさを表す式として正しいものを，下の①～⑧のうちから1つ選べ。

① I　② $2I$　③ $\dfrac{R_1}{r}I$　④ $\dfrac{r}{R_1}I$

⑤ $\dfrac{r+R_1}{r}I$　⑥ $\dfrac{r}{r+R_1}I$　⑦ $\dfrac{r+R_1}{R_1}I$　⑧ $\dfrac{R_1}{r+R_1}I$

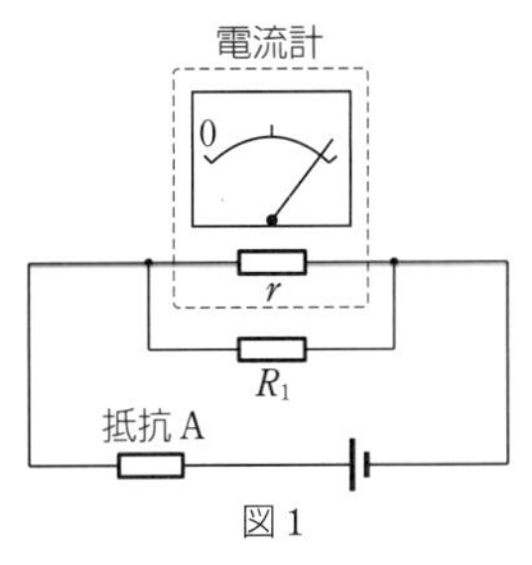

図1

問2　図2のように，電流計，抵抗値 R_2 の抵抗，および抵抗Bを直流電源に接続した。電流計を流れる電流の大きさが I であるとき，抵抗Bの両端の電圧の大きさを表す式として正しいものを，下の①～⑧のうちから1つ選べ。

① rI　② $2rI$　③ R_2I

④ $2R_2I$　⑤ $(r+R_2)I$　⑥ $2(r+R_2)I$

⑦ $\dfrac{rR_2}{r+R_2}I$　⑧ $\dfrac{2rR_2}{r+R_2}I$

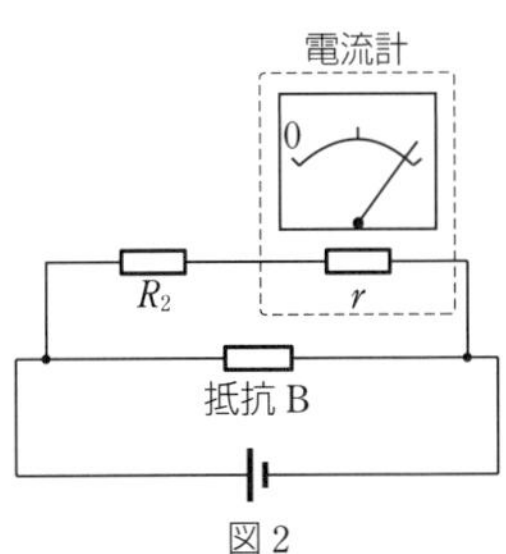

図2

〔2017 センター追試〕

要点チェック　電流と磁場

1 磁場

(1) 磁気力に関するクーロンの法則

2つの磁極の間にはたらく力の大きさ F〔N〕は，磁気量の大きさ m_1，m_2〔Wb〕の積に比例し，磁極間の距離 r〔m〕の2乗に反比例する。

$F=$ ア〔　　　　〕（k_m は比例定数）

(2) 磁極が磁場から受ける力

m〔Wb〕の磁極が磁場 $\vec{H}$〔N/Wb〕から受ける力 $\vec{F}$〔N〕は

$\vec{F}=m\vec{H}$（$\vec{H}$ の単位は N/Wb）

(3) 磁力線

イ〔　　〕極から出て
ウ〔　　〕極に入り，
各点の接線はその点でのエ〔　　　　〕の方向と一致する。磁場が強い位置ほどオ〔　　〕になる。

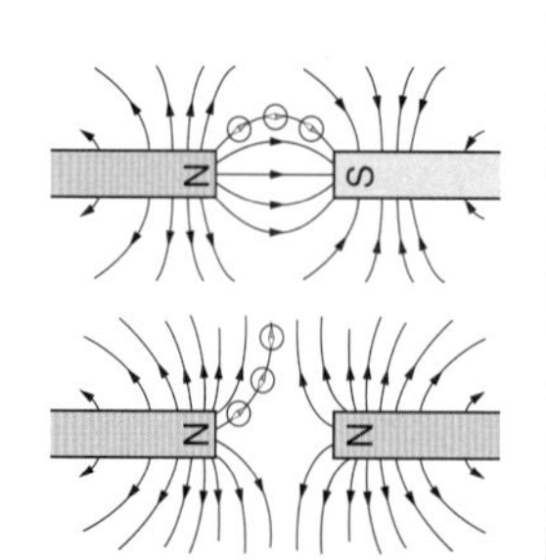

2 電流のつくる磁場

(1) 直線電流がつくる磁場

直線電流 I〔A〕からの距離を r〔m〕とすると，磁場の強さ H〔N/Wb〕は

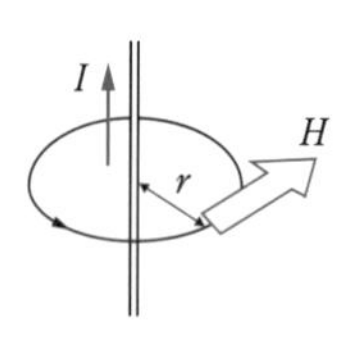

$H=$ カ〔　　　　〕

(2) 円形電流の中心の磁場

半径 r〔m〕の円形電流 I〔A〕の，円の中心の磁場の強さ H〔N/Wb〕は

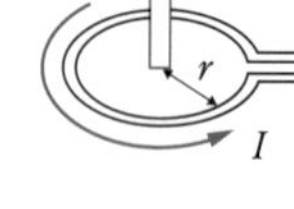

$H=$ キ〔　　　　〕

(3) ソレノイドの内部の磁場

単位長さ当たりの巻数を n〔1/m〕とすると，磁場の強さ H〔N/Wb〕は

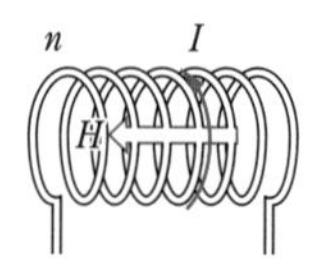

$H=$ ク〔　　　　〕

3 電流が磁場から受ける力

(1) 直線電流が受ける力

中指を電流，人差し指を磁場の向きにあわせると，親指が力の向きをさす。

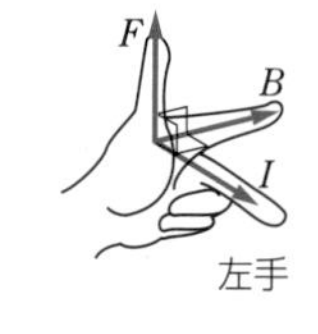

これをケ〔　　　　　　　　〕という。

(2) 磁束密度

$\vec{B}=$ コ〔　　　〕

（$\vec{H}$〔N/Wb〕：磁場　　μ：透磁率）

単位は T（テスラ）または N/(A·m)，Wb/m²

また，一様な磁場で磁束密度 B〔T〕に垂直な断面 S〔m²〕を通る磁束 Φ〔Wb〕は　$\Phi=$ サ〔　　　〕

(3) 電流が磁場から受ける力

導線（電流 I〔A〕，磁場内の長さ l〔m〕）が磁場から受ける力 F〔N〕は，導線と磁束密度 B〔T〕が θ の角をなすとき

$F=$ シ〔　　　　　　〕

(4) 平行電流が及ぼしあう力

電流の向きが同じときはス〔　　　〕，反対のときはセ〔　　　〕となる。

r〔m〕だけ離れた十分に長い2本の平行導線に流れる直線電流 I_1，I_2〔A〕が及ぼしあう力の大きさ F〔N〕は，長さ l〔m〕につき

$F=$ ソ〔　　　　〕

4 ローレンツ力

磁場中を運動する電気を帯びた粒子（荷電粒子）が受ける力。

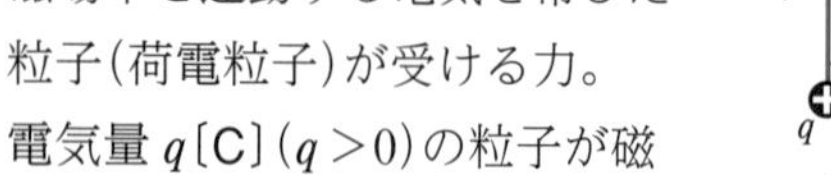

電気量 q〔C〕（$q>0$）の粒子が磁場（磁束密度 B〔T〕）に垂直に速さ v〔m/s〕で運動しているとき，ローレンツ力の大きさ f〔N〕は

$f=$ タ〔　　　　〕

ただし，速度（大きさ v〔m/s〕）と磁場が角 θ をなしているときは

$f=$ チ〔　　　　　　〕

ローレンツ力の向きはフレミングの左手の法則で示される。

確認問題

034. 電流がつくる磁場 3分

問1　3.0 A の直線電流から，0.15 m 離れた点での磁場の強さ H〔A/m〕は何 A/m か。最も適当なものを次の①～⑥のうちから1つ選べ。$H=$ ア A/m

①　1.0　　②　2.1　　③　3.2　　④　4.3　　⑤　5.4　　⑥　6.5

問2　半径 0.14 m の円形コイルに 0.28 A の電流を流す。円の中心の磁場の強さ H〔A/m〕は何 A/m か。最も適当なものを次の①～⑥のうちから1つ選べ。$H=$ イ A/m

①　1.0　　②　2.1　　③　3.2　　④　4.3　　⑤　5.4　　⑥　6.5

問3　300 回巻いた長さ 20 cm で中が空いたソレノイドに 2.0 A の電流を流す。ソレノイド内の磁場の強さ H〔A/m〕は何 A/m か。次の式中の空欄に入れる数字として最も適当なものを次の①～⓪のうちから1つずつ選べ。$H=$ ウ . エ $\times 10^{\text{オ}}$ A/m

①　1　　②　2　　③　3　　④　4　　⑤　5　　⑥　6　　⑦　7　　⑧　8　　⑨　9　　⓪　0

035. 電流が磁場から受ける力 2分

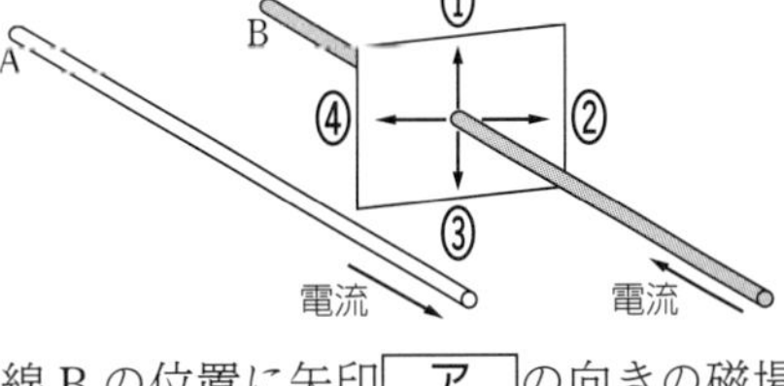

次の文章中の空欄 ア ， イ に入れる矢印の番号として最も適当なものを，右の図の①～④のうちから1つずつ選べ。ただし，図の矢印①～④は，電線に垂直な面内にある。

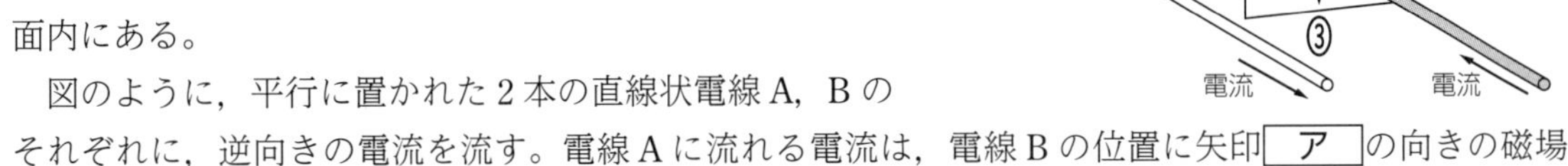

図のように，平行に置かれた2本の直線状電線 A，B のそれぞれに，逆向きの電流を流す。電線 A に流れる電流は，電線 B の位置に矢印 ア の向きの磁場をつくる。また，電線 B にも電流が流れているので，電線 B は，矢印 イ の向きの力を受ける。

〔2006 センター本試〕

036. 磁場中でのイオンの運動 2分

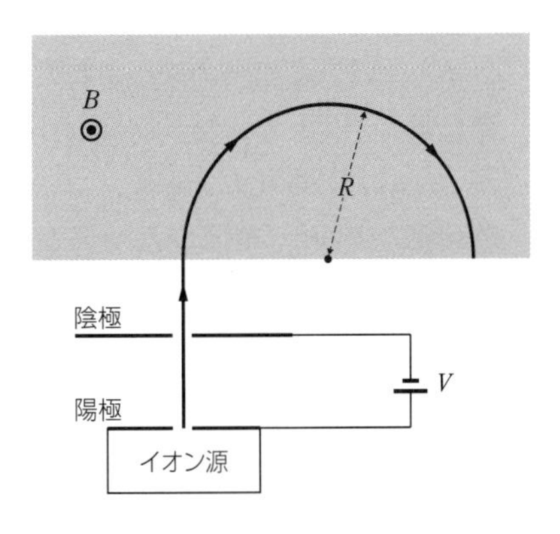

図のように，イオン源で発生した質量 m，電気量 $q\,(q>0)$ のイオンが，電圧 V の直流電源に接続された陽極と陰極の間の電場(電界)により，初速度0から加速された。イオンは，陰極の穴を速さ v で通過した後に，磁束密度 B の一様な磁場(磁界)中で半径 R の半円軌道を描いた。ただし，装置はすべて真空中に置かれ，磁場は，図の網かけの領域で，紙面に垂直に裏から表の向きに加わっている。また，重力の影響は無視できるものとする。

磁場中を運動するイオンの軌道の半径 R を表す式として正しいものを，次の①～⑥のうちから1つ選べ。

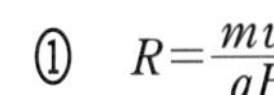

①　$R=\dfrac{mv^2}{qB}$　　②　$R=\dfrac{\pi mv}{qB}$　　③　$R=\dfrac{mv}{qB}$

④　$R=\dfrac{qB}{mv^2}$　　⑤　$R=\dfrac{qB}{\pi mv}$　　⑥　$R=\dfrac{qB}{mv}$

〔2017 センター追試〕

要点チェック **電磁誘導と電磁波**

1 電磁誘導の法則

(1) 電磁誘導

コイルの内部の磁場の変化により，コイルに電圧が生じる現象。生じる電圧を ア〔　　　　〕，流れる電流を イ〔　　　　〕という。

(2) レンツの法則

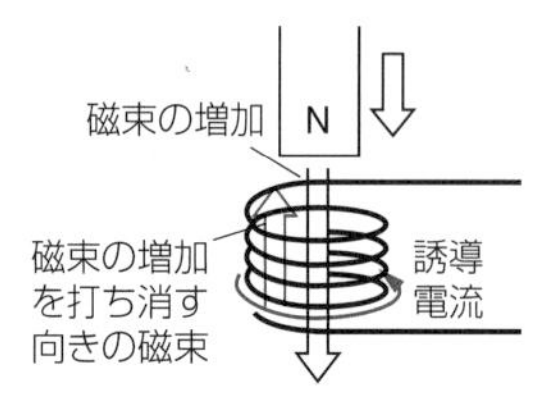

誘導起電力は，誘導電流のつくる磁束が，外から加えられた磁束の変化を打ち消すような向きに生じる。

(3) ファラデーの電磁誘導の法則

N 回巻きのコイルを貫く磁束が，時間 Δt〔s〕の間に $\Delta\Phi$〔Wb〕だけ変化するとき，誘導起電力 V〔V〕は

$V=$ ウ〔　　　　〕

(4) 磁場を横切る導線に生じる誘導起電力

磁束密度 B〔T〕の一様な磁場の中で，導線(磁場内の長さ l〔m〕)を速さ v〔m/s〕で磁場に垂直に動かすとき，生じる誘導起電力の大きさ V〔V〕は

$V=$ エ〔　　　　〕

2 自己誘導と相互誘導

(1) 自己誘導

コイルに流れる電流の変化を打ち消す向きに誘導起電力が生じる現象。時間 Δt〔s〕の間に電流が ΔI〔A〕だけ変化したとき，コイルに生じる誘導起電力 V〔V〕，電流が I〔A〕のとき，コイルに蓄えられているエネルギー U〔J〕は，自己インダクタンスを L〔H〕とするとそれぞれ

$V=$ オ〔　　　　〕，$U=$ カ〔　　　　〕

(2) 相互誘導

時間 Δt〔s〕の間にコイル 1 を流れる電流が ΔI_1〔A〕だけ変化するとき，コイル 2 に生じる誘導起電力 V_2〔V〕は，2 つのコイル間の相互インダクタンスを M〔H〕として

$V_2=$ キ〔　　　　〕

3 交流の発生

(1) 交流電圧

角周波数を ω〔rad/s〕，最大電圧を V_0〔V〕とすると，時刻 t〔s〕での電圧 V は $V=V_0\sin\omega t$

(2) 実効値

交流の電流や電圧の大きさについて，電力が直流と同等の効果をもつような値。交流電圧と交流電流の最大値をそれぞれ V_0，I_0 とし，実効値をそれぞれ V_e，I_e とすると

$V_e=$ ク〔　　　　〕，$I_e=$ ケ〔　　　　〕

また，消費電力の時間平均 $\overline{P}$ は

$\overline{P}=$ コ〔　　　　〕$=I_eV_e$

4 交流回路

(1) 交流回路

交流に対する抵抗のはたらきを示す量をリアクタンスという。コイルの自己インダクタンスを L〔H〕，コンデンサーの電気容量を C〔F〕，角周波数を ω〔rad/s〕とすると

・コイル

リアクタンス：サ〔　　　　〕

電圧の位相：電流より $\frac{\pi}{2}$ だけ シ〔　　　　〕。

消費する電力の時間平均 $\overline{P}$：$\overline{P}=0$

・コンデンサー

リアクタンス：ス〔　　　　〕

電圧の位相：電流より $\frac{\pi}{2}$ だけ セ〔　　　　〕。

消費する電力の時間平均 $\overline{P}$：$\overline{P}=0$

(2) インピーダンス Z

回路全体の交流に対する ソ〔　　　　〕のはたらき。

$Z=\frac{V_0}{I_0}=\frac{V_e}{I_e}$

(3) 共振

特定の周波数で回路に大きな電流が流れる現象。

(4) 電気振動

コンデンサーを充電後，コイルに接続して放電させると，固有周波数 $f=\frac{1}{2\pi\sqrt{LC}}$，一定の周期 $T=2\pi\sqrt{LC}$ で振動電流が流れる。

5 電磁波

(1) 電磁波の発生

磁場が変化すると，そのまわりの空間に電場が生じ，電場が変化すると，そのまわりの空間に磁場が生じる。電場と磁場は進行方向に垂直に同位相で振動しながら，真空中を光の速さで伝わる。電磁波は横波である。光は電磁波の一種であり，電磁波も光と同様の性質を示す。

(2) 電磁波の種類

波長の長いほうから順に，電波，タ[ ]，可視光線，チ[ ]，ツ[ ]，γ 線と大きく分類される。

(3) 高温の物体からの放射

高温の物体からは電磁波が放出される。この現象をテ[ ]という。

確認問題

037. 磁場を横切る導体棒を流れる誘導電流 3分

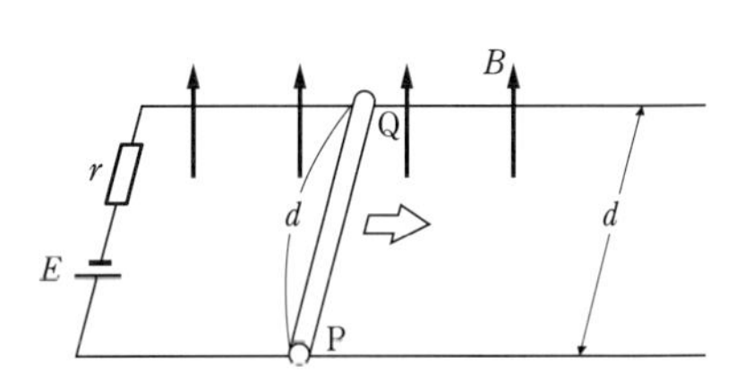

図のように，間隔 d のなめらかな導線のレールを水平面内に置き，その一端に起電力 E，内部抵抗 r の電池を接続する。磁束密度 B の一様な磁場を鉛直上向きに加えた後，長さ d の導体棒 PQ をレールと垂直に置き，静かに手をはなしたところ，棒 PQ は図に示す向きにレール上をすべり始めた。棒の速さが v になったとき，棒を流れる電流はいくらか。正しいものを，次の ①～⑧ のうちから 1 つ選べ。ただし，電流は P → Q の向きを正とし，電池の内部抵抗以外の電気抵抗，および回路の自己誘導は無視する。

① $\dfrac{Ed+vB}{r}$　② $\dfrac{Ed-vB}{r}$　③ $-\dfrac{Ed+vB}{r}$　④ $-\dfrac{Ed-vB}{r}$

⑤ $\dfrac{E+vBd}{r}$　⑥ $\dfrac{E-vBd}{r}$　⑦ $-\dfrac{E+vBd}{r}$　⑧ $-\dfrac{E-vBd}{r}$

038. 共振回路 3分

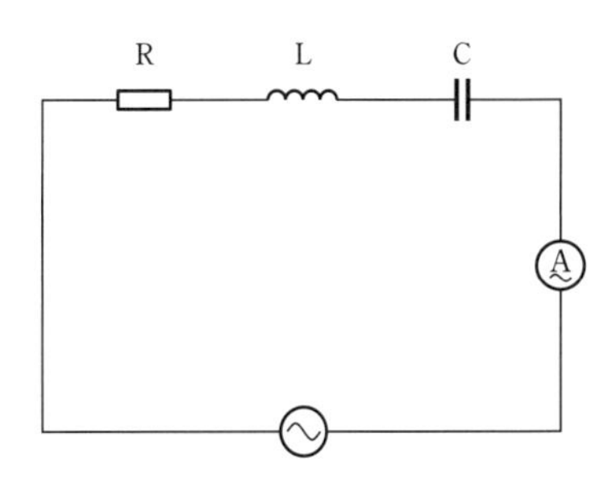

図のように，抵抗 R と，自己インダクタンス 0.40 H のコイル L，および電気容量がわかっていないコンデンサー C を直列に接続し，交流電源，および電流計をつないだ。交流電源の周波数を変化させたところ，ちょうど 250 Hz になったときに，電流計を流れる電流の実効値が最大となった。コンデンサーの電気容量は何 μF か。最も適当な数値を，次の ①～⑥ のうちから 1 つ選べ。ただし，交流電源，電流計，およびコイルの内部抵抗は無視できるものとする。

① 1.0　② 2.0　③ 3.0　④ 4.0　⑤ 5.0　⑥ 6.0

039. 電磁波 2分

電磁波に関する記述として正しいものを，次の ①～④ のうちから 1 つ選べ。

① 電磁波は縦波である。

② 真空中では，赤外線の伝わる速さよりも紫外線の伝わる速さのほうが大きい。

③ 高温に熱して赤くなった鉄からは，電磁波が放射されている。

④ ビルなどの障害物の背後でも電波を受信できるのは，電波が屈折するためである。

第5章 原子

要点チェック 電子と光

1 電子

(1) 陰極線

陰極から出て陽極に向かって進む。ア[　　]電荷をもった粒子の流れで，電子線であることがわかっている。

(2) 電子の比電荷

電子の質量を m[kg]，電子の電気量の大きさを e[C]としたときの比 $\frac{e}{m}$[C/kg] を電子の比電荷という。

(3) 電気素量

ミリカンの実験　油滴を用いた実験から，電子の電気量が求められた。電気量の最小単位をイ[　　　　]という。

2 光の粒子性

(1) 光量子仮説

振動数 ν[Hz]，波長 λ[m]の電磁波は，ウ[　　　]という粒子の集まりの流れである。真空中の光の速さを c[m/s]，プランク定数を h[J·s]とすると，光子のエネルギー E は

$E=$ エ[　　　]$=$ オ[　　　]

(2) 光電効果

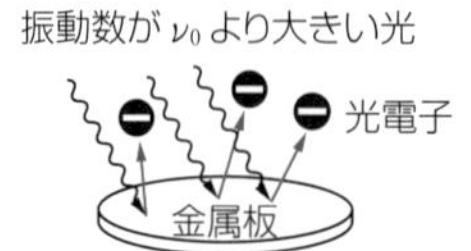

金属の表面に光を当てると，光電子が飛び出してくる現象。図中の ν_0 をカ[　　　　　]，そのときの波長をキ[　　　　　]という。次のような特徴がある。

① 光の振動数が限界振動数よりも小さいと，光を強くしても光電子は飛び出さない。

② 光電子の運動エネルギーの最大値 K_0[J]は，当てる光の振動数が大きいほど大きくなる。

③ 振動数一定のとき，光の強さと光電子の数は比例する。

(3) 光電効果の式

金属内の自由電子を外に取り出すのに必要な仕事の最小値 W[J]をク[　　　　　]といい，次のような式が成りたつ。 $K_0=$ ケ[　　　　　]

陽極の電位を $K_0=eV_0$ が成りたつ電位 $-V_0$ $(V_0>0)$ まで下げたとき，V_0[V]をコ[　　　　　]とよぶ。

3 X 線

(1) X 線の発生

電流による発熱で陰極から放出される電子をサ[　　　　]といい，これを高電圧により加速させ，陽極に衝突させて X 線を発生させる。

・シ[　　　　　]…ある最短の波長から長い波長まで含んでいるスペクトルの X 線。

・ス[　　　　　]…特定のエネルギーが強く放射される X 線。

(2) X 線の最短波長

陽極に衝突する電子のエネルギーがすべて 1 個の X 線光子のエネルギーになる場合

$$eV=h\nu_0=\frac{hc}{\lambda_0} \qquad \lambda_0=\frac{hc}{eV}$$

（ν_0[Hz]：X 線の振動数　λ_0[m]：最短波長　V[V]：加速電圧）

(3) X 線の波動性

ラウエ斑点は，結晶内の原子によって散乱された X 線が，干渉することで生じる(X 線回折)。これは，X 線の波動性を示す現象である。散乱された X 線が干渉して強めあう条件をセ[　　　　　　　]という。

(4) コンプトン効果

散乱された X 線の中に，もとの X 線よりも長い波長のものが含まれる現象。X 線の粒子性を示す現象の一つ。

4 粒子の波動性

物質粒子が波動としてふるまうときの波をソ[　　　　]といい，質量 m[kg]，速さ v[m/s]の粒子の波長(ド・ブロイ波長)は

$\lambda=$ タ[　　　]

確認問題

040. 陰極線 2分

図は，希薄な気体が封入されたガラス管内で，陰極と陽極の間に高電圧を加えて放電させ，陰極から放出されるもの(陰極線)の軌跡を観察する装置である。

ただし，図では電極A，Bの間に電圧を加えていない場合の軌跡が示されている。

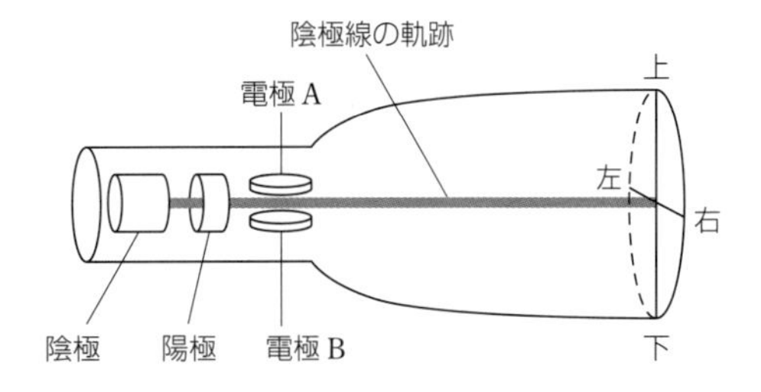

問1　陰極線の実体として正しいものを，次の①～⑥のうちから1つ選べ。

①　赤外線　②　ヘリウム原子核　③　水素原子　④　電子　⑤　X線　⑥　紫外線

問2　電極Aが+側，電極Bが−側になるように電圧を加えると，陰極線はどのようになるか。正しいものを，次の①～⑤のうちから1つ選べ。ただし，左右は図のように陰極側から見た方向である。

①　上に曲がる。　②　下に曲がる。　③　右に曲がる。
④　左に曲がる。　⑤　変化しない。

〔2006 センター本試〕

041. 光の粒子性 2分

次の文章中の空欄に当てはまる語句または式を，下の解答群の中から1つ選べ。ただし，h はプランク定数，c は光の速さとする。

光はエネルギーをもった粒子の集まりとみなすことができ，この粒子は［ ア ］とよばれる。光の振動数を ν とすれば，その粒子のエネルギーは［ イ ］で表される。光の粒子性は，［ ウ ］や［ エ ］の実験によって確かめられる。

①　陽子　②　中性子　③　電子　④　光子　⑤　電荷　⑥　ドップラー効果
⑦　コンプトン効果　⑧　ニュートンリング　⑨　ヤングの干渉　⓪　光電効果

ⓐ　$\dfrac{h}{\nu}$　ⓑ　$h\nu$　ⓒ　$c\nu$　ⓓ　$\dfrac{c}{\nu}$

〔1992 センター追試〕

042. 光電効果 1分

セシウムの表面に紫外線や可視光線などを当てて，電子を飛び出させるためには，当てる光の何が一定値より大きいことが必要であるか。次の①～③のうちから正しいものを1つ選べ。

①　波長　②　振動数　③　振幅

〔1995 センター追試〕

043. 粒子性と波動性 2分

図の(a)～(c)は，3つの物理現象のそれぞれの説明図である。それぞれに対応する現象名を，解答群のうちから1つずつ選べ。

①　原子核による α 粒子の散乱
②　ドップラー効果
③　全反射　④　光電効果　⑤　ブラッグの条件　⑥　コンプトン効果

〔1995 センター本試 改〕

要点チェック　原子と原子核

1 原子の構造とエネルギー準位

(1) ラザフォードの原子模型

正電荷をもつア[　　　　]と，その周囲を回るイ[　　　]とからなる原子模型。

(2) 水素原子のスペクトル

輝線の波長 λ の並びに次のような規則性がある。

$$\frac{1}{\lambda}=^{ウ}[\qquad\qquad]$$

$$\begin{pmatrix} n'=1,\ 2,\ 3,\ \cdots \\ n=n'+1,\ n'+2,\ n'+3,\ \cdots \end{pmatrix}$$

$R=1.10\times10^7$/m はエ[　　　　　　　]という。

パッシェン系列	バルマー系列	ライマン系列
$n'=3$	$n'=2$	$n'=1$
$n=$ 4, 5, 6, 7, 8, …	$n=$ 3, 4, 5, 6, 7, …	$n=$ 2, 3, 4, 5, 6, …

振動数小　　　　振動数大

波長　長　赤外線　　可視光線　　紫外線　波長　短

(3) ボーアの理論

① 量子条件

電子の軌道(半径 r)は，円周が電子波の波長 λ の整数倍になる。電子の質量を m，電子の速さを v，プランク定数を h，量子数を n とすると

$$2\pi r=n\lambda=^{オ}[\qquad]\quad(n=1,\ 2,\ \cdots)$$

定常状態またはそのエネルギー E_n[J]をカ[　　　　　　　]という。

② 振動数条件 $E_n-E_{n'}=h\nu$ $(E_n>E_{n'})$

③ エネルギー準位の計算

e を電気素量，k_0 を真空中のクーロンの法則の比例定数，c を真空中の光の速さとすると

$$r=\frac{h^2}{4\pi^2k_0me^2}\cdot n^2$$

$$E_n=-\frac{2\pi^2k_0{}^2me^4}{h^2}\cdot\frac{1}{n^2}=-\frac{Rch}{n^2}$$

$$(n=1,\ 2,\ 3,\ \cdots)$$

$n=1$ のエネルギー準位の状態をキ[　　　　　]，$n=2,\ 3,\ \cdots$の状態をク[　　　　　]という。

2 原子核の構成

陽子と中性子を総称してケ[　　　]という。元素の原子番号はコ[　　　]の数，質量数は(ケ)の総数を表している。

3 放射線とその性質

(1) α 崩壊と β 崩壊

・α 崩壊…質量数がサ[　　]，原子番号がシ[　　]だけ小さい原子核に変わる。

・β 崩壊…質量数がス[　　　]で原子番号がセ[　　]だけ大きな原子核に変わる。

(2) 半減期 T

崩壊によって，もとの原子核の数が半分になるまでの時間。 $\dfrac{N}{N_0}=^{ソ}[\qquad\qquad]$

$\begin{pmatrix} N_0：初めの原子核の数 \\ N：時間\ t\ 後に残っている原子核の数 \end{pmatrix}$

4 核反応と核エネルギー

(1) 核反応(原子核反応)

原子核と他の粒子の相互作用により，原子核が変化する反応。反応の前後で質量数の和と電気量の和は一定。

(2) 質量とエネルギーの等価性

質量とエネルギーとは同等であり，質量 m に相当するエネルギーを E とすると $E=$タ[　　　]と表される。原子核をばらばらの核子にするためには，質量欠損 $\varDelta m$ に相当するエネルギー $\varDelta mc^2$ を与える必要があり，これを原子核のチ[　　　　　　　]という。

(3) 核エネルギー

核反応の前後の質量差に相当するエネルギー。結合エネルギーの和の変化に等しい。

(4) 核分裂

1つの原子核が，複数の原子核に分かれる反応。

5 素粒子

(1) 素粒子

自然の階層性の究極に位置する粒子を，物質を構成する基本的要素と考える。ハドロン，レプトン，ゲージ粒子に分類される。

(2) 自然界に存在する4つの力

重力(万有引力)，電磁気力，原子核をつくるための強い力，β 崩壊などではたらく弱い力。

044. α粒子の散乱 1分

ラザフォード達は，α 粒子を金箔に当てる実験により，原子ではその質量の大部分と正電荷が，中心のごく小さい部分に集中していることを示した。この小さい部分を原子核という。図のように α 粒子を原子に照射したとき，α 粒子の散乱のようすを表す図として最も適当なものはどれか。次の①～④のうちから１つ選べ。

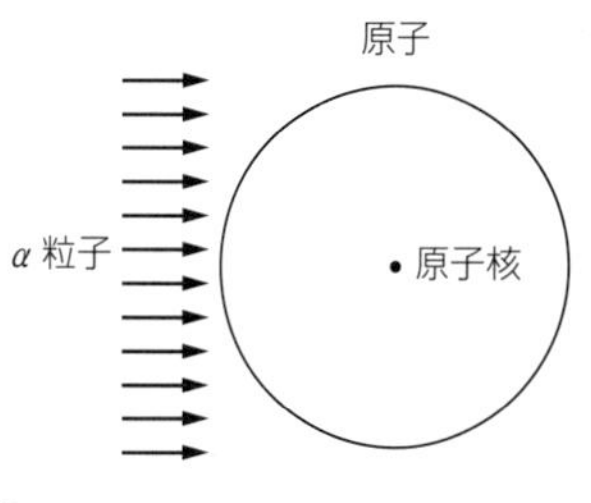

①
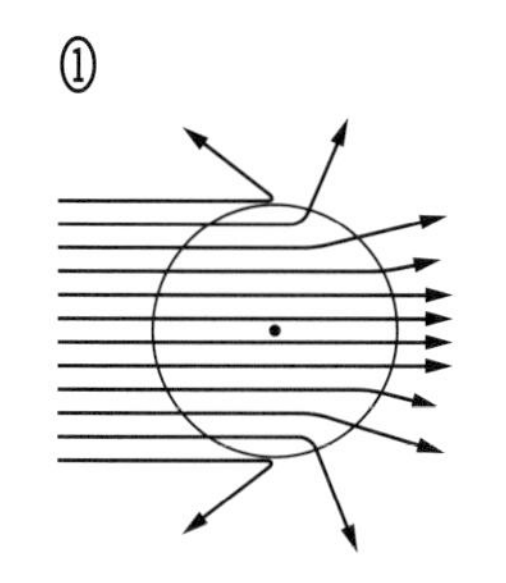

②
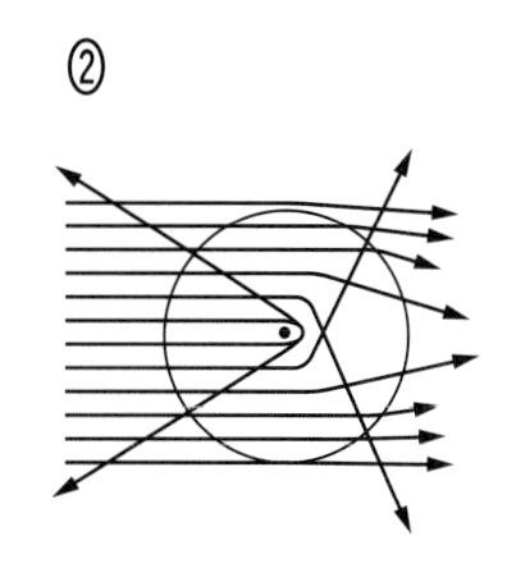

③
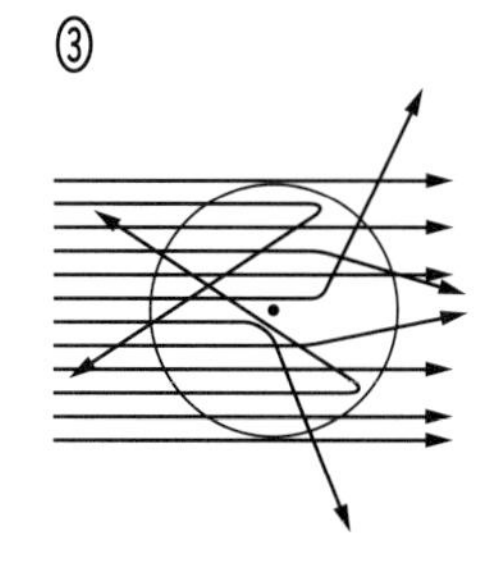

④
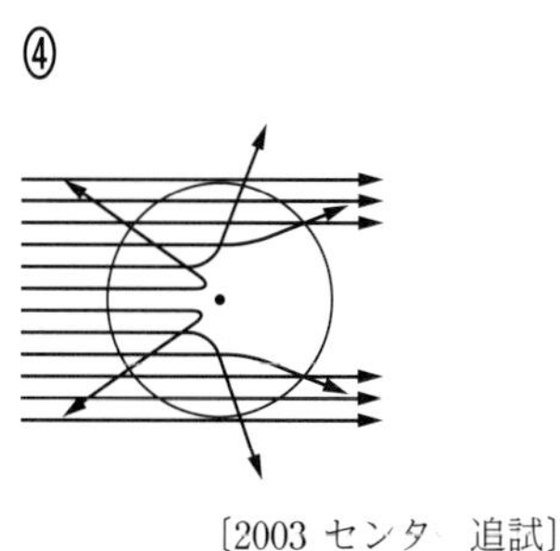

〔2003 センター追試〕

045. 原子の構造 2分

次の文章中の空欄に当てはまる語句を，下の解答群の中から１つずつ選べ。

原子は，その中心にあって質量の大部分を担う正の電荷をもった重い原子核と，そのまわりを回る軽い［ア］から構成されている。原子核と［ア］は［イ］で結合しており，原子は全体として電気的に中性である。さらに，原子核は正の電荷をもった［ウ］と電荷をもたない［エ］から構成されている。

① 電子　② 原子　③ 陽子　④ 中性子　⑤ 核力　⑥ 静電気力
⑦ 万有引力

〔1994 センター本試〕

046. 核反応 2分

次の文章中の空欄［ア］～［ウ］に入れるのに最も適当なものを，下の①～⑦のうちから１つずつ選べ。

ウラン 235 の原子核に［ア］が衝突し吸収されると，2つの別の原子核と複数個の［ア］に分かれる。この現象を［イ］という。この現象によって生じた［ア］が別のウラン 235 の原子核に吸収され，さらに次々と同様な現象がくり返される反応を［ウ］という。こうした反応がゆっくり進行するように調整して，その際に生じる大きなエネルギーを継続的に取り出す装置が原子炉である。［イ］によってできる原子核のなかには半減期の長い放射能をもつものがあり，原子炉を運転するにつれて，炉の内部にはそのような核を含む物質がたまってくる。そのため，この放射性物質が炉の外に漏れ出さないような安全対策が重要である。また，こうした放射性物質を大量に含む使用済みの核燃料の取扱いには，十分な注意をはらう必要がある。

① 陽子　② 中性子　③ 電子　④ 核分裂
⑤ 核融合　⑥ 連鎖反応　⑦ 放射性崩壊

〔2002 センター追試〕

II 考察問題

第1章 力と運動

例題 宇宙船と物資の投下 5分

次の文章中の空欄 [1]・[2] に入れる語句または記号として最も適当なものを，それぞれの直後の｛　｝で囲んだ選択肢のうちから1つずつ選べ。

図1のように，大気のない惑星にいる宇宙飛行士の上空を，宇宙船が水平左向きに等速直線運動して通過していく。一定の時間間隔をあけて次々と物資が宇宙船から静かに切り離され，落下した。4番目の物資が切り離された瞬間の，それまでに切り離された物資の位置およびそれまでの運動の軌跡を表す図は，図2の [1] ｛① ア　② イ　③ ウ　④ エ　⑤ オ｝であった。このとき宇宙船は，等速直線運動をするためにロケットエンジンから燃焼ガスを [2] ｛① 水平右向きに噴射していた。　② 斜め右下向きに噴射していた。　③ 鉛直下向きに噴射していた。　④ 噴射していなかった。｝

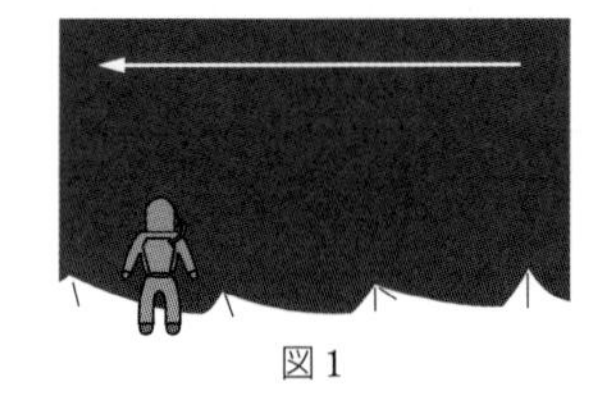

図1

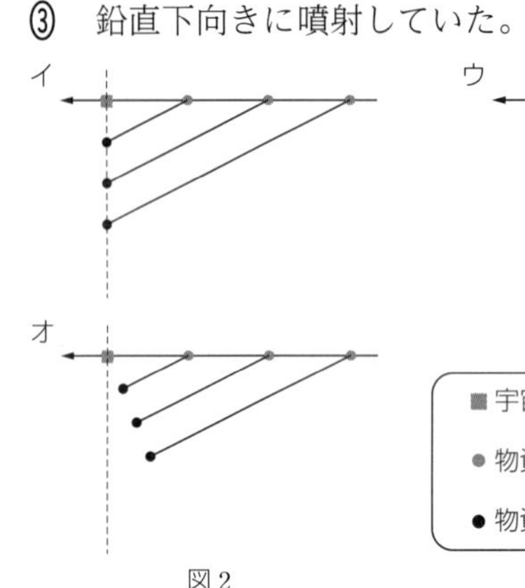

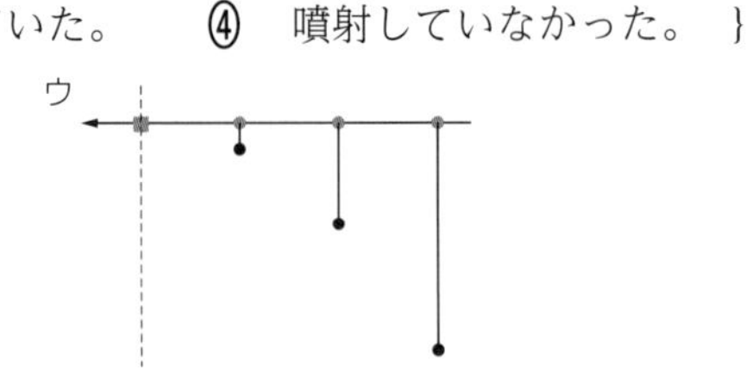

図2

〔2018 試行調査〕

解説

思考の過程▶ 大気がないということは，空気抵抗がないということである。つまり，宇宙船から切り離された物資は，水平方向の速度成分が保たれたまま落下していく。さらに，静かに切り離されたということから，物資は宇宙船から見ると自由落下しているように見える。

大気がないので，空気抵抗もなく，物資には水平方向の力ははたらかない。宇宙船から見て静かに離すということは，宇宙飛行士から見て，宇宙船と同じ速度で物資が投射されたということである。以上のことから，物資は水平方向には，宇宙船と同じ速度で等速直線運動するとわかる。つまり，宇宙船が水平方向に進んだ距離と，物資が水平方向に進んだ距離は等しく，宇宙船と物資は鉛直方向に並ぶことになる。

一方，鉛直方向については，一定の重力加速度で運動するので，鉛直方向の変位の大きさは刻々と増えていく。これらのことにより，[1] の正解は①。

思考の過程▶ 等速直線運動をするためには，宇宙船にはたらく力の合力が0でなければならない。

また，宇宙船が等速直線運動していることから，宇宙船にはたらく合力は0とわかる。宇宙船にはたらく力をかいてみると，重力とつりあう力がはたらいていなければならない。ゆえに，[2] の適当な選択肢は③。

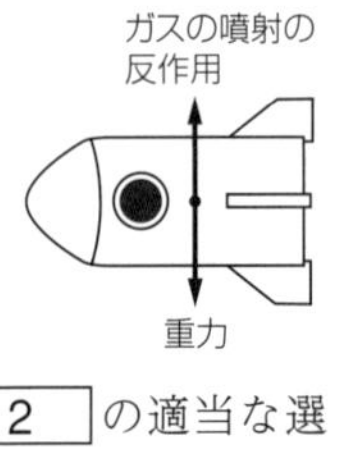

解答 [1] ①　[2] ③

知識の確認　落体の運動

●水平投射

鉛直方向…自由落下，水平方向…等速直線運動

●斜方投射

鉛直方向…鉛直投げ上げ，水平方向…等速直線運動

047. 円筒のつりあいと回転　10分

質量 m のかたくて一様な筒 AB がある。この筒は両端が開いており，図 1 のように AB の間 C に仕切りがある。AC，CB の長さはそれぞれ，l_1，l_2 である。筒は十分細長く，また，仕切りの質量は無視できるものとして，次の各問いに答えよ。

図 1

図 2

問 1　この筒を点 A，B，C を含む鉛直面内でなめらかに回転できるように，C を支点として支えたところ，図 2 のように端 A が床に接した。このとき，次の各点で筒が鉛直上向きに受けている力の大きさはそれぞれいくらか。正しいものを，次の ①～⑤ のうちから 1 つずつ選べ。ただし，重力加速度の大きさを g とし，床はなめらかであるとする。

端 A で筒が鉛直上向きに受けている力の大きさ　［ ア ］

支点 C で筒が鉛直上向きに受けている力の大きさ　［ イ ］

① mg　② $\frac{1}{2}mg\left(1+\frac{l_1}{l_2}\right)$　③ $\frac{1}{2}mg\left(1-\frac{l_1}{l_2}\right)$

④ $\frac{1}{2}mg\left(1+\frac{l_2}{l_1}\right)$　⑤ $\frac{1}{2}mg\left(1-\frac{l_2}{l_1}\right)$

問 2　仕切りで区切られた筒の CB の部分には，水をためることができる。ちょうど端 B まで水で満たされたとき筒が回転を始めるようにしたい。筒の断面積を S，水の密度を ρ とするとき，l_1 と l_2 の関係式として正しいものを，次の ①～④ のうちから 1 つ選べ。

① $l_1=l_2+\frac{1}{m}\rho S{l_2}^2$　② $l_1=l_2+\frac{2}{m}\rho S{l_2}^2$　③ $l_1=l_2+\frac{1}{m}\rho Sl_2$　④ $l_1=l_2+\frac{2}{m}\rho Sl_2$

〔2000 センター本試〕

048. 重心　8分

次の図のような一様な厚さの板について，重心の x 座標を次の選択肢 ①～⑥ のうちから 1 つ選べ。

問 1　図 1 の五角形の板　$x=$［ ア ］cm

① 14　② 15　③ 16　④ 17　⑤ 18　⑥ 19

問 2　図 2 の半径 6.0 cm の円板から，半径 2.0 cm の円板 A を切り取った板 B　$x=$［ イ ］cm

① 3.5　② 5.0　③ 6.5　④ 8.0　⑤ 9.5　⑥ 11

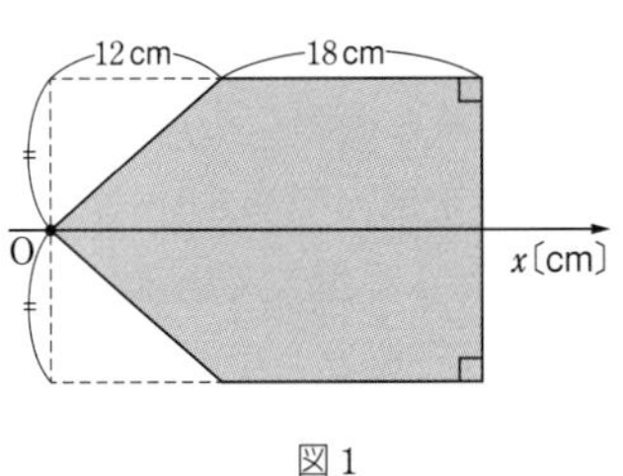

図 1

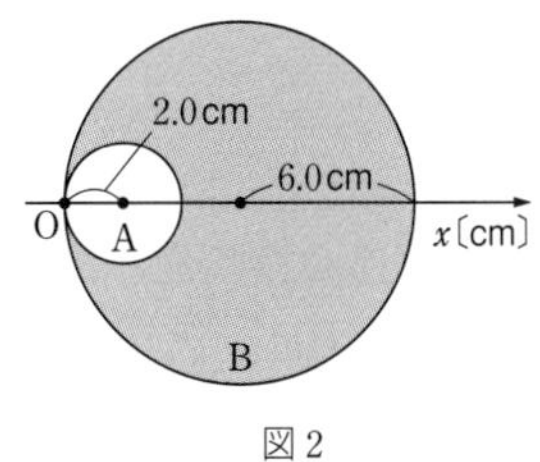

図 2

049. ロケットの推進の原理 6分

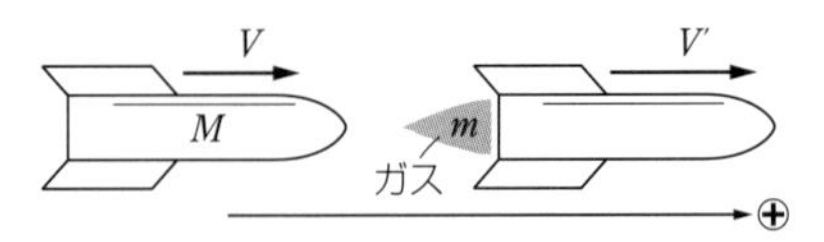

ロケットは，高速のガスを後方に噴射することにより，その反動で前方に進む。速さ V で等速直線運動している質量 M のロケットから，質量 m のガスを真後ろに向けて瞬間的に噴射した。噴射されるガスの速さは，そのガスを噴射する前のロケットに対して v であるとする。空気の影響や重力加速度は考慮しなくてよく，ロケットの運動は常に直線的であるものとする。また，ロケットの進む向きを正の向きとする。

問1　ロケットがガスから受ける力積の大きさはいくらか。次の①～④のうちから正しいものを1つ選べ。

①　mv　②　$(M-m)v$　③　$(M-m)V$　④　$(M-m)(V-v)$

問2　ガスを噴射した後のロケットの速さを V' とすると，M，m，V，V'，v の間にはどのような関係が成りたっているか。次の①～④のうちから正しいものを1つ選べ。

①　$MV=MV'+mv$　②　$MV=MV'+m(V-v)$

③　$MV=(M-m)V'+mv$　④　$MV=(M-m)V'+m(V-v)$

問3　ガスを噴射した後のロケットの速さはいくらか。次の①～④のうちから正しいものを1つ選べ。

①　$V+v$　②　$V+\frac{m}{M}v$　③　$V+\frac{M}{m}v$　④　$V+\frac{m}{M-m}v$

〔2001 横浜国大 改〕

050. 地球の自転と重力 3分

図のように地球を半径 R，質量 M の一様な球と考え，その中心をO，自転の角速度を ω とする。緯度 θ の地点に静止している質量 m の物体にはたらく力を，この物体とともに地上に静止して観測する。ただし，万有引力定数を G とする。

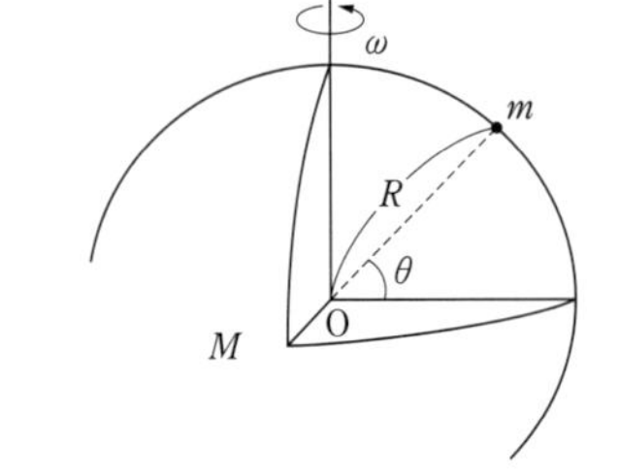

問1　この物体にはたらく万有引力の大きさとして正しい式を，次の①～⑥のうちから1つ選べ。

①　$\dfrac{GMm}{R^2\cos^2\theta}$　②　$\dfrac{GMm}{R^2\sin^2\theta}$　③　$\dfrac{GMm}{R^2}$

④　$\dfrac{GMm}{R\cos\theta}$　⑤　$\dfrac{GMm}{R\sin\theta}$　⑥　$\dfrac{GMm}{R}$

問2　この物体にはたらく遠心力の大きさとして正しい式を，次の①～⑤のうちから1つ選べ。

①　$mR\omega^2$　②　$mR\omega^2\cos\theta$　③　$mR\omega^2\sin\theta$　④　$\dfrac{mR\omega^2}{\cos\theta}$　⑤　$\dfrac{mR\omega^2}{\sin\theta}$

問3　次の文章中の空欄［ア］～［ウ］に入れる語句として最も適当なものを，下のそれぞれの選択肢のうちから1つ選べ。ただし，［ア］と［イ］は同じものを選んでもよい。

物体にはたらく万有引力と遠心力の合力が，物体にはたらく重力である。物体が北極($\theta=90°$)にあるとき，物体にはたらく遠心力は［ア］であり，物体が赤道($\theta=0°$)にあるとき，物体にはたらく遠心力は［イ］である。したがって，物体が北極にあるときの重力の大きさは，物体が赤道にあるときと比べて［ウ］。

［ア］，［イ］の選択肢：①　万有引力と同じ向き　②　0　③　万有引力と逆向き

［ウ］の選択肢：①　大きい　②　等しい　③　小さい

〔2008 愛知学院大 改〕

051. 単振り子 6分

次の文章を読み，下の問いに答えよ。

放課後の公園で，図のようなブランコがゆれているのを，花子は見つけた。高校の物理で学んだばかりの単振り子の周期 T の式

$$T = 2\pi\sqrt{\frac{L}{g}} \quad \cdots(1)$$

を太郎は思い出した。L は単振り子の長さ，g は重力加速度の大きさである。

問　二人はブランコにも式(1)が適用できることを前提に，その周期をより短くする方法を考えた。下の文章中の空欄［ア］～［ウ］に入れる語句として最も適当なものを，下の選択肢①～③のうちから1つずつ選べ。ただし，同じものを何回選んでも構わない。また，空気の抵抗は無視できるものとする。

ブランコのひもを短くしたときと長くしたときを比べると，周期は［ア］。

ブランコに座って乗るときと立って乗るときを比べると，周期は［イ］。

ブランコの板を重くしたときとブランコのひもを短くしたときを比べると，周期は［ウ］。

①　前者のほうが短い　　②　後者のほうが短い　　③　両者とも変わらない

〔2017 試行調査 改〕

052. ばねでつながれた物体の単振動の周期 4分

図(a)～(c)のように，ばね定数 k の軽いばねの一端に質量 m の小球を取りつけ，ばねの伸縮方向に単振動させる。(a)～(c)の場合の単振動の周期を，それぞれ T_a，T_b，T_c とする。T_a，T_b，T_c の大小関係として正しいものを，下の①～⑥のうちから1つ選べ。ただし，(a)の水平面，(b)の斜面はなめらかであるとする。

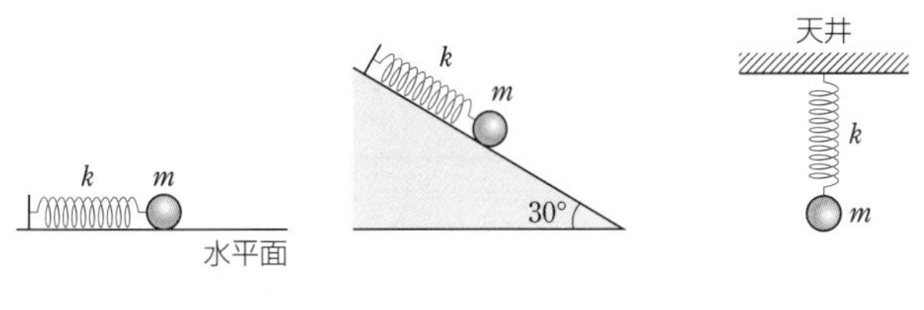

(a)ばねの他端を水平面上で固定する。　(b)ばねの他端を傾き30°の斜面上で固定する。　(c)ばねの他端を天井に固定する。

①　$T_a > T_b > T_c$　　②　$T_c > T_b > T_a$　　③　$T_b = T_c > T_a$　　④　$T_a = T_b = T_c$

⑤　$T_a = T_c > T_b$　　⑥　$T_b > T_a = T_c$

〔2019 センター本試〕

例題 ばね付きピストンで封じられた気体 3分

図1(a)のように，熱をよく伝える材料でできたシリンダーの端に断面積 S のなめらかに動くピストンがあり，ばね定数 k のばねが自然の長さで接続されている。ピストンの右側は常に真空になっている。次に栓を開いて，シリンダー内部に物質量 n の単原子分子理想気体を入れて再び密閉したところ，図1(b)のように，気体の圧力が p_0，体積が V_0，温度(絶対温度)が外の温度と同じ T_0 になった。ただし，気体定数を R とする。

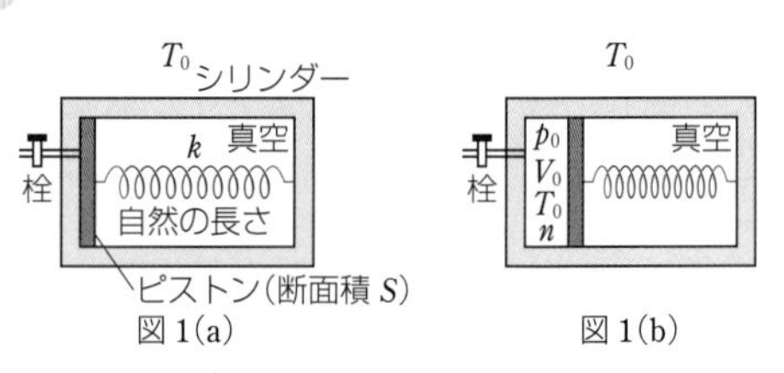

図1(a)　図1(b)

問1　図1(b)の状態で，ばね定数 k とばねに蓄えられたエネルギーを表す式の組合せとして正しいものを，次の①～⑨のうちから1つ選べ。

	k	ばねのエネルギー
①	$\frac{p_0V_0}{S}$	$\frac{1}{2}nRT_0$
②	$\frac{p_0V_0}{S}$	nRT_0
③	$\frac{p_0V_0}{S}$	$\frac{3}{2}nRT_0$
④	$\frac{p_0S^2}{V_0}$	$\frac{1}{2}nRT_0$
⑤	$\frac{p_0S^2}{V_0}$	nRT_0
⑥	$\frac{p_0S^2}{V_0}$	$\frac{3}{2}nRT_0$
⑦	$\frac{p_0S^2}{2V_0}$	$\frac{1}{2}nRT_0$
⑧	$\frac{p_0S^2}{2V_0}$	nRT_0
⑨	$\frac{p_0S^2}{2V_0}$	$\frac{3}{2}nRT_0$

問2　次に，図2のように，外の温度を T まで上昇させると，気体の圧力は p，体積は V，温度は T になった。このとき，気体の内部エネルギーの増加分 $\varDelta U$ を表す式として正しいものを，下の①～⑨のうちから1つ選べ。

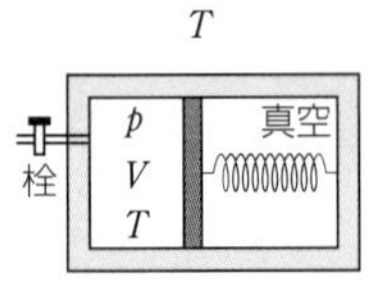

図2

① $\frac{1}{2}nRT$　② nRT　③ $\frac{3}{2}nRT$　④ $\frac{1}{2}nRT_0$　⑤ nRT_0

⑥ $\frac{3}{2}nRT_0$　⑦ $\frac{1}{2}nR(T-T_0)$　⑧ $nR(T-T_0)$　⑨ $\frac{3}{2}nR(T-T_0)$

〔2018 センター本試〕

解説

問1

思考の過程▶ 気体の体積が一定となるには，ピストンが静止する必要があるため，ピストンにはたらく力はつりあっている。

図1(b)の状態で，ばねの自然の長さからの縮みを x とすると，$Sx=V_0$ より $x=\frac{V_0}{S}$ である。したがって，ピストンにはたらく力のつりあいの式は

$$p_0S-k\times\frac{V_0}{S}=0$$

よって　$k=\frac{p_0S^2}{V_0}$

ゆえに，ばねの弾性エネルギーは

$$\frac{1}{2}k\left(\frac{V_0}{S}\right)^2=\frac{1}{2}p_0V_0=\frac{1}{2}nRT_0$$

となる(理想気体の状態方程式「$pV=nRT$」を用いた)。以上より，正しいものは④。

問2　単原子分子理想気体であるから，

「$\varDelta U=\frac{3}{2}nR\varDelta T$」より

$$\varDelta U=\frac{3}{2}nR(T-T_0)$$

したがって，正しいものは⑨。

解答　問1 ④　問2 ⑨

053. 気体の二乗平均速度 2分

理想気体に関する次の文章中の空欄［ア］～［ウ］に入れる語句の組合せとして最も適当なものを，下の①～⑧のうちから1つ選べ。

理想気体では，分子の二乗平均速度は，分子の質量が［ア］ほど，また気体の温度が［イ］ほど，大きくなる。温度を一定に保ちながら気体の圧力を変化させるとき，二乗平均速度は［ウ］。

	ア	イ	ウ
①	大きい	高い	変化する
②	大きい	高い	変化しない
③	大きい	低い	変化する
④	大きい	低い	変化しない
⑤	小さい	高い	変化する
⑥	小さい	高い	変化しない
⑦	小さい	低い	変化する
⑧	小さい	低い	変化しない

〔2015 センター追試〕

054. 熱サイクル 10分

次の文章を読み，下の問い(問1～2)に答えよ。

シリンダーに単原子分子理想気体を閉じこめ，図のように体積と圧力を状態A→状態B→状態C→状態Aと変化させる。状態Aの体積と圧力をV_0，p_0，絶対温度をT_0とする。

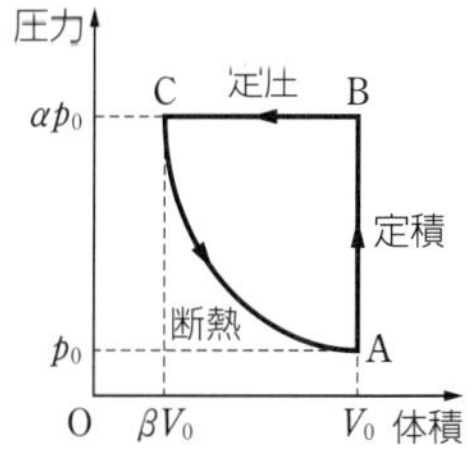

問1　次の文章中の空欄［ア］～［エ］に入れる数式として正しいものを，それぞれの直後の｛　｝で囲んだ選択肢のうちから1つずつ選べ。

状態A→状態Bは定積変化であり，気体のした仕事は

［ア］｛ ① p_0V_0　② αp_0V_0　③ $(\alpha-1)p_0V_0$　④ 0 ｝

気体の内部エネルギーの変化は

［イ］｛ ① $\frac{3}{2}p_0V_0$　② $\frac{3}{2}\alpha p_0V_0$　③ $\frac{3}{2}(\alpha-1)p_0V_0$　④ 0 ｝

状態B→状態Cは定圧変化であり，気体のした仕事は

［ウ］｛ ① $\alpha\beta p_0V_0$　② $\alpha(\beta-1)p_0V_0$　③ $\alpha(1-\beta)p_0V_0$　④ 0 ｝

状態C→状態Aは断熱変化であり，気体の吸収した熱量は

［エ］｛ ① $(1-\alpha)(1-\beta)p_0V_0$　② $(1-\alpha)\beta p_0V_0$　③ $\alpha(1-\beta)p_0V_0$　④ 0 ｝

問2　次の文章中の空欄［オ］～［キ］に入れる数式として正しいものを，それぞれの直後の｛　｝で囲んだ選択肢のうちから1つずつ選べ。

A→B→C→Aの熱サイクルで，気体がした正味の仕事は

［オ］｛ ① $\frac{-\alpha\beta-2\alpha+3}{2}p_0V_0$　② $\frac{-\alpha\beta+2\alpha+3}{2}p_0V_0$　③ $\frac{5\alpha\beta-2\alpha-3}{2}p_0V_0$　④ $\frac{5\alpha\beta+2\alpha-3}{2}p_0V_0$ ｝で符号は［カ］｛ ① 正　② 負 ｝。

気体の内部エネルギーの変化は

［キ］｛ ① $\frac{3}{2}(\alpha\beta-1)p_0V_0$　② $\frac{3}{2}(\alpha-1)p_0V_0$　③ $\frac{3}{2}(\beta-1)p_0V_0$　④ 0 ｝

〔2019 山形大 改〕

055. 気体がされる仕事 5分

次の文章中の空欄 1 ～ 3 に入れる式または語句として最も適当なものを，それぞれの直後の｛　｝で囲んだ選択肢のうちから１つずつ選べ。ただし，気体定数は R，重力加速度の大きさを g とする。

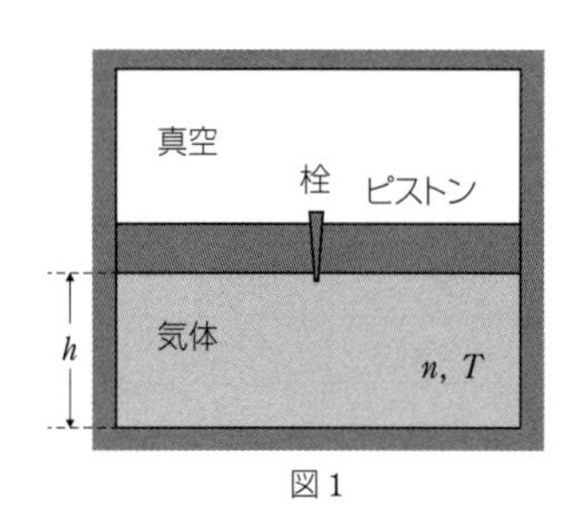

図１

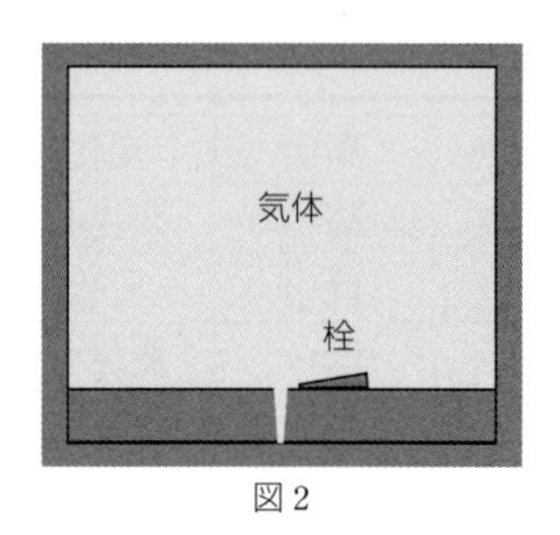

図２

図１のように，断熱材でできた密閉したシリンダーを鉛直に立て，なめらかに動く質量 m のピストンで仕切り，その下側に物質量 n の単原子分子の理想気体を入れた。上側は真空であった。ピストンはシリンダーの底面からの高さ h の位置で静止し，気体の温度は T であった。このとき，

$mgh =$ 1 ｛ ① $\frac{1}{2}nRT$　② nRT　③ $\frac{3}{2}nRT$　④ $2nRT$　⑤ $\frac{5}{2}nRT$ ｝

が成りたつ。

ピストンについていた栓を抜いたところ，図２のようにピストンはシリンダーの底面までゆっくりと落下し，気体はシリンダー内全体に広がった。

気体は 2 ｛ ① 等温で膨張するので，　② 断熱膨張するので，　③ 真空中への膨張なので仕事はせず，　④ ピストンから押されることで正の仕事をされ，｝

気体の温度は 3 ｛ ① 上がる。　② 下がる。　③ 変化しない。｝

〔2018 試行調査〕

第3章　波

例題　凸レンズのはたらき　3分

図のように，凸レンズの左に万年筆がある。F，F′ はレンズの焦点である。レンズの左に光を通さない板 C をおき，レンズの中心より上半分を完全に覆った。ただし，レンズは薄いものとする。

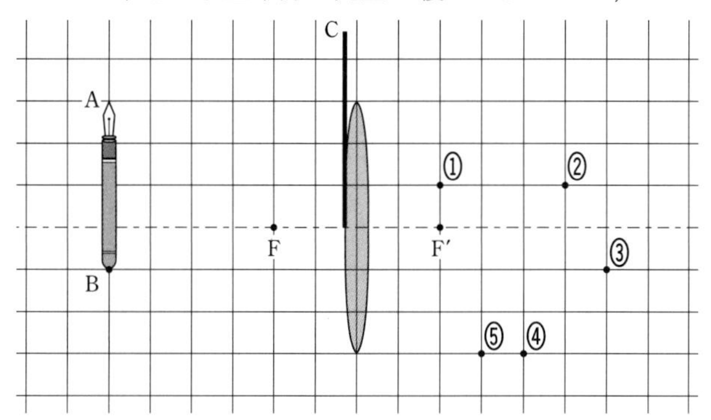

問 1　万年筆の先端 A から出た光が届く点として適当なものを，図中の ①～⑤ のうちから 1 つ選べ。

問 2　万年筆の他端 B から出た光が届く点として適当なものを，図中の ①～⑤ のうちから 1 つ選べ。

〔2018 試行調査 改〕

解説

思考の過程▶ ① レンズの中心を通る光は直進する。② 光源から直接焦点を通った光は，レンズを通った後，光軸に対して平行に進む。③ 光源から出ている，光軸に対して平行に進む光は，レンズを通った後，焦点を通る。

問 1　凸レンズを通る光の経路の特徴より，点 A からレンズの中心へ向かう光と，点 A から焦点 F へ向かう光はそれぞれ図 a の光 a，b の経路をたどる。点 A から凸レンズに向かった光は，光 a，b の交点 A′ に集まるので，点 A からレンズの下端に向かった光も交点 A′ を通り，図 a の光 c の経路をたどる。点 A から出た光は光 a と光 c の間を通るので，図 a より，光が届く点は ③ である。

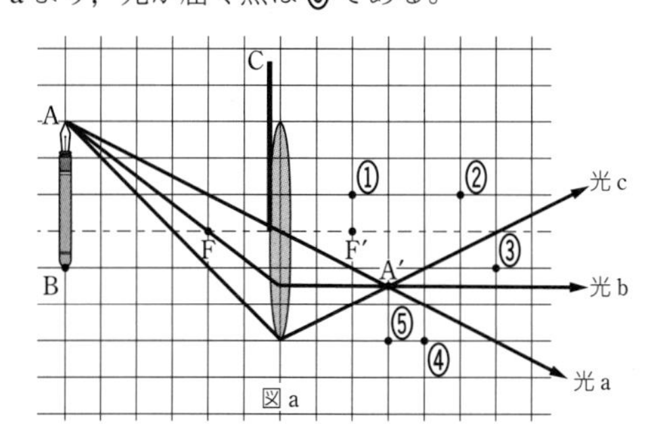

図 a

問 2　問 1 と同様に考えて，点 B からレンズの中心へ向かう光と，点 B を出て光軸に対して平行に進む光の経路は，それぞれ図 b の光 d，e である。この 2 つの経路の交点 B′ より，レンズの下端を通る光の経路は図 b の光 f とわかる。よって，光が届く点は ② である。

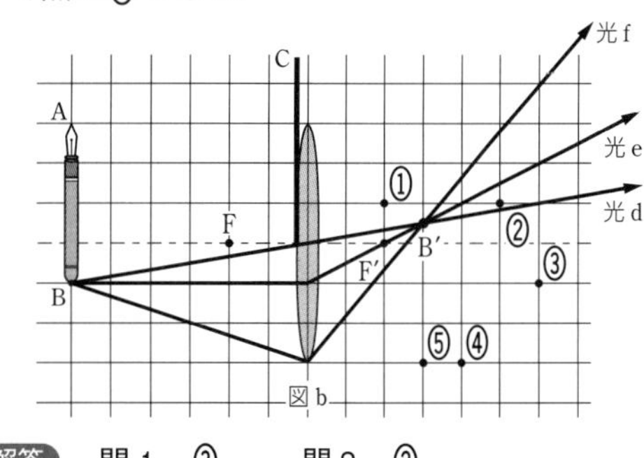

図 b

解答　問 1　③　　問 2　②

知識の確認　凸レンズを通して観察される像

本問において，万年筆 AB から出た光は凸レンズにより集められ，A′B′ に実像をつくる。

光をさえぎっていた板 C を除いた場合，実像が A′B′ につくられるのは変わらないが，集められる光が多くなるため，像は鮮明になる。

II　考察問題

056. 波の屈折 6分

次の文章を読み，下の問い(問 1～3)に答えよ。

図は，深さの異なる 2 つの部分からなる水槽を上から見た図である。この水槽の浅い部分で振動板を水面に当てて 3.0Hz で振動させたところ，水面波が伝わり 2 つの部分の境界で屈折した。このとき水面波の速さは，浅い部分では 0.30m/s，深い部分では 0.40m/s であった。

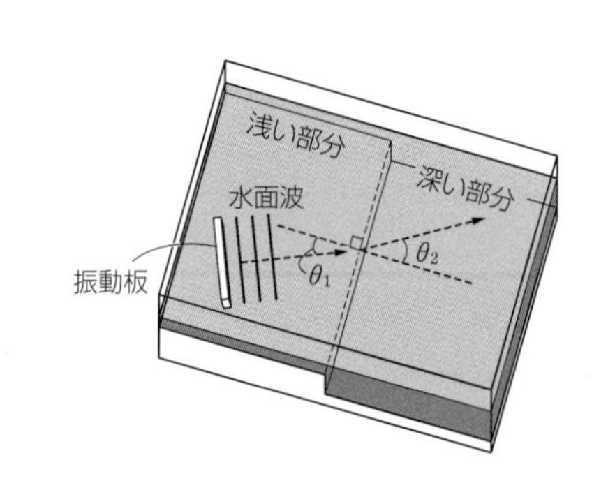

問 1　浅い部分と深い部分のうち，水面波の波長の長い部分はどちらか。また，その値はいくつか。最も適当な組合せを，次の ①～⑥ のうちから 1 つ選べ。

	波長の長い部分	波長〔m〕
①	浅い部分	0.10
②	浅い部分	10
③	浅い部分	0.90
④	深い部分	0.13
⑤	深い部分	7.5
⑥	深い部分	1.2

問 2　水面波の進む向きが $\theta_1=30°$ であるとき，屈折した波の進む向きの角度 θ_2 はいくらか。最も近い数値を，次の ①～⑧ のうちから 1 つ選べ。

① $\theta_2=10°$　② $\theta_2=20°$　③ $\theta_2=30°$　④ $\theta_2=40°$
⑤ $\theta_2=50°$　⑥ $\theta_2=60°$　⑦ $\theta_2=70°$　⑧ $\theta_2=80°$

問 3　波の屈折と関係がない現象はどれか。次の ①～⑤ のうちから 1 つ選べ。

① 砂浜に打ち寄せる波の波面は海岸線に平行になる。　② 凸レンズで光を集めることができる。
③ 湯を入れると浴槽の底が浅く見える。　④ 音源の風下のほうが風上より音がよく聞こえる。
⑤ 冬の晴れた夜，遠くの音がよく聞こえることがある。

〔2007 センター本試 改〕

057. 水面波の干渉 5分

図のように，波長 λ〔m〕の平面波を，波面と平行に置かれた複スリット S_1，S_2 に入射させて，波の干渉のようすを調べた。S_1 と S_2 の間隔は 5.0×10^{-2}m であり，波面に垂直に半直線 S_1X をとる。

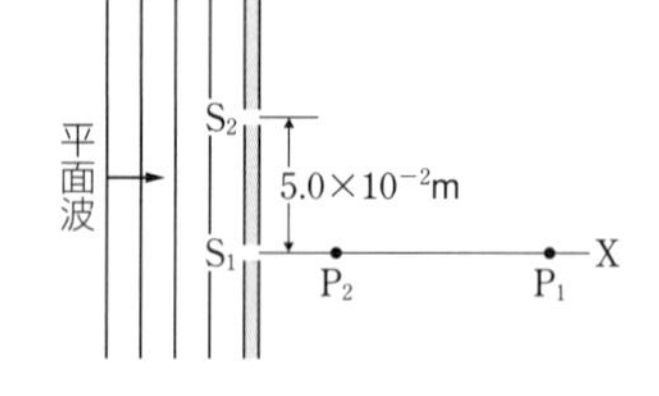

図の S_1X 上において，S_1 に遠いほうから順に点 P_1 と点 P_2 でのみ，波は最も弱めあった(S_1 は除く)。このことから S_1P_1，S_2P_1 の長さの差は［ ア ］〔m〕，S_1P_2，S_2P_2 の長さの差は［ イ ］〔m〕である。

問 1　上の文章中の空欄［ ア ］，［ イ ］に入れる数式として正しいものを，次の選択肢 ①～⑥ のうちからそれぞれ 1 つずつ選べ。

① λ　② $\frac{1}{2}\lambda$　③ $\frac{1}{3}\lambda$　④ $\frac{2}{3}\lambda$　⑤ $\frac{3}{2}\lambda$　⑥ 2λ

一方，図において，2 点 S_1，S_2 の垂直二等分線上に点 P_3 をとると，点 P_3 では波が強めあい，合成波の変位が 0.10s の間隔で同じ状態をくり返した。

問 2　この波の振動数は何 Hz か。最も適当な値を，次の ①～④ のうちから 1 つ選べ。

① 1.0　② 5.0　③ 1.0×10　④ 5.0×10

問3　実際に測定したところ，S_1P_1 の長さが 0.12 m であった。この波の波長 λ〔m〕を有効数字1桁で表すとき，次の式中の空欄[ウ]，[エ]に入れる数字として最も適当なものを，次の①～⓪のうちから1つずつ選べ。ただし，同じものをくり返し選んでもよい。

λ＝[ウ]×$10^{-[エ]}$ m

① 1　② 2　③ 3　④ 4　⑤ 5　⑥ 6　⑦ 7　⑧ 8　⑨ 9　⓪ 0

〔2018 金沢工大 改〕

058. 球速測定器の原理　6分

次の文章を読み，下の問い(問1～3)に答えよ。

野球やテニスで使用される球速測定器はマイクロ波とよばれる電波のドップラー効果を利用している。固定化された球速測定器を速さ x〔m/s〕で近づくボールに向け，測定器から振動数 F〔Hz〕の電波を発射すると，電波がボールに当たって反射し測定器にもどってくる。電波も速さ c の波動であり，x は電波の伝わる速さ c にくらべて十分小さいので，音波の場合と同様にドップラー効果を考えることができる。

問1　次の文章中の空欄[ア]，[イ]に入れる式として正しいものを，下の選択肢①～④のうちから1つずつ選べ。ただし，同じものをくり返し用いてもよい。

ボールが受け取る電波の振動数 F_2〔Hz〕は，静止した波源Sに観測者Oが近づく場合に相当するから

F_2＝[ア]×F

と求められる。

ボールは速さ x〔m/s〕で動きながら振動数 F_2 の電波を反射する。この反射してもどってくる電波を測定器の所で観測すると，その振動数 F_1〔Hz〕は静止した観測者Oに波源Sが近づく場合に相当するから

F_1＝[イ]×F_2

と求められる。

①　$\dfrac{c}{c-x}$　②　$\dfrac{c}{c+x}$　③　$\dfrac{c-x}{c}$　④　$\dfrac{c+x}{c}$

問2　球速測定器では，もとの電波ともどってきた電波とが干渉してできるうなりの1秒間当たりの回数を数えることにより，ボールの速さを計算している。うなりの1秒間当たりの回数として正しいものを，次の①～⑥のうちから1つ選べ。

①　$|F-F_1|$　②　$|F-F_2|$　③　$|F_1-F_2|$

④　$\left|\dfrac{1}{F}-\dfrac{1}{F_1}\right|$　⑤　$\left|\dfrac{1}{F}-\dfrac{1}{F_2}\right|$　⑥　$\left|\dfrac{1}{F_1}-\dfrac{1}{F_2}\right|$

問3　測定器で使われている電波の波長が 3.00×10^{-2} m で，測定されたうなりの回数が 3.00×10^{3} 回のとき，ボールの速さは何 km/h となるか。最も適当な値を，下の①～⑦のうちから1つ選べ。ただし，c は x に比べ十分に大きく $\dfrac{x}{1-\dfrac{x}{c}}\fallingdotseq x$ と近似してよい。

① 132　② 137　③ 142　④ 147　⑤ 152　⑥ 157　⑦ 162

〔2008 埼玉大 改〕

059. 光ファイバー ⏱8分

図は，ある光ファイバーの概念図である。屈折率の異なる2種類の透明な媒質からなる二重構造をしており，媒質1でできた中心部分の円柱の屈折率 n_1 は，媒質2でできた周囲の円筒の屈折率 n_2 よりも大きい。

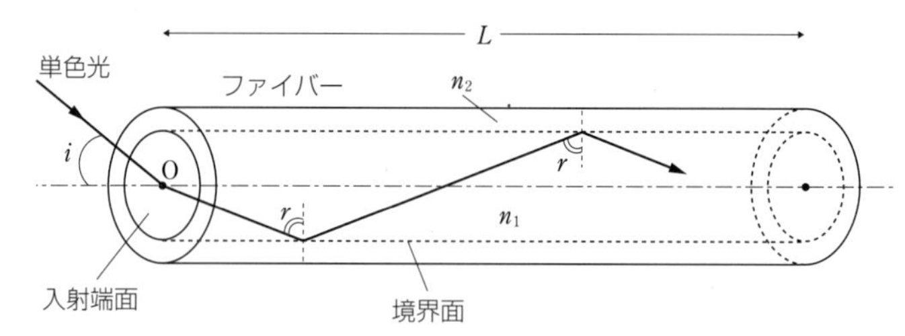

このファイバーを空気中に置き，円柱の端面の中心Oから単色光の光線を入射角 i で入射させる。端面で光は屈折してファイバー中を進み，媒質1と媒質2の境界面で反射される。この境界面への入射角を r とする。

以下では，図のように，円柱の中心軸を含む平面内を進む光についてのみを考える。また，空気の屈折率は1とする。

問1　端面への入射角 i を小さくしていくと，境界面への入射角 r は大きくなる。r がある角度 r_0 より大きくなると，境界面で全反射が起こり，光は媒質1の円柱の中だけを通って，円柱の外に失われることなく反対側の端面にまで到達する。

$r > r_0$ のとき，光が円柱に入射してから反対側の端面に到達するまでにかかる時間はいくらか。空気中での光の速さを c，ファイバーの長さを L として正しいものを，次の①～⑨のうちから1つ選べ。

① $\dfrac{L}{c}$　② $\dfrac{L}{c\sin r}$　③ $\dfrac{L}{c\cos r}$　④ $\dfrac{n_1L}{c}$　⑤ $\dfrac{n_1L}{c\sin r}$

⑥ $\dfrac{n_1L}{c\cos r}$　⑦ $\dfrac{n_1L}{n_2c}$　⑧ $\dfrac{n_1L}{n_2c\sin r}$　⑨ $\dfrac{n_1L}{n_2c\cos r}$

問2　媒質1と媒質2の境界面で全反射が起こる場合の，端面への入射角 i の最大値を i_0 とするとき，$\sin i_0$ を n_1，n_2 で表す式として正しいものを，次の①～⑥のうちから1つ選べ。

① $n_1 - n_2$　② $n_1{}^2 - n_2{}^2$　③ $\sqrt{n_1 - n_2}$　④ $\sqrt{n_1{}^2 - n_2{}^2}$

⑤ $\dfrac{1}{n_2} - \dfrac{1}{n_1}$　⑥ $\dfrac{1}{n_2{}^2} - \dfrac{1}{n_1{}^2}$

〔2010 センター本試〕

060. 薄膜による光の干渉 ⏱4分

次の文章中の空欄［ア］，［イ］に入れるのに最も適当な値を，下の選択肢①～⑥のうちからそれぞれ1つずつ選べ。なお，同じものをくり返し用いてもよい。

屈折率1.5の薄膜に波長600nmの平行光線を空気中から垂直に入射させ，薄膜の上面で反射する光と下面で反射する光が干渉して強めあう場合について考えよう。光は屈折率のより大きい媒質との境界面で反射するときには位相が π ずれるが，屈折率のより小さい媒質との境界面で反射するときには位相はずれない。また，透過するときには位相はずれない。

2つの反射光が強めあうような最小の膜の厚さは，薄膜が屈折率1.0の空気中にある場合には［ア］nmであり，薄膜が屈折率1.6のガラス板上にはり付いている場合には［イ］nmである。

① 100　② 150　③ 200　④ 300　⑤ 400　⑥ 600

〔2015 自治医大 改〕

第4章 電気と磁気

例題 静電誘導と静電気力 3分

次の文章中の空欄 ア ～ ウ に入れる語句の組合せとして最も適当なものを，下の①～⑧のうちから1つ選べ。

図のように，帯電していないアルミ箔（はく）を2つに折り，プラスチック板で電極間に支えた。スイッチをS1からS2へ切りかえて電極に電圧を加えたところ，アルミ箔の四隅A，B，C，Dのうち， ア に正の電荷が， イ に負の電荷が現れた。その結果，アルミ箔はわずかに ウ 。

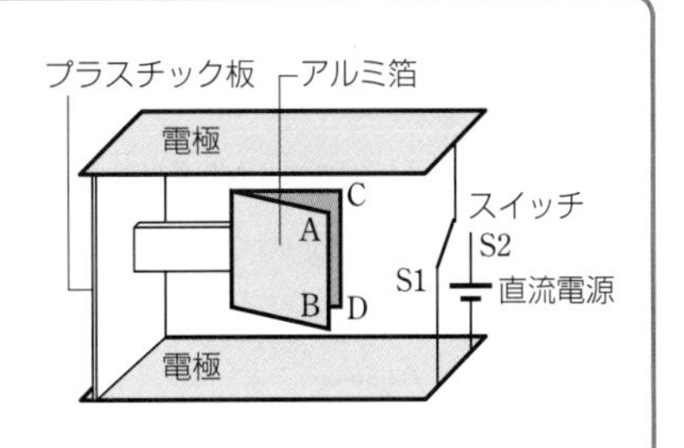

	ア	イ	ウ
①	AとB	CとD	開いた
②	AとB	CとD	閉じた
③	CとD	AとB	開いた
④	CとD	AとB	閉じた
⑤	AとC	BとD	開いた
⑥	AとC	BとD	閉じた
⑦	BとD	AとC	開いた
⑧	BとD	AとC	閉じた

〔2016 センター追試〕

解説

思考の過程▶ 電場の影響下にあるアルミ箔では静電誘導が起こり，電荷のかたよりが生じる。このかたよりによって向かいあう電荷の符号が互いに同じであれば箔は開き，異なれば箔は閉じる。

スイッチをS2に切りかえると，上の極板には正，下の極板には負の電荷が蓄えられる。このとき，極板間には下向きの電場(電界)が生じる。このため，極板間のアルミ箔(導体)は静電誘導により，上が負，下が正に帯電する。よって，B，Dは正に帯電して反発，A，Cは負に帯電して反発しあう。したがって，箔は開く。以上より，最も適当なものは⑦。

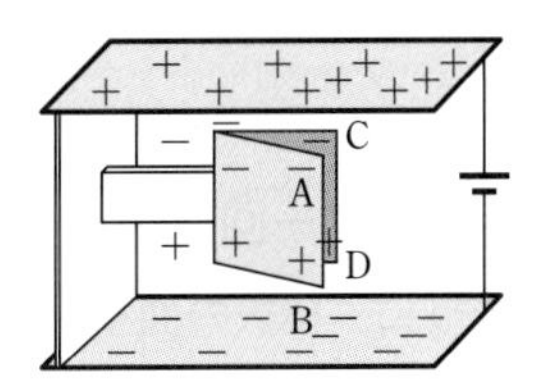

解答 ⑦

知識の確認 静電誘導

導体に帯電体を近づけると，導体の帯電体に近い側の表面には帯電体と異種の電荷が現れ，遠い側の表面には同種の電荷が現れる。この現象を導体の静電誘導という。

061. 電荷と電気力線・電位 4分

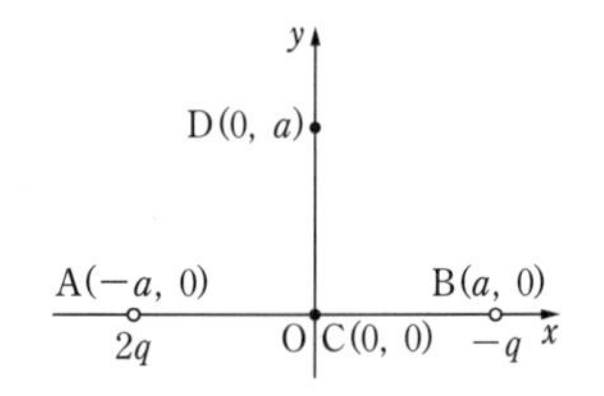

図のように点Aに電気量 $2q$〔C〕の点電荷を，点Bに電気量 $-q$〔C〕の点電荷をそれぞれ固定した。ただし，クーロンの法則の比例定数を k_0 とし，$q > 0$ である。

問1　図の平面内における電気力線のようすを表す図として最も適当なものを，次の①～⑧のうちから1つ選べ。

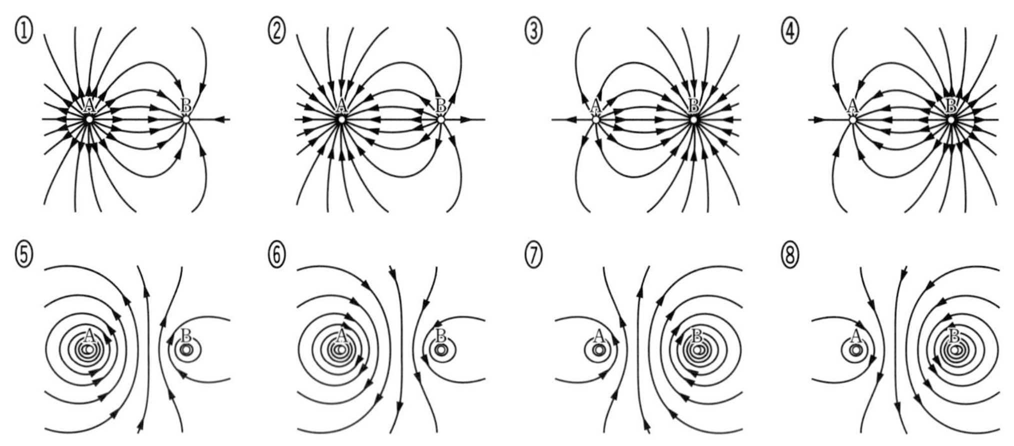

問2　$q = 1.0 \times 10^{-6}$C，$a = 0.20$m であるとき，点Dの電位は何Vか。正しい値を，下の①～⑧のうちから1つ選べ。ただし，$k_0 = 9.0 \times 10^9$N·m²/C² とし，無限遠点を電位の基準とする。

①　2.3×10^3　②　3.2×10^3　③　4.5×10^3　④　6.4×10^3
⑤　2.3×10^4　⑥　3.2×10^4　⑦　4.5×10^4　⑧　6.4×10^4

〔2005 龍谷大 改〕

062. コンデンサー回路 5分

図1に示すように，極板の面積がすべて等しい平行板コンデンサー C_1，C_2，C_3 がある。極板間の距離は C_1，C_2 では d で，C_3 は $\frac{d}{2}$ である。また，C_1，C_3 は空気で，C_2 は比誘電率3.0の誘電体で満たされている。

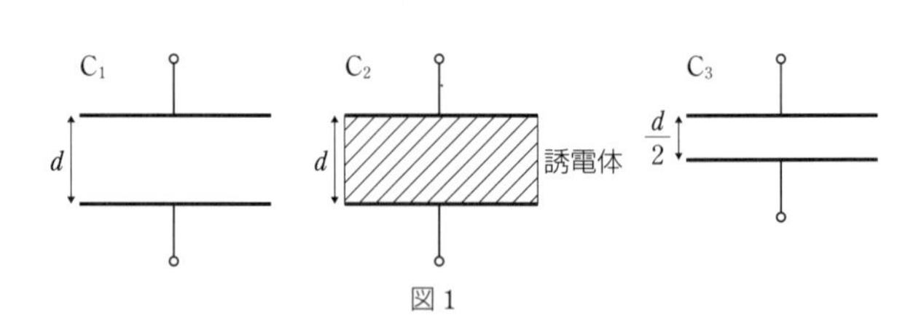

図1

問1　電気容量の大きいものから順に並べるとどうなるか。順序の正しいものを，次の①～④のうちから1つ選べ。

①　C_1，C_3，C_2　②　C_2，C_3，C_1　③　C_2，C_1，C_3　④　C_3，C_1，C_2

問2　図1のコンデンサー C_1，C_2，C_3 を用いて図2のような回路を組んだ。すべてのコンデンサーに電荷がない状態から，スイッチSをa側に倒してコンデンサー C_1 を起電力9.0Vの電池で充電した。次にSをb側に切りかえた。図2の端子1，2の間の電位差は何Vになるか。正しいものを，次の①～⑥のうちから1つ選べ。

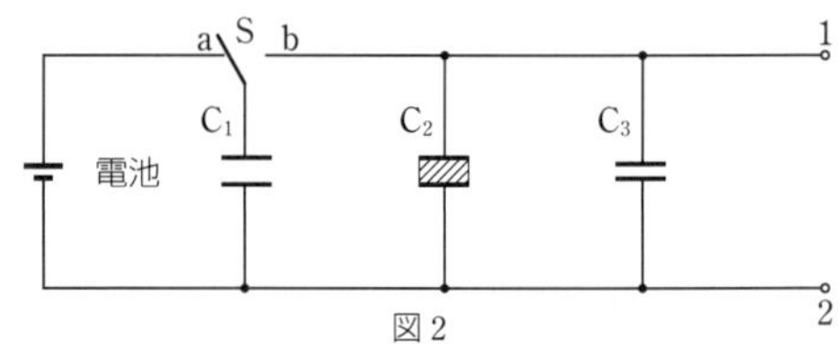

図2

①　1.5　②　1.8　③　3.0　④　4.5　⑤　5.5　⑥　9.0

〔2001 センター本試〕

063. 電流と磁場 8分

次の文章中の空欄 ア ， イ に入れる語句・式として最も適当なものを，それぞれの直後の｛　｝で囲んだ選択肢から1つずつ選べ。

図のように，真空中で1辺の長さが a〔m〕の立方体の頂点にある点A，B，C，D，Oを考える。ここで，D，Oを含む立方体の底面は水平面上にあり，AからBに向かう向きを北とする。いま，十分に長い導線 L_1 と L_2 をそれぞれ直線AB上とCD上に固定し，L_1 と L_2 に電流を流さないでOに方位磁針を置いたところ，方位磁針のN極は北を向いて静止した。このとき，地磁気による磁場(磁界)は一様に水平で北向きに生じているものとし，その磁束密度の大きさを B_0〔T(＝Wb/m²)〕とする。また，真空の透磁率を μ_0〔N/A²〕，円周率を π とする。

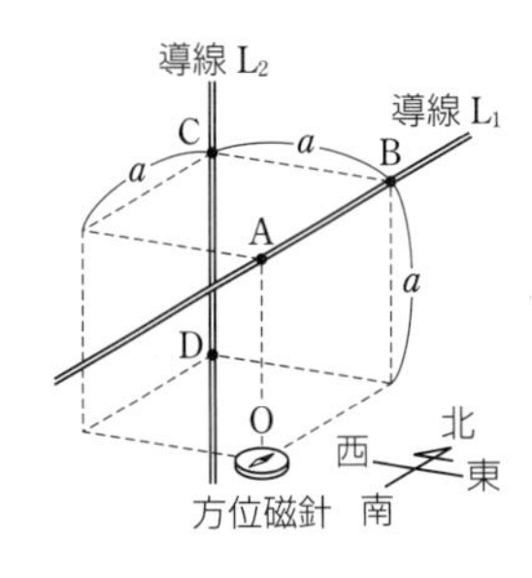

L_1 のAからBに向かう向きと，L_2 のCからDに向かう向きに，いずれも同じ大きさ I〔A〕の電流を流し続けると，方位磁針のN極は ア ｛①　西　②　南西　③　東　④　北東　⑤　北｝側を向いて静止する。このとき，Oにおける磁束密度の大きさを B_0 を用いて表すと イ ｛① $\frac{\sqrt{2}}{2}B_0$　② $\sqrt{2}B_0$　③ $\frac{3}{2}B_0$　④ $2B_0$　⑤ $3B_0$｝〔T〕である。

〔2018 千葉工大 改〕

064. 直線電流がコイルに及ぼす力 6分

図のように，真空中に，長い直線導体Lと，端子a，bのついた長方形のコイルPQRS（PQ＝RS＝0.20m，QR＝SP＝0.10m）がある。aとbの間隔はQRに比べて無視できる。コイルは yz 面内にあって，PS，QRが z 軸と平行で，OP＝0.20m である。また，Lには z 軸の正の向きに1.0Aの電流が流れている。

コイルの端子a，bを直流電源につないで，コイルにRSPQの向きに1.0Aの電流を流した。直線導体Lを z 軸に重ねて固定したとき，コイル全体にはたらく力の大きさはいくらか。ただし，真空の透磁率は $4\pi\times10^{-7}$N/A² である。 ア N

また，その向きはどちら向きか。 イ

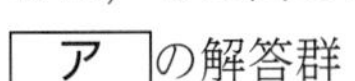

ア の解答群

① 1.0×10^{-8}　② 3.0×10^{-8}　③ 5.0×10^{-8}　④ 7.0×10^{-8}
⑤ 1.0×10^{-7}　⑥ 3.0×10^{-7}　⑦ 5.0×10^{-7}　⑧ 7.0×10^{-7}

イ の解答群

① x 軸の正の向き　② y 軸の正の向き　③ z 軸の正の向き
④ x 軸の負の向き　⑤ y 軸の負の向き　⑥ z 軸の負の向き

〔1993 センター追試 改〕

第5章 原子

例題 水素原子のエネルギー準位 3分

水素原子のボーア模型を考える。量子数が n の定常状態にある電子のエネルギーは

$$E_n = -\frac{13.6}{n^2}〔\mathrm{eV}〕$$

と表すことができる。エネルギーの最も低い励起状態から，基底状態への遷移に伴い放出される光子のエネルギー E を有効数字2桁で表すとき，次の式中の空欄 ア ～ ウ に入れる数字として最も適当なものを，下の①～⓪のうちから1つずつ選べ。ただし，同じものをくり返し選んでもよい。

$$E = \boxed{ア}.\boxed{イ}\times 10^{\boxed{ウ}}\ \mathrm{eV}$$

① 1　② 2　③ 3　④ 4　⑤ 5
⑥ 6　⑦ 7　⑧ 8　⑨ 9　⓪ 0

〔2018 試行調査〕

解説

思考の過程▶ エネルギーの最も低い励起状態から基底状態に変化する過程で，水素原子から失われたエネルギーはすべて光子のエネルギーに変化したと考える。

基底状態の量子数は $n=1$ で，励起状態のなかでエネルギーが最も低い状態の量子数は $n=2$ である。したがって，電子が $n=2$ の励起状態から $n=1$ の基底状態に遷移するときに放出される光子のエネルギーは

$$\begin{aligned} E &= E_2 - E_1 \\ &= -\frac{13.6}{2^2} - \left(-\frac{13.6}{1^2}\right) \\ &= 10.2 \\ &\fallingdotseq 1.0\times 10^1\ \mathrm{eV} \end{aligned}$$

よって ア ①，イ ⓪，ウ ①

知識の確認 励起状態から基底状態への遷移

水素原子がエネルギーの高い励起状態から，エネルギーが低い基底状態に移る際，そのエネルギーの差分は光子に移り放出される。この光子の波長は元素の種類によって決まっている。

065. ミリカンの油滴実験 6分

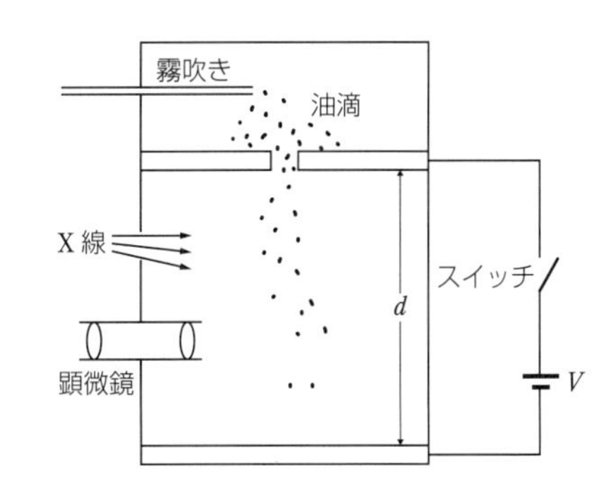

図のように，霧吹きでつくった細かい油滴が，極板間隔 d の極板間を落下する際にX線を照射すると，空気中にできたイオンが油滴に付着し，油滴はさまざまな電荷に帯電する。極板間にはスイッチを通して電圧を加えられるようになっている。

油滴が運動する際の空気の抵抗力は油滴の速さに比例し，その比例定数を k とする。ここで，油滴の質量を m，重力加速度の大きさを g とし，空気の浮力は無視できるものとする。

まず，スイッチを切った状態で油滴を吹き込んだ。ある1つの負に帯電した油滴に着目し，その運動を顕微鏡で観察したところ，この油滴は鉛直方向に一定の速さ v_1 で落下した。

次に，スイッチを入れ，極板間に大きさ V の電圧を加えた。そうすると，油滴は一転して，一定の速さ v_2 で鉛直方向に上昇をはじめた。

問1　この油滴の落下の速さ v_1 はいくらか。次の①～⑥のうちから正しいものを1つ選べ。

①　mg　②　kmg　③　$\dfrac{mg}{k}$　④　$\dfrac{k}{mg}$　⑤　$\sqrt{\dfrac{mg}{k}}$　⑥　$\sqrt{\dfrac{k}{mg}}$

問2　この油滴の電気量の大きさ q はいくらか。次の①～⑥のうちから正しいものを1つ選べ。

①　$\dfrac{kV(v_1-v_2)}{d}$　②　$\dfrac{kd(v_1-v_2)}{V}$　③　$\dfrac{kV(v_1+v_2)}{d}$

④　$\dfrac{kd(v_1+v_2)}{V}$　⑤　$\dfrac{V(v_1-v_2)}{kd}$　⑥　$\dfrac{d(v_1+v_2)}{kV}$

066. 核分裂反応とエネルギー 4分

原子力発電では，核分裂反応によって放出されるエネルギーを利用して発電している。ウラン235の核分裂反応の一例として，次のような反応があげられる。

$${}^{235}_{92}\mathrm{U} + {}^{1}_{0}\mathrm{n} \rightarrow {}^{144}_{56}\mathrm{Ba} + {}^{89}_{36}\mathrm{Kr} + 3\,{}^{1}_{0}\mathrm{n}$$

問1　次の文章中の空欄［ア］，［イ］に入れる語句として最も適当なものを，それぞれの直後の｛　｝で囲んだ選択肢のうちから1つずつ選べ。

核分裂反応によって放出されるエネルギーは，反応の前後での［ア］｛①　エネルギー準位　②　質量欠損　③　ジュール熱｝により生じる。また，上にあげた反応のように反応後に複数の ${}^{1}_{0}\mathrm{n}$ が生じ，別の核分裂反応を引き起こすことがある。このように，1つの核分裂反応が別の核分裂反応を引き起こし，次々と続いて起こる反応を［イ］｛①　核融合　②　中和　③　連鎖｝反応という。

問2　次の文章中の空欄［ウ］，［エ］に入れる数値として最も適当なものを，それぞれの直後の｛　｝で囲んだ選択肢のうちから1つずつ選べ。

ウラン235の原子核1個が核分裂する際に放出するエネルギーは 3.2×10^{-11}J である。235gのウラン235には原子核が 6.0×10^{23} 個含まれていることから，235gのウラン235がすべて核分裂する際に放出するエネルギーは［ウ］｛①　7.5×10^{-9}　②　1.9×10^{13}　③　4.5×10^{15}｝Jであり，このエネルギーを用いて，100℃の水を100℃の水蒸気に変えるとすると，［エ］｛①　1.7×10^{-2}　②　8.3×10^{6}　③　2.0×10^{9}｝kgの水を水蒸気に変えることができる。ただし，水の蒸発熱を 2.3×10^{6}J/kg とする。

〔2017 広島工大 改〕

Ⅲ グラフ・図・資料を読み解く問題

第1章 力と運動

例題 斜方投射 3分

次の文章を読み，下の問い(問1，2)に答えよ。

物体を同じ位置から3回斜方投射したところ，物体は図のような軌道を描いて放物運動した。

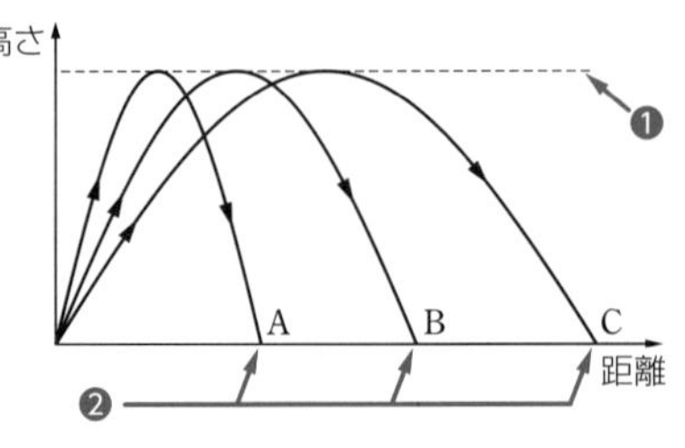

問1　次の文中の空欄 ア ・ イ に入れる語句として最も適当なものを，それぞれの直後の選択肢から1つずつ選べ。

図のA，B，Cについて，投射してから投射した位置と同じ高さにもどってくるまでの時間を比較すると， ア {① Aが最も長く，Cが最も短い　② Aが最も短く，Cが最も長い　③ A，B，Cとも等しい}。また，初速度が水平方向となす角(0°～90°)を比較すると， イ {① Aが最も大きく，Cが最も小さい　② Aが最も小さく，Cが最も大きい　③ A，B，Cとも等しい}。

問2　次の文中の空欄 ウ ・ エ に入れる語句として最も適当なものを，それぞれの直後の選択肢から1つずつ選べ。

図のA，B，Cについて，初速度の水平成分の大きさ，鉛直成分の大きさを比較すると，水平成分の大きさについては， ウ {① Aが最も大きく，Cが最も小さい　② Aが最も小さく，Cが最も大きい　③ A，B，Cとも等しい}。

鉛直成分の大きさについては， エ {① Aが最も大きく，Cが最も小さい　② Aが最も小さく，Cが最も大きい　③ A，B，Cとも等しい}。

〔2001 愛知工科大 改〕

❶ 最高点の高さが等しいということは，初速度の鉛直成分が等しいということである。

❷ 水平到達距離が大きくなるのは，初速度の水平成分が大きいときである。

解説

問1　物体を図aのように斜方投射する場合を考える。投射地点を基準点とし，最高点で $y=h$ であるとすると

$$0^2-v_y{}^2=-2gh$$

図a

であるから，h が等しいとき，初速度の鉛直成分 v_y は等しい(❶)。

また，投射してからの時間が t のとき

$$y=v_yt-\frac{1}{2}gt^2$$

投射した位置と同じ高さにもどるとき，$y=0$，$t\neq0$ を満たすので

$$t=\frac{2v_y}{g}$$

よって，v_y が等しければ，投射した位置と同じ高さにもどってくるまでの時間も等しいことになる。

ゆえに， ア は③。

なお，水平到達距離 l は，初速度の水平成分を v_x とすると

$$l=v_xt=v_x\cdot\frac{2v_y}{g}$$

したがって，❷の通り，v_y が等しいとき v_x が大きいほうが l も大きくなる。一方で，初速度と水平面とのなす角 θ は小さくなる。よって イ は①。

問2　問1の考察から， ウ は②， エ は③。

解答 ア ③， イ ①， ウ ②， エ ③

067. テニスのサーブ ⏱10分

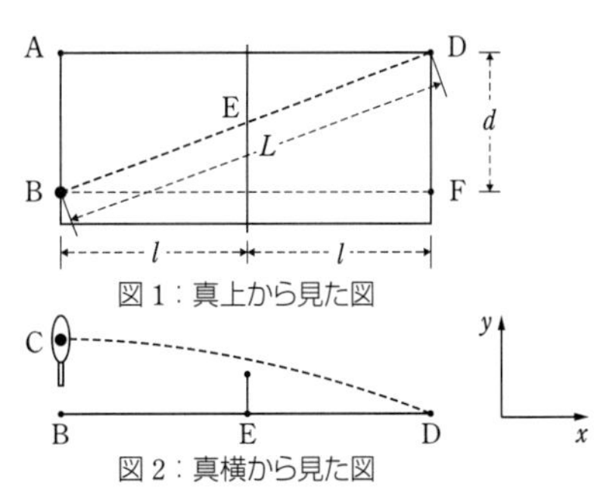

図1：真上から見た図

図2：真横から見た図

図1に示すように，テニスコートでサーブをする。AB間をd〔m〕，BF間を$2l$〔m〕，BD間をL〔m〕とする。点Bの真上の点Cから地面に水平に初速度の大きさv_0〔m/s〕で球を打ち出した。球は点Bから点Dの向きにまっすぐに進む。この球は点Eでネットをこえ，点Dに着地した。球の質量をm〔kg〕，重力加速度の大きさはg〔m/s²〕とし，空気抵抗は無視できる。

問1　図2（真横から見た図）より，鉛直方向をy軸，水平方向をx軸とする直交座標を考える。このとき，球のx軸方向，y軸方向の速度成分は球を打ち出してから経過した時間に対してどのような変化を示すか。最も適当なものを解答群の中からそれぞれ1つずつ選べ。　x軸方向：［ア］　y軸方向：［イ］

解答群

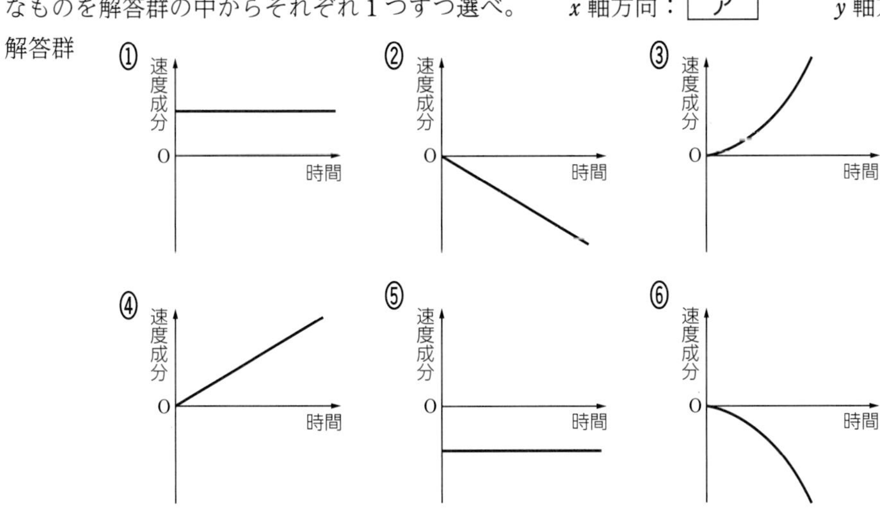

問2　次の文章中の空欄［ウ］～［オ］に入れる式として最も適当なものを，次の選択肢のうちからそれぞれ1つずつ選べ。

図1(真上から見た図)より，球の初速度の大きさv_0の点Bから点Fへの向きの成分は［ウ］〔m/s〕である。点Eに到達する時間は［エ］秒である。球を打ち出す高さ(BC)をH〔m〕とすると，ネットをこえるためには点Eでの球の高さ［オ］〔m〕がネットの高さより大きければよい。

［ウ］の選択肢

① $\frac{d}{2l}v_0$　② $\frac{2l}{d}v_0$　③ $\frac{d}{L}v_0$　④ $\frac{L}{2l}v_0$　⑤ $\frac{2l}{L}v_0$　⑥ $\frac{L}{d}v_0$

［エ］の選択肢

① $\frac{2l}{v_0}$　② $\frac{L}{v_0}$　③ $\frac{d}{2v_0}$　④ $\frac{l}{v_0}$　⑤ $\frac{2L}{v_0}$　⑥ $\frac{L}{2v_0}$

［オ］の選択肢

① gt_0　② $H-gt_0$　③ $\frac{1}{2}gt_0{}^2$　④ $H-\frac{1}{2}gt_0{}^2$　⑤ $\frac{1}{2}v_0t_0$　⑥ $H-\frac{1}{2}v_0t_0$

〔2009 大阪産業大 改〕

III　グラフ・図・資料を読み解く問題

068. エレベーターの運動 5分

次の文章を読み，下の問い(問 1〜3)に答えよ。

ある階に静止しているエレベーターに，はかりを置き，その上に 2.0kg の物体をのせた。その後，エレベーターは鉛直方向に動きだし，違う階で再び静止した。この間，はかりの指針が示す値を観測したところ，動きだしてから 1.0 秒間は図 1，その後の 4.0 秒間は図 2，それから静止するまでの 2.0 秒間は図 3 のようであった。エレベーターが動きだした瞬間の時刻を $t=0$，鉛直上向きを正の向き，重力加速度の大きさを $10\,\mathrm{m/s^2}$ とする。

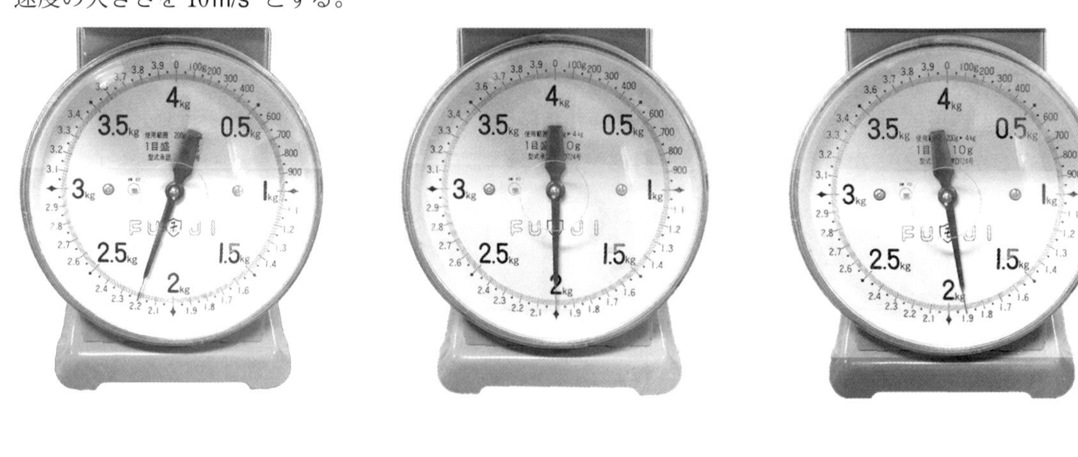

図 1　　　図 2　　　図 3

問 1　$0 < t < 1.0\,\mathrm{s}$ におけるエレベーターの加速度は何 $\mathrm{m/s^2}$ か。最も適当なものを，次の ①〜⑦ のうちから 1 つ選べ。

① 0　② 0.50　③ 1.0　④ 2.0　⑤ −0.50　⑥ −1.0　⑦ −2.0

問 2　エレベーターが動きだしてから静止するまでの間の，エレベーターの速度 v と時刻 t の関係を表すグラフとして最も適当なものを，次の ①〜⑧ のうちから 1 つ選べ。

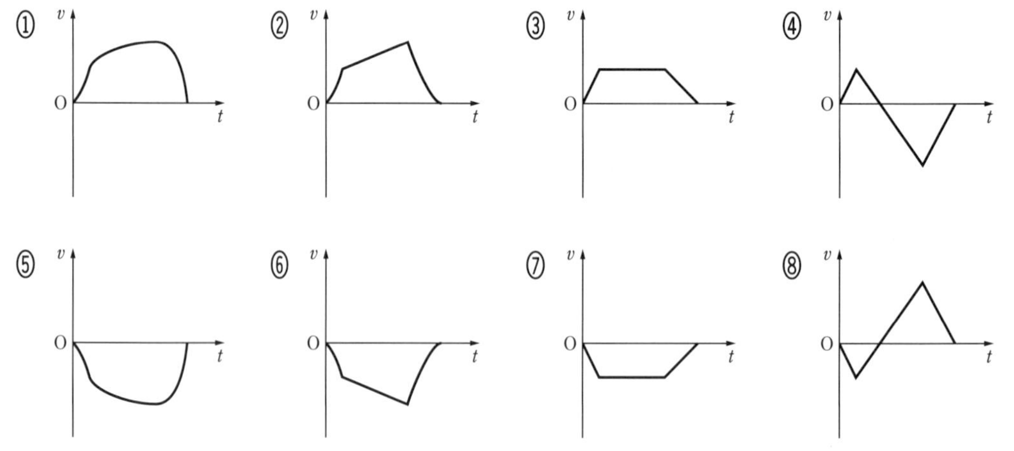

問 3　エレベーターが動きだしてから静止するまでの間に移動した距離は何 m か。最も適当な値を，次の ①〜⑥ のうちから 1 つ選べ。

① 3.5　② 4.0　③ 4.5　④ 5.0　⑤ 5.5　⑥ 6.0

069. 運動量と力積 5分

図のように，水平な床の点Aから，垂直に立てられた壁に向かって角度θで質量mの小球が打ち出された。小球は最高点に達した後，壁面上の点Bではね返り，床の点Cに落ちて角度θ'の方向にはね上がった。ただし，床，壁はともになめらかで，小球に対する反発係数(はねかえり係数)の大きさをともにeとする。また，壁がないときの小球の到達位置Dと壁との間の距離をLとする。

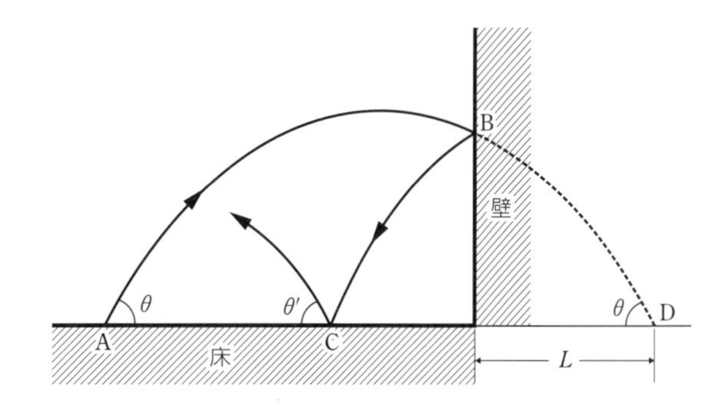

問1　壁に衝突する直前の小球の運動量ベクトルを$m\vec{v}$とすると，衝突直後の小球の運動量ベクトル$m\vec{v'}$と壁が小球に加えた力積$\vec{P}$の関係はどうなるか。最も適当なものを，次の①～④のうちから1つ選べ。

①
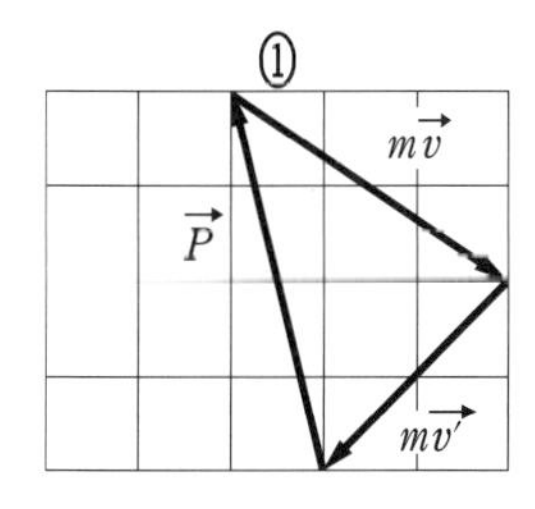

②
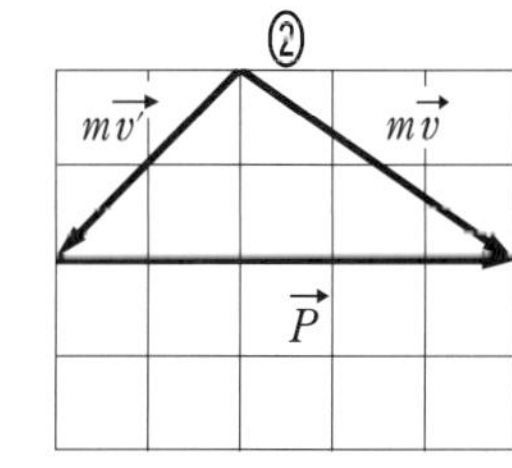

③
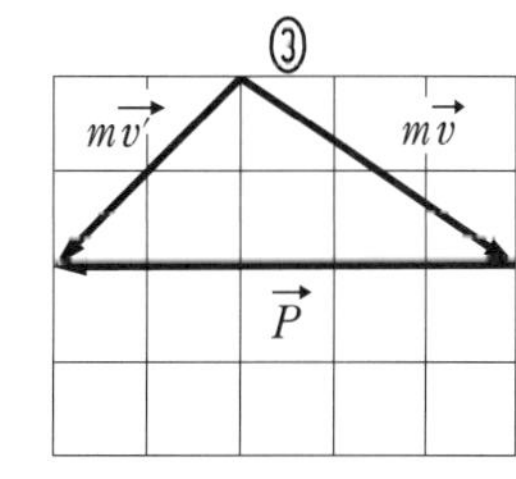

④
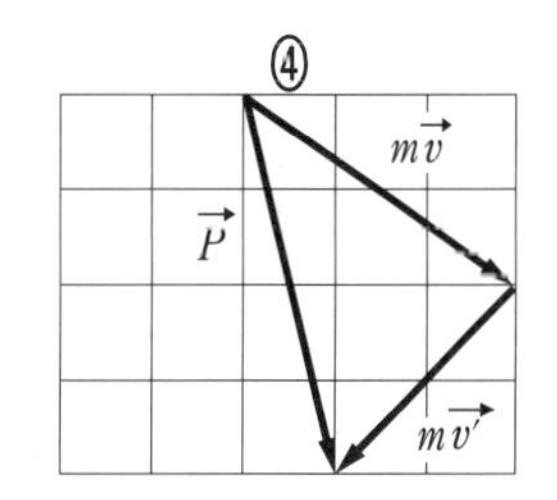

問2　点Cから壁までの水平距離はいくらか。正しいものを，次の①～④のうちから1つ選べ。

①　L　　②　eL　　③　e^2L　　④　$(1-e)L$

問3　$\tan\theta'$は$\tan\theta$の何倍か。正しいものを，次の①～④のうちから1つ選べ。

①　1　　②　e　　③　$1-e$　　④　$1-e^2$

〔2004 センター追試〕

III　グラフ・図・資料を読み解く問題

070. 物体の運動とグラフ ⏱4分

次の問いで述べられているグラフを，下の ①～⑥ のうちから1つずつ選べ。

問1　水平面から，ある角度に一定の速さで小石を投げ上げた。この角度を横軸，小石の到達する水平距離を縦軸として表すグラフ。

問2　なめらかな床に置かれた，一端を固定した軽いばねにおもりをつけ，単振動をさせた。このおもりの運動エネルギーを横軸，弾性力による位置エネルギーを縦軸として表すグラフ。

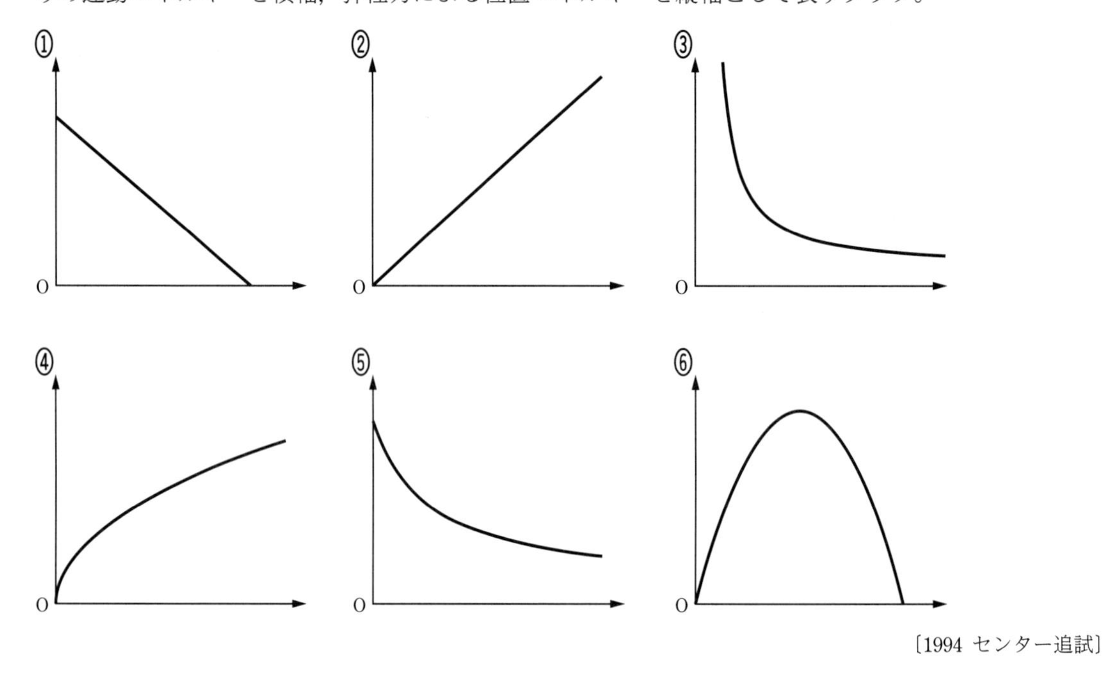

〔1994 センター追試〕

071. 振り子の周期の測定実験 7分

次の文章を読み，下の問い(問 1，2)に答えよ。

ガリレイが振り子の等時性を発見したことはよく知られている。振り子の等時性は振り子時計に利用され，時計の精度を格段に向上させた。この法則を確かめるために，次のような実験を行ってみた。伸び縮みしない軽い糸に鉄球のおもりをつり下げて振らせ，ストップウォッチで振動の周期 T〔s〕を測定した。

問 1　鉄球の質量 m〔g〕，糸の長さ l〔m〕，最大の振れの角度 θ〔°〕を変えて実験した結果の一部を，表に示す。下の文章中の［ア］～［オ］に入れるのに最も適当なものを，それぞれの選択肢のうちから 1 つずつ選べ。ただし，表での振り子の長さは支点から鉄球の中心までの距離である。

	m〔g〕	l〔m〕	θ〔°〕	T〔s〕
実験 1	200	0.25	5	1.0
実験 2	400	0.25	5	1.0
実験 3	600	0.25	5	1.0
実験 4	200	1	5	2.0
実験 5	400	1	5	2.0
実験 6	600	1	5	2.0

	m〔g〕	l〔m〕	θ〔°〕	T〔s〕
実験 7	200	0.25	10	1.0
実験 8	400	0.25	10	1.0
実験 9	600	0.25	10	1.0
実験 10	200	3	5	3.5
実験 11	400	3	5	3.5
実験 12	600	3	5	3.5

この表の実験結果から，m，l，θ のうちの 1 つだけを変化させたときを考えると，次のようなことがわかる。m を大きくしたとき，T は［ア］。l を大きくしたとき，T は［イ］。θ を大きくしたとき，T は［ウ］。

横軸に l，縦軸に T をとり，m と θ が同じ振り子で得られた数値からグラフを描いてみると，図のようになり，実験から得られた点は直線上にのっていない。今度は，横軸に l，縦軸に［エ］をとってグラフを描くと，原点を通る一直線上にほぼ並んだ。このことから，T は［オ］ことが推測できる。

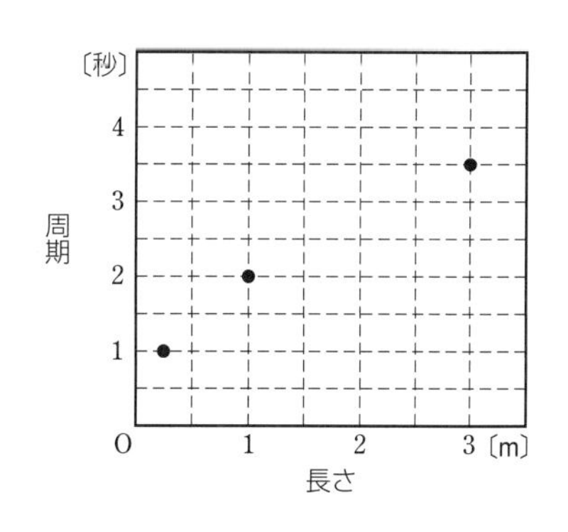

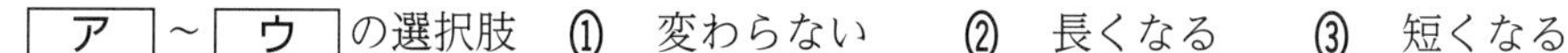
［ア］～［ウ］の選択肢　① 変わらない　② 長くなる　③ 短くなる

［エ］の選択肢　① T^2　② $\frac{1}{T}$　③ $\sqrt{T}$　④ lT　⑤ l^2T

［オ］の選択肢　① l に反比例する　② l に比例する　③ l^2 に反比例する
④ l^2 に比例する　⑤ $\sqrt{l}$ に反比例する　⑥ $\sqrt{l}$ に比例する

問 2　上の実験結果から，早く進みすぎる振り子時計を調整する方法が推測できる。その方法として最も適当なものを，次の①～④のうちから 1 つ選べ。

① おもりを軽いものにかえる。　② おもりの位置を下にずらす。
③ 振れの角度を小さくする。　④ 時計を真空容器中に入れる。

〔1998 センター本試 改〕

第2章　熱と気体

例題　気体の状態変化　10分

なめらかに動くピストンがついたシリンダー内に理想気体を入れたところ，圧力 p_0，体積 V_0，温度 T_0 になった。この状態から，図1に示す3つの過程により，気体の体積を V_1 に減少させる。過程(a)は断熱変化，過程(b)は等温変化，過程(c)は定圧変化である。

❶
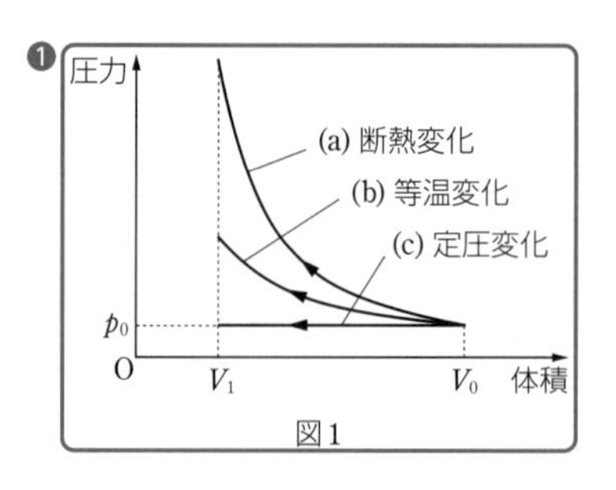

図1

問1　次の文中の空欄 ア ・ イ に入れる記号の組合せとして正しいものを，下の①～⑨のうちから1つ選べ。

熱の出入りがない過程は ア であり，内部エネルギーが変化しない過程は イ である。

	ア	イ
①	(a)	(a)
②	(a)	(b)
③	(a)	(c)
④	(b)	(a)
⑤	(b)	(b)
⑥	(b)	(c)
⑦	(c)	(a)
⑧	(c)	(b)
⑨	(c)	(c)

問2　過程(a)，(b)，(c)において，気体が外部からされる仕事をそれぞれ W_a，W_b，W_c とする。これらの大小関係として正しいものを，次の①～⑥のうちから1つ選べ。

①　$W_a < W_b < W_c$　　②　$W_a < W_c < W_b$　　③　$W_b < W_a < W_c$
④　$W_b < W_c < W_a$　　⑤　$W_c < W_a < W_b$　　⑥　$W_c < W_b < W_a$

問3　図2に示した温度と体積の関係を表す実線ウ～カのうち3つは，過程(a)，(b)，(c)に対応する。どの実線が過程(a)，(b)，(c)に対応するか。組合せとして正しいものを，下の①～⑧のうちから1つ選べ。

❷
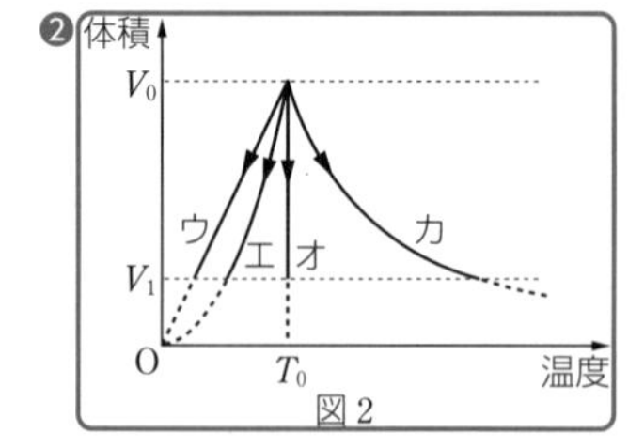

図2

	(a)断熱変化	(b)等温変化	(c)定圧変化
①	ウ	エ	オ
②	ウ	オ	カ
③	エ	ウ	オ
④	エ	オ	カ
⑤	オ	ウ	カ
⑥	オ	カ	エ
⑦	カ	ウ	エ
⑧	カ	オ	ウ

〔2015 センター本試〕

❶ 気体が外部からされる仕事は p-V 図におけるグラフが V 軸と囲む面積となる。

❷ ウ：体積が減少すると温度も減少(変化の割合は一定)
エ：体積が減少すると温度も減少
オ：温度は一定
カ：温度上昇

解説

問1 「(a) 断熱変化」は熱が気体に出入りしないようにした状態変化，「(b) 等温変化」は気体の温度が一定になるようにした状態変化，「(c) 定圧変化」は気体の圧力が一定になるようにした状態変化である。よって，［ア］は(a)。また，内部エネルギーは気体の絶対温度によって決まり，等温変化では内部エネルギーの変化はない。よって，［イ］は(b)。

以上より，正しい組合せは②。

知識の確認

定積変化

体積一定の状態変化。

気体が外部からされる仕事　$W=0$

定圧変化

圧力一定の状態変化。

気体が外部にした仕事　$W'=p\Delta V$

等温変化

温度一定の状態変化。$\Delta U=0$

断熱変化

熱の出入りのない状態変化。$Q=0$

問2

思考の過程▶ ❶より，グラフから読み取れる面積の大小関係をもとに，W_a，W_b，W_c の大小関係を考える。

圧力 p が一定で気体の体積が ΔV だけ変化したときに，気体が外部からされる仕事は

$$W=-p\Delta V$$

である。体積が減少するときは $\Delta V<0$ なので

$$W=p|\Delta V|$$

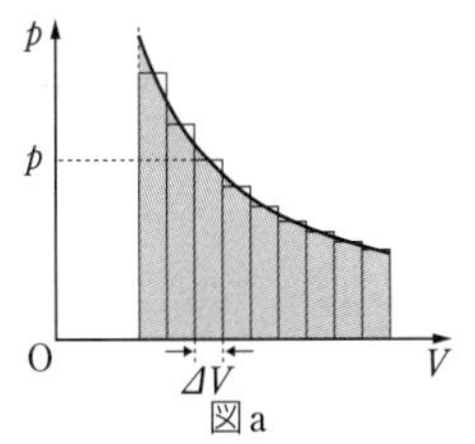

図a

となり，これは圧力 p と体積 V のグラフが V 軸と囲む面積になる。図aのように圧力が変化するときも，圧力 p が一定の微小区間 ΔV に区切って考えると，その区間の仕事は長方形の面積 $p\Delta V$ となる。よって，圧力が変化するときに気体が外部からされる仕事は，区間を無限に小さくしたときの長方形の面積の和なので，やはり p-V 図の面積となる。したがって，過程(a)，(b)，(c)の気体が外部からされる仕事 W_a，W_b，W_c はそれぞれ図bの影の部分の面積となるので，$W_c<W_b<W_a$ である。

以上より，正しいものは⑥。

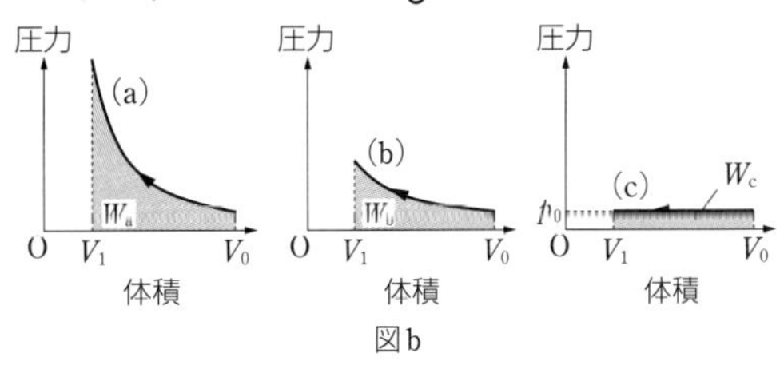

図b

問3 (a)の変化は，断熱圧縮なので，$W_a>0$ である。内部エネルギーの変化を ΔU，気体がされた仕事を W_a とすると，熱力学第一法則から $\Delta U=W_a>0$ であり，内部エネルギーが増加し，気体の温度が上昇する。❷と照らしあわせると，(a)はカである。(b)の変化は等温変化なので，気体の温度は変化しない。よって，(b)はオである。(c)の変化は定圧変化なので，シャルルの法則から気体の体積 V と絶対温度 T は比例する($\frac{V}{T}=$一定)。よって，(c)はウである。

以上より，正しい組合せは⑧。

解答 問1　②，問2　⑥，問3　⑧

072. 等温変化の実験 ⏱12分

次の文章を読み，下の問い(問 1〜3)に答えよ。

温度一定の条件のもとで，一定量の空気の圧力と体積の間の関係を調べる実験を行った。実験の内容は以下のとおりである。重力加速度の大きさ g を $10\,\mathrm{m/s^2}$ とする。

【実験器具】

上皿はかり，なめらかに動くピストンがついた注射器(10mL)，ゴムせん，定規，気圧計

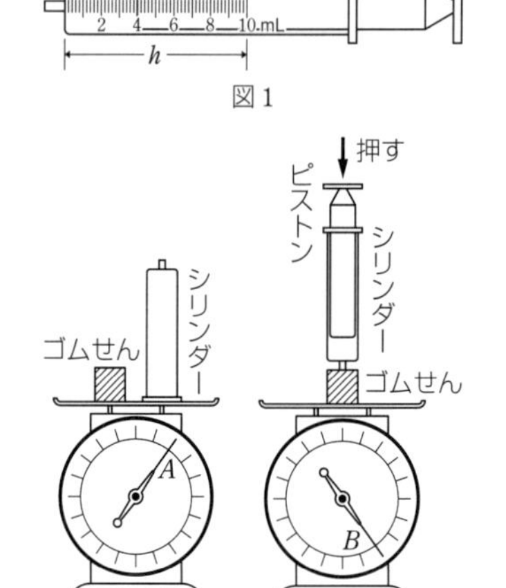

図1　図2　図3

【実験方法】

(1)　図1のように，注射器の0から10mLまでの目盛りの長さ h を測定し，ピストンの断面積 S を求める。

(2)　図2のように，注射器の外側の部分(シリンダー)とゴムせんを合わせた質量 A をはかる。

(3)　注射器に空気を入れてゴムせんで密閉し，図3のようにピストンを押して，はかりが示す値 B と注射器中の空気の体積 V を測定する。

(4)　(3)において押す力をいくつか変えて，くり返す。

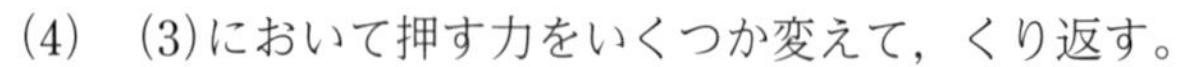

(5)　気圧計で大気圧 p_0 を測定する。

【実験結果】

(1)　注射器の0から10mLまでの目盛りの長さ　$h = 55\,\mathrm{mm}$

(2)　注射器の外側の部分(シリンダー)とゴムせんを合わせた質量　$A = 0.05\,\mathrm{kg}$

(3)　注射器中の空気の体積とはかりが示した値

	1回目	2回目	3回目	4回目	5回目
注射器中の空気の体積 V〔mL〕	7.6	6.4	5.0	3.8	2.5
はかりが示す値 B〔kg〕	0.37	0.77	1.48	2.51	4.73

(4)　大気圧 $p_0 = 1.0 \times 10^5\,\mathrm{Pa} = 1.0 \times 10^5\,\mathrm{N/m^2}$

問1　注射器中の空気の圧力 p を表す式として最も適当なものを，次の①〜⑥のうちから1つ選べ。

①　$\dfrac{Bg}{S}$　　②　$\dfrac{(B-A)g}{S}$　　③　$p_0 + \dfrac{Bg}{S}$

④　$p_0 + \dfrac{(B-A)g}{S}$　　⑤　$p_0 - \dfrac{Bg}{S}$　　⑥　$p_0 - \dfrac{(B-A)g}{S}$

問2　縦軸に p，横軸に V をとったとき，実験結果から得られるグラフとして最も適当なものを，次の①〜④のうちから1つ選べ。

①
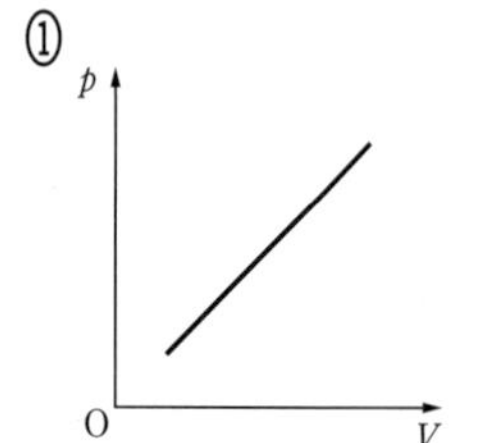

②
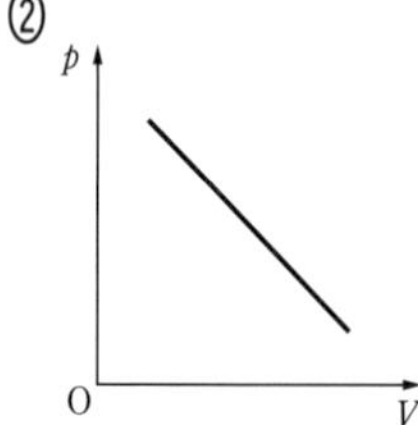

③
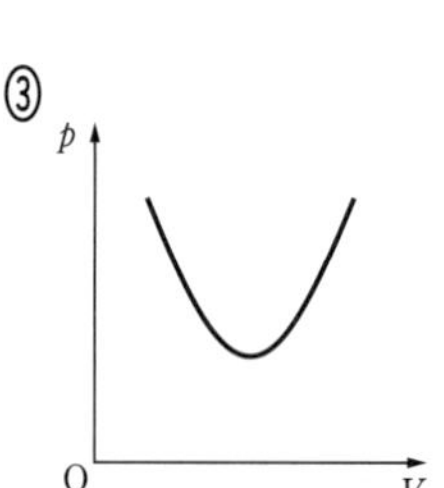

④
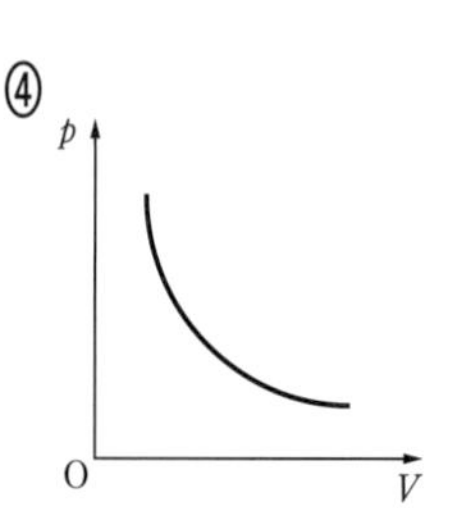

問3　3回目，5回目の測定値より得られる$(p,\ V)$の値の組をそれぞれ$(p_3,\ V_3)$，$(p_5,\ V_5)$とするとき，

$\dfrac{p_5}{p_3}\times\dfrac{V_5}{V_3}$ の値として最も適当なものを，次の①～⑥のうちから1つ選べ。

①　0.70　　②　0.80　　③　0.90　　④　1.0　　⑤　1.1　　⑥　1.2

〔2003 大阪女子大 改〕

073. $T-V$図の読み取り　8分

次の文章を読み，下の問い(問1～3)に答えよ。

なめらかに動くピストンがついた容器に，1 mol の単原子分子理想気体を閉じ込めた。初め，気体は圧力p_0，体積V_0，温度T_0の状態Aであり，その後，図のようにA→B→C→D→Aの順に状態を変化させた。気体定数をR，定積モル比熱をC_Vとする。

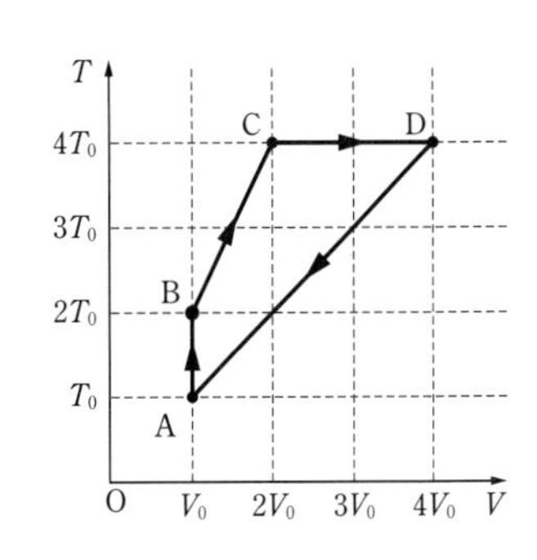

問1　A→B→C→D→Aの状態変化を，横軸V，縦軸pのp-V図に表したときのグラフとして最も適当なものを，次の①～④のうちから1つ選べ。

①
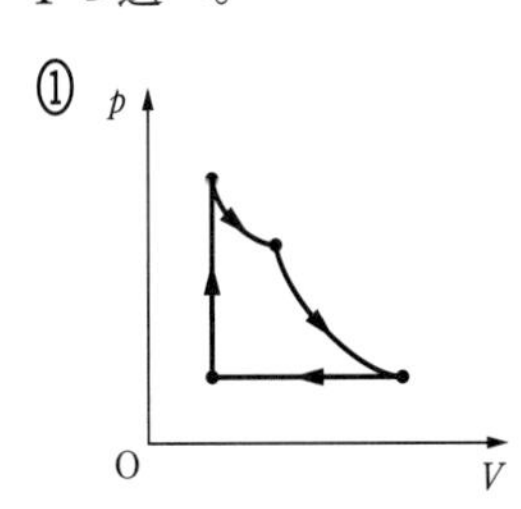

②
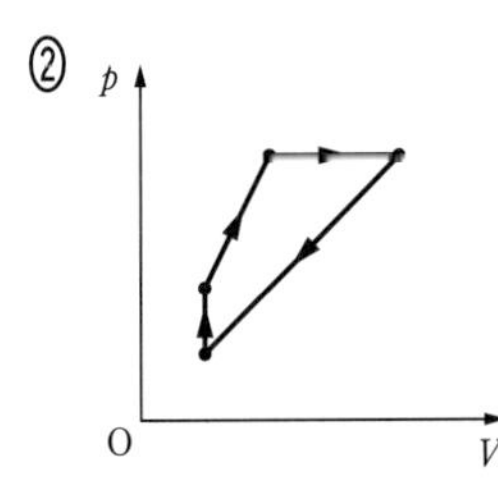

③
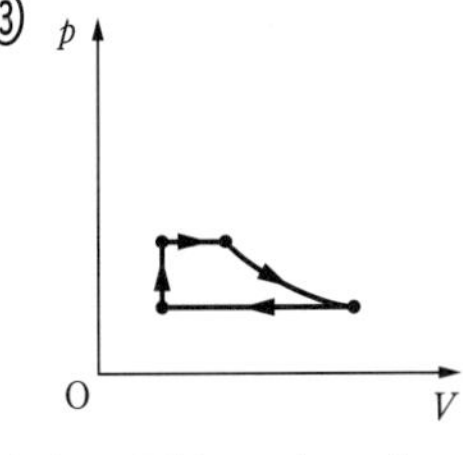

④
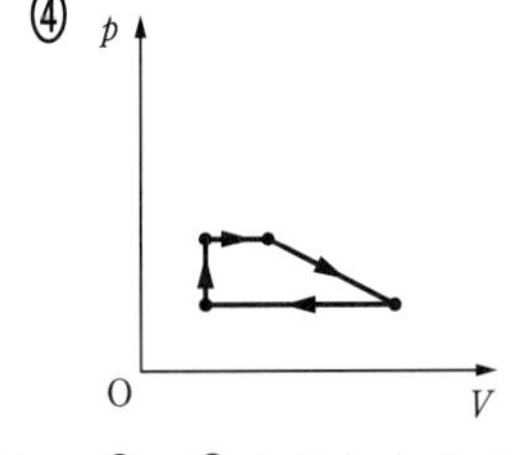

問2　A→Bの過程で気体が吸収する熱量を表す式として正しいものを，次の①～⑥のうちから2つ選べ。

①　RT_0　　②　$\dfrac{5}{2}RT_0$　　③　C_VT_0　　④　$(C_V+R)T_0$　　⑤　p_0V_0　　⑥　$\dfrac{3}{2}p_0V_0$

問3　A→B，B→C，C→D，D→Aの各過程で気体が吸収する熱量を，それぞれQ_1，Q_2，Q_3，Q_4とする。A→B→C→D→Aの熱サイクルの熱効率を表す式として正しいものを，次の①～⑥のうちから1つ選べ。

①　$\dfrac{Q_1+Q_2+Q_3+Q_4}{Q_1}$　　②　$\dfrac{Q_1+Q_2+Q_3+Q_4}{Q_1+Q_2}$　　③　$\dfrac{Q_1+Q_2+Q_3+Q_4}{Q_1+Q_2+Q_3}$

④　$\dfrac{Q_1}{Q_1+Q_2+Q_3+Q_4}$　　⑤　$\dfrac{Q_1+Q_2}{Q_1+Q_2+Q_3+Q_4}$　　⑥　$\dfrac{Q_1+Q_2+Q_3}{Q_1+Q_2+Q_3+Q_4}$

〔2019 電気通信大 改〕

Ⅲ　グラフ・図・資料を読み解く問題

第3章　波

例題　移動する波源から生じる円形波　5分

図は，流れのない媒質中を動く波源がつくる波のようすを示している。波源は一定の速さ 0.5 m/s で x 軸上を右方向に進み，波は xy 平面において一定の速さで円形に広がる。図中の黒丸と曲線はそれぞれ，ある時刻における波源の位置と波の山の位置を表している。

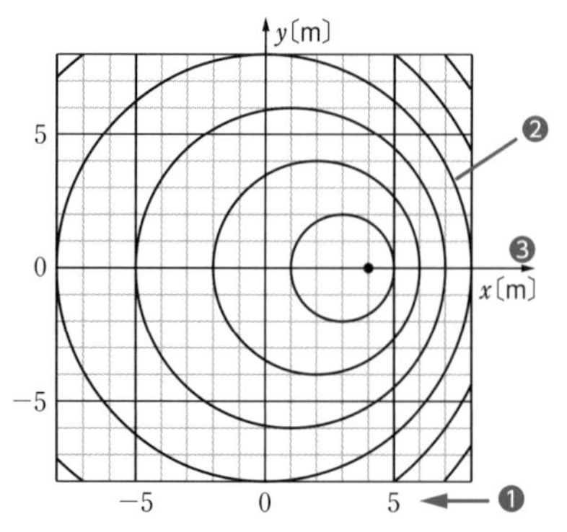

問1　この波源の振動の周期はいくらか。最も適当な数値を，次の①～⑦のうちから1つ選べ。［ア］s

①　0.1　②　0.2　③　0.5　④　1
⑤　2　⑥　5　⑦　10

問2　x 軸上における媒質の振動の周期を，波源の位置より左側で T_1，右側で T_2 とする。周期の比 $\frac{T_1}{T_2}$ として最も適当なものを，次の①～⑦のうちから1つ選べ。$\frac{T_1}{T_2}$ = ［イ］

①　$\frac{1}{3}$　②　$\frac{1}{2}$　③　$\frac{2}{3}$　④　1
⑤　$\frac{3}{2}$　⑥　2　⑦　3

〔2016 センター追試〕

❶　1目盛りが1mに当たる。

❷　グラフ上に示された各円形波の中心点(波源)をすべて示す。波源の間隔と波源の進む速さから波源の振動の周期は求まる。

❸　x 軸で波の山となる点の間隔は，進行方向側もその逆も，それぞれ一定の間隔となる。

解説

思考の過程▶ 各波の波源の位置がどこであるかを確認する。❸の性質を利用し，各波源の間隔，各波の左右の山と山の距離から各周期を求める。

問1　円形波ア，イ，…の中心点ア，イ，…が，その波面ができたときの波源の位置である。山の波面を1つつくるごとに波源は1回振動する。❶，❷を含めて考えると，図から波源が1回振動する時間，すなわち周期 T の時間に波源は 1.0 m 進んでいることがわかる。波源の速さは 0.5 m/s なので，波源の振動の周期 T は

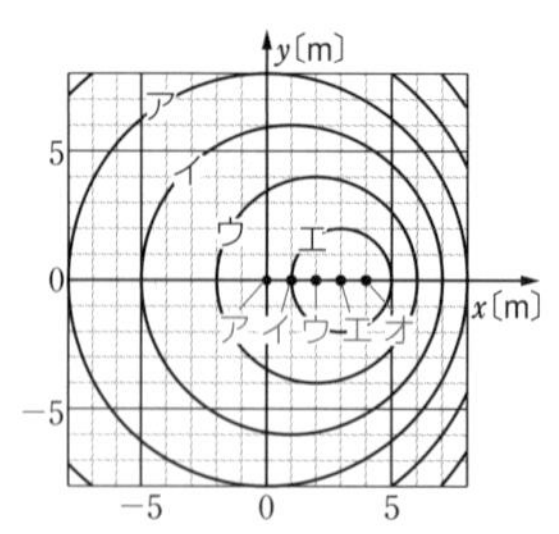

$$T = \frac{1.0}{0.5} = 2\,\mathrm{s}$$

以上より，［ア］の最も適当な選択肢は⑤。

問2　図から，点エから広がった波面は，波源がオの位置に進む 2 s 間に 2 m 広がっていることがわかる。したがって，波がこの媒質を進む速さは

$$v = \frac{2}{2} = 1\,\mathrm{m/s}$$

また，図から波源の左側の波長 λ_1 は 3 m，波源の右側の波長 λ_2 は 1 m である。よって，それぞれの波の周期(媒質の振動の周期)を T_1，T_2 とすると，

「$v = \frac{\lambda}{T}$」より

$$T_1 = \frac{\lambda_1}{v} = \frac{3}{1} = 3\,\mathrm{s},\quad T_2 = \frac{\lambda_1}{v} = \frac{1}{1} = 1\,\mathrm{s}$$

したがって　$\frac{T_1}{T_2} = \frac{3}{1} = 3$

以上より，［イ］の最も適当な選択肢は⑦。

解答　［ア］⑤，［イ］⑦

074. 単振動の式と定在波(定常波) 6分

正弦波とその重ねあわせについて考える。

問1　x 軸の正の向きに正弦波が進行している。図1は，時刻 t〔s〕が 0s と 0.1s のときの，位置 x〔m〕と媒質の変位 y〔m〕の関係を表している。時刻 t（$t \geqq 0$）における $x=0$m での媒質の変位が

$$y = 0.1\sin\left(2\pi\frac{t}{T}+\alpha\right)$$

と表されるとき，T〔s〕と α〔rad〕の数値の組合せとして最も適当なものを，下の①～⑧のうちから1つ選べ。

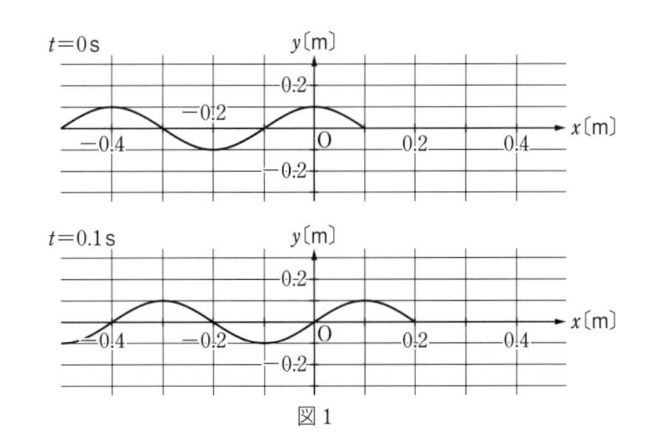

図1

	①	②	③	④	⑤	⑥	⑦	⑧
T	0.2	0.2	0.2	0.2	0.4	0.4	0.4	0.4
α	0	$\frac{\pi}{2}$	π	$\frac{3\pi}{2}$	0	$\frac{\pi}{2}$	π	$\frac{3\pi}{2}$

問2　次の文章中の空欄 ア ， イ に入れる数値と語の組合せとして最も適当なものを，下の①～⑥のうちから1つ選べ。

x 軸の正の向きに進行してきた波（入射波）は，$x=1.0$m の位置で反射して逆向きに進み，入射波と反射波の合成波は定在波(定常波)となる。図2は，ある時刻における入射波の波形を実線で，反射波の波形を破線で表している。

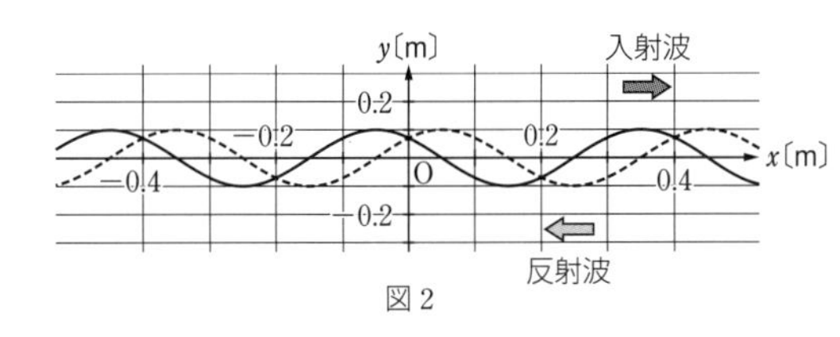

図2

-0.2m $\leqq x \leqq 0.2$m における定在波(定常波)の節の位置をすべて表すと，$x=$ ア m である。また，入射波は $x=1.0$m の位置で イ 反射している。

	ア	イ
①	−0.1，0.1	固定端
②	−0.1，0.1	自由端
③	−0.2，0，0.2	固定端
④	−0.2，0，0.2	自由端
⑤	−0.2，−0.1，0，0.1，0.2	固定端
⑥	−0.2，−0.1，0，0.1，0.2	自由端

〔2018 センター本試〕

III グラフ・図・資料を読み解く問題

075. ドップラー効果による速さの測定と振動数の変化 5分

図1のように，船が振動数 400Hz の霧笛（むてき）を鳴らしながら，まっすぐに港に近づいている。

港でこの霧笛を聞き，その振動数をはかったところ 406Hz であった。このとき，次の各問いに答えよ。ただし，風はなく，空気中の音の速さを 338m/s であるとする。

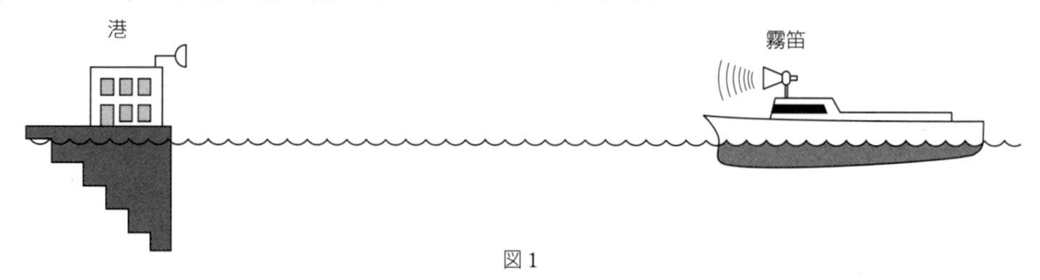

図1

問1 この測定結果から船の速さを求めると何 m/s になるか。最も適当なものを，次の①～⑤のうちから1つ選べ。

① 1　② 3　③ 5　④ 7　⑤ 9

問2 船が途中で速さを変えたため，船と港の間の距離は，図2のように変化した。このとき，港で一定時間おきに測定した霧笛の振動数はどのように変化したか。振動数と時間の関係を表した次の①～④のグラフのうちから，最も適当なものを1つ選べ。

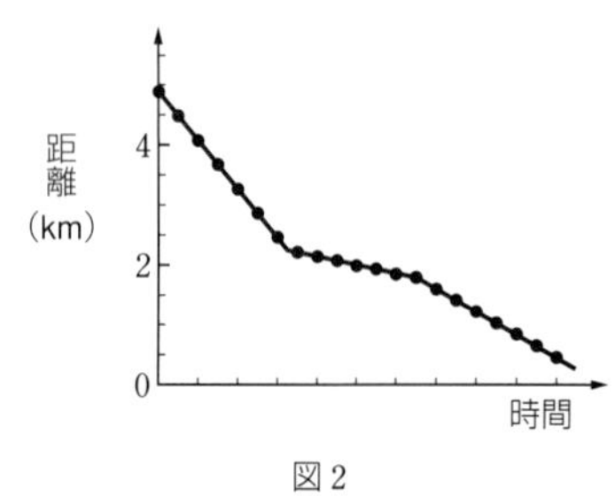

図2

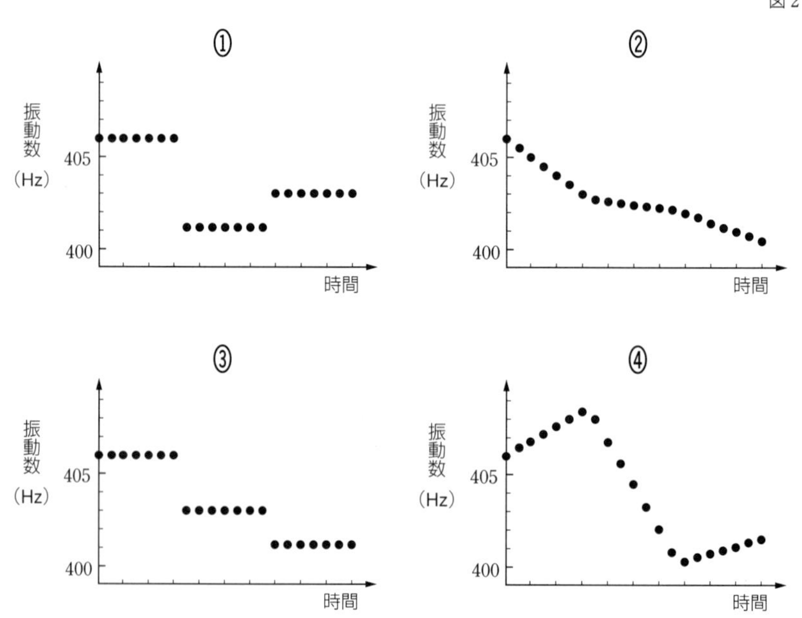

〔2003 センター本試〕

076. くさび形空気層での光の干渉実験　10分

表面がなめらかな平面ガラス板(厚さT)が2枚ある。これらを重ね合わせて一端を密着し，そこからLの位置に厚さ$D(\ll T)$のアルミ箔をはさむと，図1のように間にくさび形の空気の層ができる。いま，波長λの単色光の下で，上から図2のような縞模様(しまもよう)が観察された。

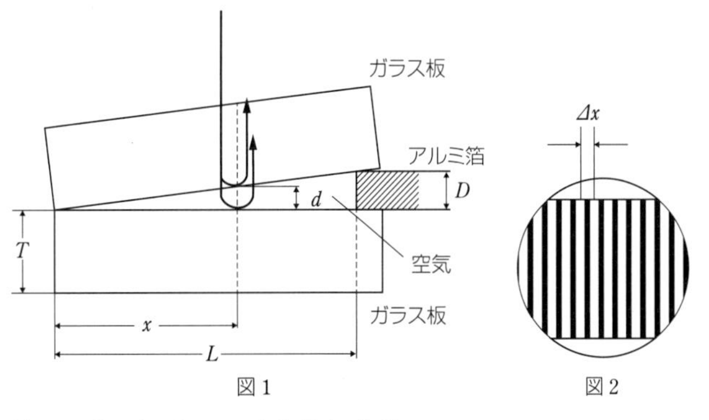

図1　図2

問1　明るい縞が観測される条件を表す式として正しいものを，次の①～④のうちから1つ選べ。ただし，選択肢中のmは$m=0,\ 1,\ 2,\ \cdots$であるとする。

①　$d=m\lambda$　②　$2d=m\lambda$　③　$d=\left(m+\frac{1}{2}\right)\lambda$　④　$2d=\left(m+\frac{1}{2}\right)\lambda$

問2　明るい縞の位置を表す式として正しいものを，次の①～④のうちから1つ選べ。mは$m=0,\ 1,\ 2,\ \cdots$であるとする。

①　$\frac{L\lambda}{D}m$　②　$\frac{L\lambda}{2D}m$　③　$\frac{L\lambda}{D}\left(m+\frac{1}{2}\right)$　④　$\frac{L\lambda}{2D}\left(m+\frac{1}{2}\right)$

問3　赤($\lambda=650\,\text{nm}$)，緑($\lambda=540\,\text{nm}$)，紫($\lambda=410\,\text{nm}$)の光の下で現れる縞の間隔Δxを知るために，2.00cm中に含まれる明るい縞の本数を10回ずつ測定したところ，右表のような結果を得た。ここで，$L=20.0\,\text{cm}$としてこれらの結果から，箔の厚さD〔m〕として最も適当な数値を，次の①～⑥のうちから1つずつ選べ。

測定回	明るい縞の本数(2.00cm中)		
	赤	緑	紫
1	9	12	18
2	8	13	17
3	10	12	16
4	11	11	15
5	12	12	16

測定回	明るい縞の本数(2.00cm中)		
	赤	緑	紫
6	10	14	14
7	9	10	16
8	10	12	16
9	11	11	17
10	10	13	15

①　3.3×10^{-4}　②　6.5×10^{-4}　③　3.3×10^{-5}
④　6.5×10^{-5}　⑤　3.3×10^{-6}　⑥　6.5×10^{-6}

問4　同じアルミ箔を重ねて同様の実験を行ったところ，重ねる枚数を増やしていくにつれ，縞模様はどのようになるか，正しいものを，次の選択肢①～⑤のうちから1つ選べ。

①　縞模様全体がアルミ箔のほうへ平行移動する。
②　縞模様の間隔はそのままで，全体がアルミ箔と逆の方向へ平行移動する。
③　縞模様の間隔がせまくなる。
④　縞模様の間隔が広くなる。
⑤　縞模様に変化はない。

〔2010 京都教育大 改〕

第4章 電気と磁気

例題 抵抗率の温度依存性 5分

次の文章を読み，下の問いに答えよ。

❶導体の抵抗率は導体の材質と温度に依存する。導体が金属の場合，温度上昇とともに抵抗率は増加する。あまり広くない温度範囲では，0℃での抵抗率を ρ_0，T〔℃〕での抵抗率を ρ とすると

$$\rho = \rho_0(1+\alpha T)$$

という関係式が成りたつ。ここで α〔1/K〕は抵抗率の温度係数である。

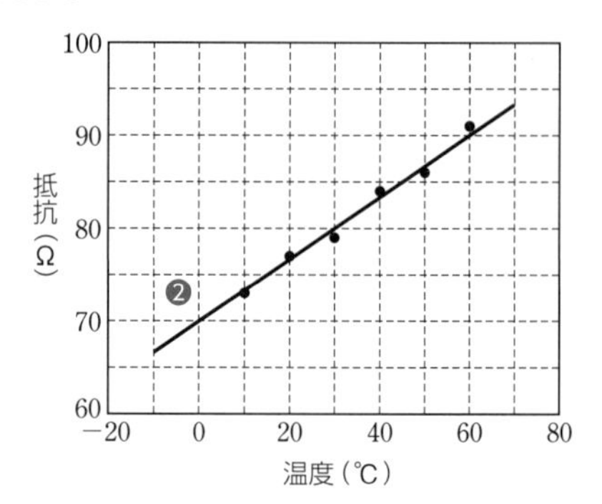

問 次の文章中の空欄 ア ・ イ に入れる式・値として最も適当なものを，それぞれの直後の{　}で囲んだ選択肢のうちから1つずつ選べ。

T〔℃〕での金属の抵抗 R〔Ω〕を，0℃における抵抗値 R_0 と α，T を用いて表したとき

$R=$ ア {① $R_0\alpha T$　② $R_0+\alpha T$　③ $R_0(1+\alpha T)$}

である。いま，ある金属の電気抵抗の温度変化を測定し，図のようなグラフが得られたとすると

$\alpha=$ イ {① 4.8×10^{-3}　② 5.3×10^{-3}　③ 3.8×10^{-2}　④ 4.3×10^{-2}　⑤ 2.8×10^{-1}　⑥ 3.3×10^{-1}} /Kである。

〔2017 山口大 改〕

❶ 抵抗率が ρ である金属でできた導線の抵抗 R は，導線の長さを l，断面積を S として

$$R=\rho\frac{l}{S}$$

❷ 抵抗と温度の関係を表すグラフより

傾き$=\frac{20}{60}$

切片$=70$

である。

解説

思考の過程▶ グラフが直線で与えられている場合，グラフの傾きと切片から情報を得ることができる。

この金属を導線として用いたときの長さを l，断面積を S とすると，❶より

$$R=\rho\frac{l}{S}$$

$R_0=\rho_0\frac{l}{S}$　よって　$\frac{l}{S}=\frac{R_0}{\rho_0}$

であるから

$$R=\rho\frac{l}{S}=\rho_0(1+\alpha T)\frac{l}{S}=\rho_0\frac{l}{S}(1+\alpha T)=R_0(1+\alpha T)$$

ゆえに，ア は③。

図のグラフは，ア から

$$R=(R_0\alpha)T+R_0$$

という式のグラフである。

❷より，$T=0$℃のときの抵抗値 70 Ωが R_0 であり，傾き $\frac{90-70}{60-0}$ が $R_0\alpha$ であるから

$$R_0\alpha=\frac{20}{60}$$

$R_0=70$ で辺々わって

$$\alpha=\frac{1}{3\times70}=4.76\cdots\times10^{-3}/\text{K}$$

以上より，イ は①。

解答 ア ③，イ ①

077. 電場と電位・電気量と質量の比 6分

図1に示すように，2枚の広い導体板P, Qを平行に0.10m離しておき，Pを接地して，PQ間に5.0Vの電圧を加えてある。導体板PとQの間に，点Aを始点とし，点B，C，Dを経て点Eを終点とする経路を考える。点Aから点Eまでの経路上の各点での電位と，点Aからたどった経路の長さとの関係をグラフに表すと，図2のようになった。ただし，図1には始点Aおよび終点Eのみが示してある。

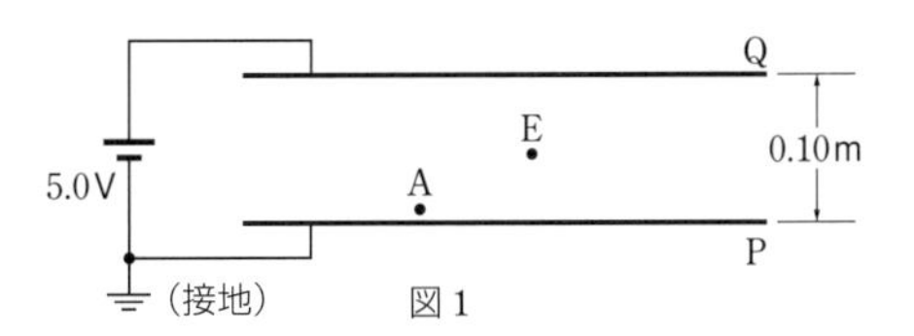

図1

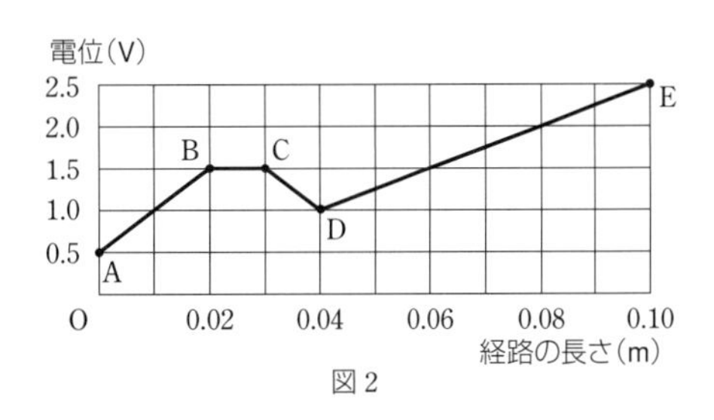

図2

問1　図2において，経路が電場の方向に垂直になっている区間はどれか。また，経路が電場の方向に対して斜めになっている区間はどれか。正しいものを，次の①～⑥のうちから1つ選べ。

垂直になっている区間 ア　　斜めになっている区間 イ

① AB間　② BC間　③ CD間　④ AB間とCD間　⑤ DE間
⑥ AB間とCD間とDE間

問2　ある正の点電荷を，点Aから点Eまで運ぶのに必要な仕事は，同じ点電荷を導体板Pから導体板Qまで運ぶのに必要な仕事の何倍か。正しいものを，次の①～⓪のうちから1つ選べ。ただし，重力の影響は無視できるものとする。

① 0.1　② 0.2　③ 0.3　④ 0.4　⑤ 0.5　⑥ 0.6　⑦ 0.7　⑧ 0.8
⑨ 0.9　⓪ 1.0

問3　図1において，導体板PとQはPを下にして，地面と平行に置かれているとする。電気量q〔C〕に帯電した質量m〔kg〕の小球をPとQの間に入れたところ，この小球にはたらく力はつりあった。このとき，qとmの比 $\frac{q}{m}$〔C/kg〕の値として正しいものを，次の①～⑥のうちから1つ選べ。ただし，重力加速度の大きさをg〔m/s²〕とする。

① $0.02g$　② $0.2g$　③ $2g$　④ $-0.02g$　⑤ $-0.2g$　⑥ $-2g$

〔2002 センター追試〕

III　グラフ・図・資料を読み解く問題

078. ダイオードの特性 3分

図1のように，AB 間に半導体ダイオードを置き，B に対する A の電位を V としたとき，A から B に流れる電流 I と V の関係は図2のように与えられる。AB 間に図3のように時間変化する電圧 V〔V〕を加えたとき，ダイオードに流れる電流 I〔mA〕と時間 t〔s〕との関係を表すグラフはどれか。最も適当なものを，下の①～④のうちから1つ選べ。

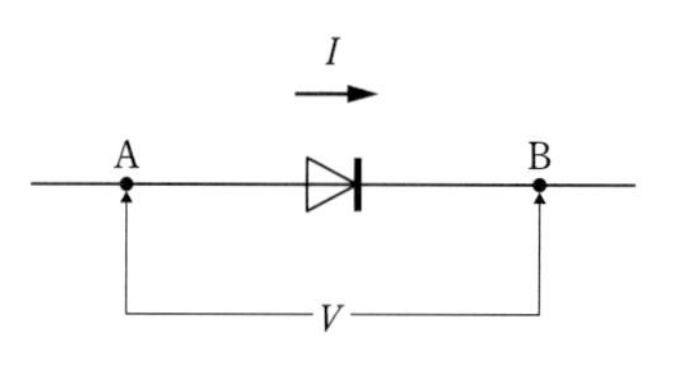

図1

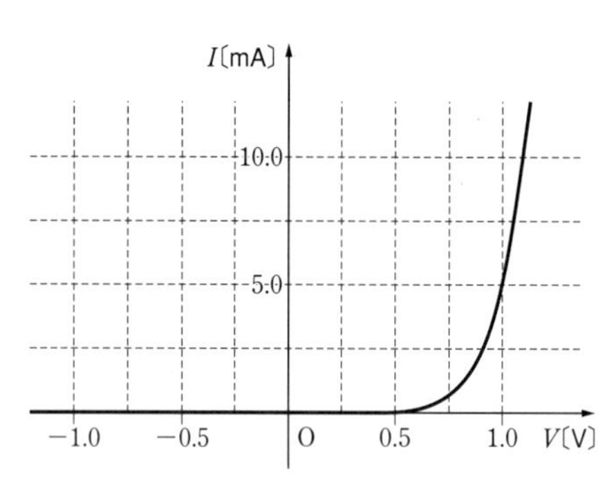

図2

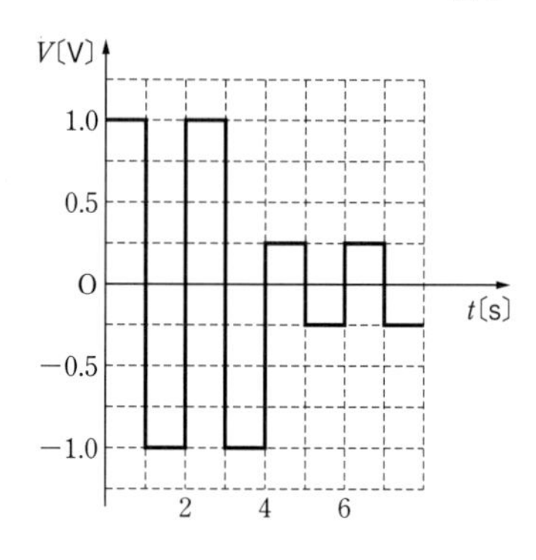

図3

①

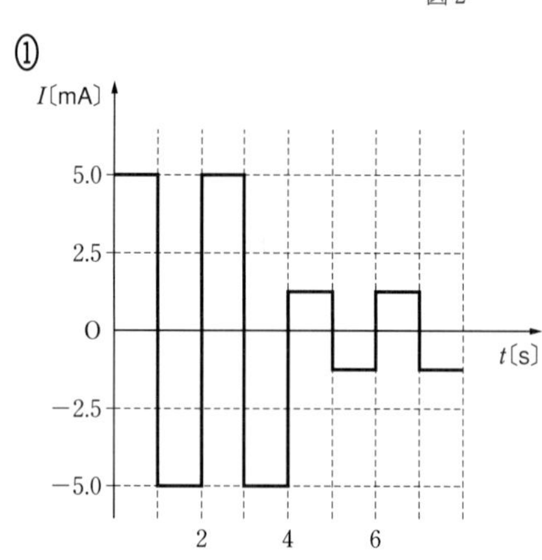

②

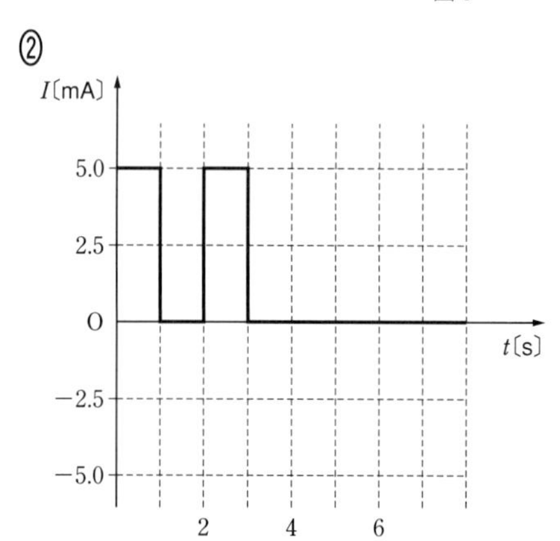

③

④

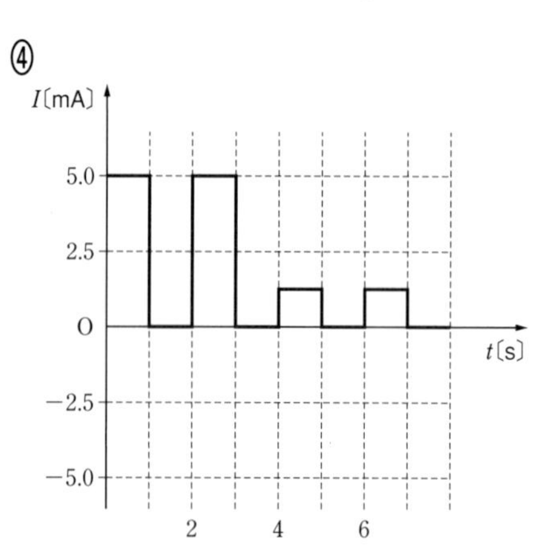

〔2005 センター本試〕

079. 回転するコイルを貫く磁場と誘導起電力　10分

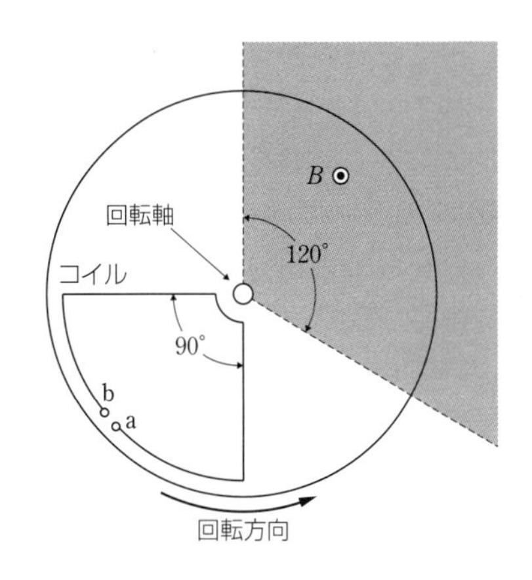

図のように，不導体(絶縁体)の円板と，円板に固定された巻数1のコイルが，中心の回転軸のまわりに角速度 $\frac{50}{3}\pi$ rad/s で回転している。コイルの直線部分のなす角は90°である。回転軸を中心とした中心角120°の扇形の範囲には磁束密度 B の一様な磁場(磁界)が紙面に垂直に，裏から表の向きにかかっている。

問1　端子aを基準とした端子bの電位の時間変化を表すと，どのようなグラフになるか。また，そのグラフの横軸の1目盛りの大きさは何秒か。最も適当なものを，次の解答群のうちから1つずつ選べ。　グラフ：[ア]　1目盛り：[イ] s

[ア] の選択肢

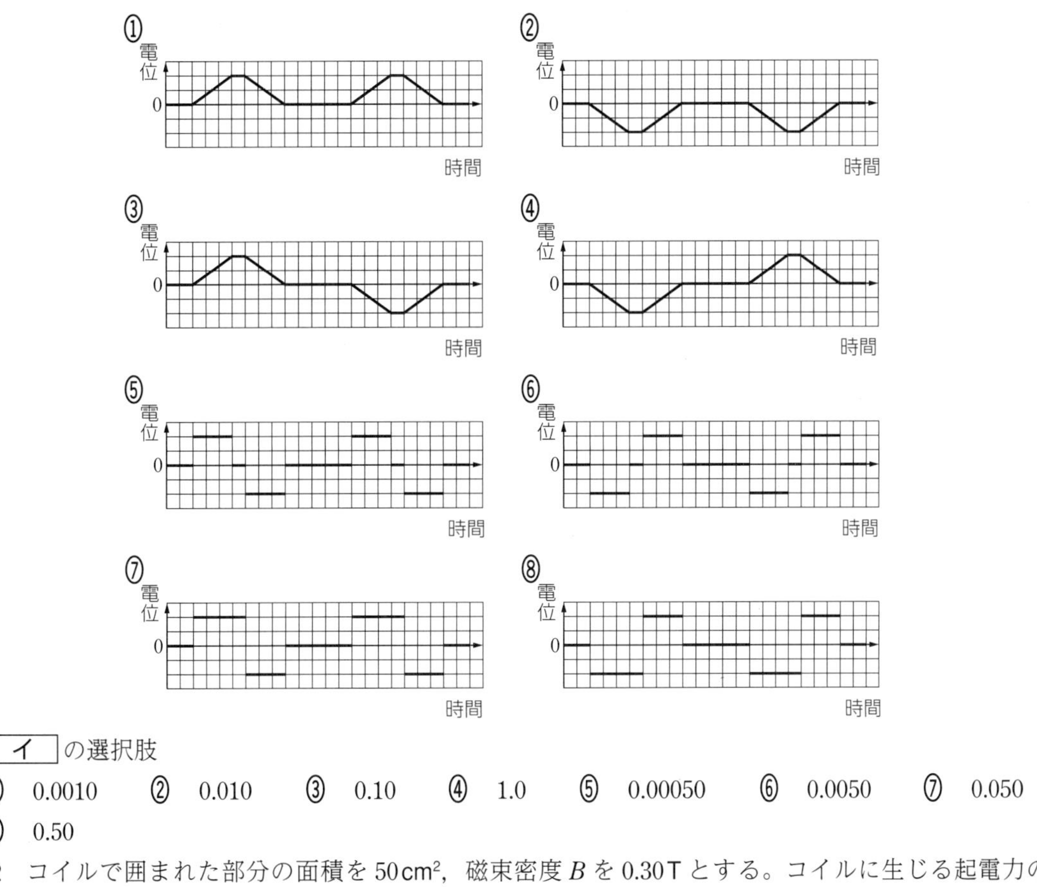

[イ] の選択肢

① 0.0010　② 0.010　③ 0.10　④ 1.0　⑤ 0.00050　⑥ 0.0050　⑦ 0.050　⑧ 0.50

問2　コイルで囲まれた部分の面積を50cm²，磁束密度 B を0.30Tとする。コイルに生じる起電力の大きさの最大値 V を有効数字2桁で表すとき，次の式中の空欄 [ウ] ～ [オ] に入れる数字として最も適当なものを，次の①～⓪のうちから1つずつ選べ。ただし同じものをくり返し選んでもよい。

$V=$ [ウ].[エ] $\times 10^{-[オ]}$ V

① 1　② 2　③ 3　④ 4　⑤ 5　⑥ 6　⑦ 7　⑧ 8　⑨ 9　⓪ 0

〔2017 試行調査〕

Ⅲ　グラフ・図・資料を読み解く問題

080. 交流の発生 7分

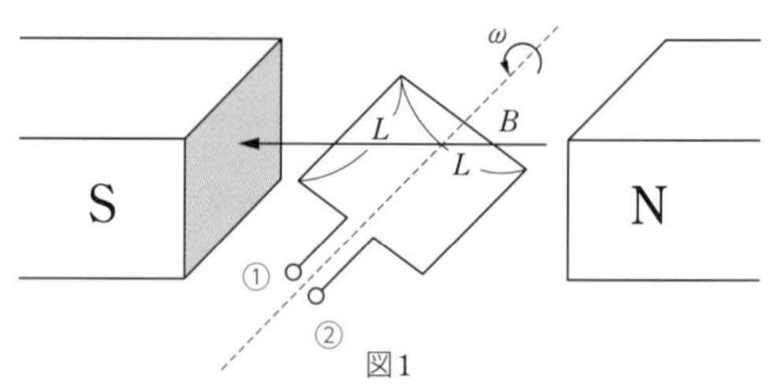

図1

永久磁石のN極とS極が互いに向かい合って配置されている。その間の空間には一様な磁場(磁束密度B)が存在している。以下の問いに答えよ。

問1　図1のように，N極とS極の間に1巻きの1辺の長さLの正方形のコイルが，磁場に垂直な軸を中心にして一定の角速度ωで回転している。ただし，時刻$t=0$において，コイル面は磁場と垂直である。このとき，時刻tにおける端子②を基準とした端子①の電位Vと，端子①と②の間に抵抗値Rの抵抗を接続した場合の時刻tにおける抵抗で消費される電力Pを表す数式の組合せとして正しいものを，次の①～⑥より1つ選べ。

$V=$ ア　　$P=$ イ

	ア	イ
①	$BL^2\omega\sin\omega t$	$\dfrac{(BL^2\omega)^2\sin^2\omega t}{R}$
②	$BL^2\omega\sin\omega t$	$\dfrac{(BL^2\omega)^2\cos^2\omega t}{R}$
③	$BL^2\omega\sin\omega t$	$\dfrac{(BL^2\omega)^2\sin\omega t\cos\omega t}{R}$
④	$BL^2\omega\cos\omega t$	$\dfrac{(BL^2\omega)^2\sin^2\omega t}{R}$
⑤	$BL^2\omega\cos\omega t$	$\dfrac{(BL^2\omega)^2\cos^2\omega t}{R}$
⑥	$BL^2\omega\cos\omega t$	$\dfrac{(BL^2\omega)^2\sin\omega t\cos\omega t}{R}$

問2　次に，図2のように問1で用いたコイルの両端を半円筒状の整流子A_1とA_2につなぐ。整流子は，ブラシに接触しながらコイルといっしょに回転しており，180°回転するごとにブラシとの接続が瞬間的に切りかわる。1つの整流子は2つのブラシと同時に接続することはない。端子①と②の間に誘導される電圧の時間変化は図3のようになった。図3のPにおいて，整流子はブラシと図4のように接続している。Qの場合に該当するものを，次の①～④より1つ選べ。

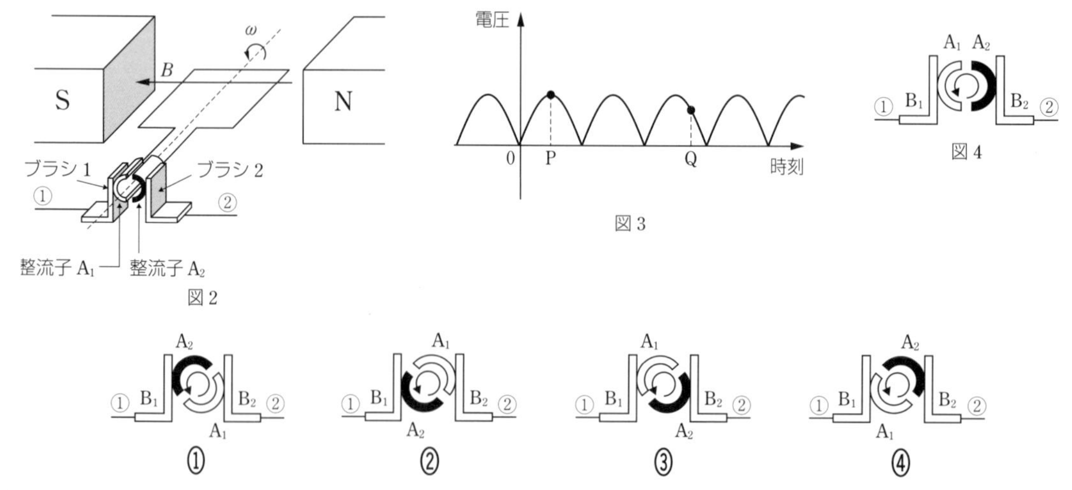

図2　図3　図4

問3　コイルが$\omega=40\pi$ rad/sで回転するとき，端子①と②の間に現れる電圧の位相が同じとなる周期は何秒か。最も適当なものを次の①～⑤のうちから1つ選べ。

① 1.3×10^{-2}　② 2.5×10^{-2}　③ 5.0×10^{-2}　④ 2.5×10^{-1}　⑤ 5.0×10^{-1}

〔2013 佐賀大 改〕

第５章　原子

例題　$^{14}_{6}C$ による年代測定　5分

放射性元素である炭素14（$^{14}_{6}C$）は，窒素（$^{14}_{7}N$）と宇宙線により生成される。大気中では，その生成される量と放射性崩壊（原子核の崩壊）によって失われる量とが等しくなり，安定に存在する炭素12（$^{12}_{6}C$）に対する $^{14}_{6}C$ の割合は常に一定に保たれる。植物は枯れるとそれ以降炭素を取り込まなくなり，植物中の $^{14}_{6}C$ の割合は放射性崩壊によって減少する。

問１　❶$^{14}_{6}C$ は放射性崩壊によって $^{14}_{7}N$ に変わる。このときに放出されるものとして最も適当なものを，次の①～④のうちから１つ選べ。

①　電子　②　陽子　③　中性子　④　ヘリウム原子核

問２　初めに N_0 個あった $^{14}_{6}C$ の数が，t 年後に N 個になったとする。半減期を T 年とすると，$\frac{t}{T}$ と $\frac{N}{N_0}$ との関係は図で表される。ある古い木片中の $^{14}_{6}C$ の $^{12}_{6}C$ に対する割合を測定すると，生きている木での割合の31％であった。$^{14}_{6}C$ の半減期を 5.7×10^3 年とすると，古い木片は今から何年前のものと推定できるか。最も適当なものを，次の①～⑥のうちから１つ選べ。

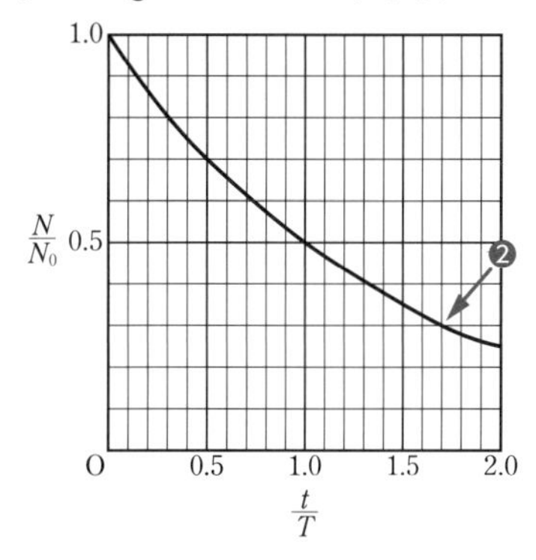

①　1.3×10^3　②　4.0×10^3　③　7.5×10^3　④　9.7×10^3

⑤　1.1×10^4　⑥　1.7×10^4　〔1999 センター追試〕

❶ $^{14}_{6}C\to{}^{14}_{7}N$ では質量数は14のまま変わらず，原子番号が１増加している。

❷ $\frac{N}{N_0}=0.31$ となるのは，$\frac{t}{T}=1.7$ の位置である。

解説

問１　❶より，$^{14}_{6}C\to{}^{14}_{7}N$ の変化は β 崩壊である。$^{14}_{6}C$ の中の中性子 $^{1}_{0}n$ が陽子 $^{1}_{1}p$ に変わり，電子が放出される。よって，正解は①となる。

知識の確認　放射性崩壊

・α 崩壊→質量数が4，原子番号が2だけ小さい原子核に変わり，α 粒子（$^{4}_{2}He$）が放出される。

・β 崩壊→質量数が同じで，原子番号が1だけ大きな原子核に変わり，電子が放出される。

問２　問題文より，初めの $^{14}_{6}C$ の個数 N_0 と，t 年後の $^{14}_{6}C$ の個数 N の比は

$$\frac{N}{N_0}=\frac{\text{古い木片での }^{14}_{6}\text{Cの割合}}{\text{枯れた直後の木での }^{14}_{6}\text{Cの割合}}$$

$$=\frac{\text{古い木片での }^{14}_{6}\text{Cの割合}}{\text{生きている木での }^{14}_{6}\text{Cの割合}}=0.31$$

❷より，$\frac{N}{N_0}=0.31$ になるのは $\frac{t}{T}=1.7$ 付近であるから，$\frac{t}{5.7\times10^3}=1.7$ より

$t=1.7\times(5.7\times10^3)=9.69\times10^3\fallingdotseq9.7\times10^3$ 年前

よって正解は④。

知識の確認　半減期

$$\frac{N}{N_0}=\left(\frac{1}{2}\right)^{\frac{t}{T}}$$

N_0：初めの原子核の数

N　：時間 t 後に壊れないで残った原子核の数

t　：経過時間　　T：半減期

解答　問１　①，問２　④

081. 光電効果の実験 10分

次の文章を読み，下の問い(問 1〜4)に答えよ。

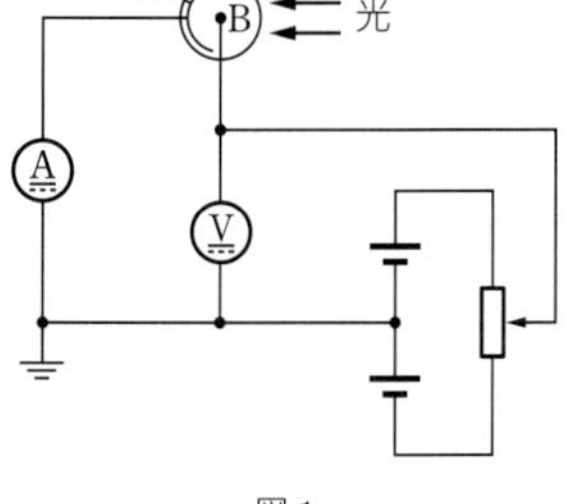

図 1

ナトリウムを陰極とする光電管を用い，図 1 のような回路を作り光電効果の実験を行った。光の速さ $c=3.0\times10^{8}$ m/s，電気素量 $e=1.6\times10^{-19}$ C とする。波長 3.0×10^{-7} m の紫外線を当てながら，AB 間に一定電圧を加えたところ，回路に 1.6×10^{-6} A の電流が流れた。

問 1　陰極 A から陽極 B に達する 1 秒間当たりの電子の個数は何個か。最も適当な値を，次の ①〜④ のうちから 1 つ選べ。

① 1.0×10^{-6}　② 1.6×10^{-6}　③ 1.0×10^{13}　④ 1.6×10^{13}

AB 間の電圧を変えながら光電流を測定すると，図 2 のようなグラフ(I-V 曲線)が得られた。このとき，陰極から飛び出す光電子の最大運動エネルギーは［ア］eV であり，光の波長を変えずに光の強度を強くしたときの I-V 曲線は［イ］のようになる。

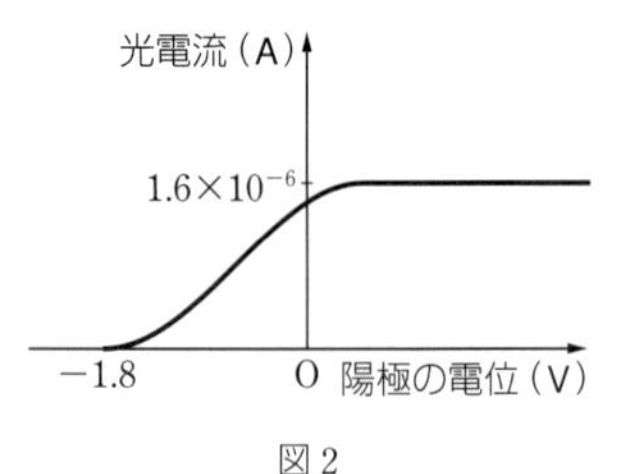

図 2

問 2　上の文中の空欄［ア］・［イ］に入れる値・グラフとして最も適当なものを，それぞれの選択肢から 1 つずつ選べ。ただし，［イ］の選択肢の破線は図 2 のグラフを表す。

［ア］の選択肢　① 2.9×10^{-19}　② 1.6×10^{-6}

③ 1.8　④ 1.1×10^{14}

［イ］の選択肢

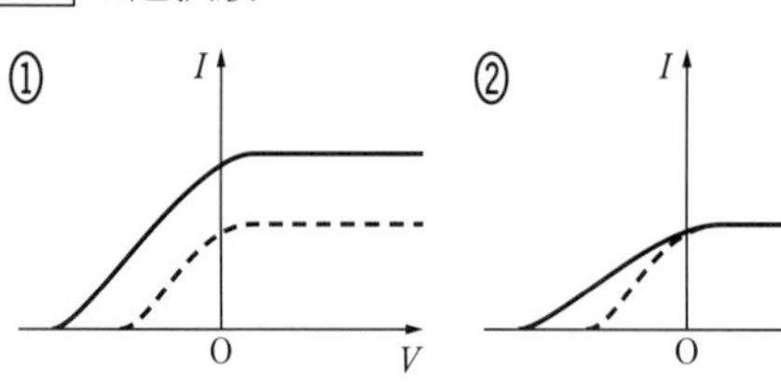

③

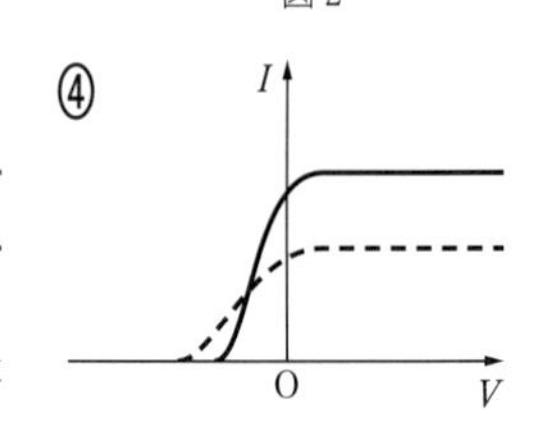

当てる光の波長を変えながら，同様の実験を行い，それらの結果から図 3 を作成した。

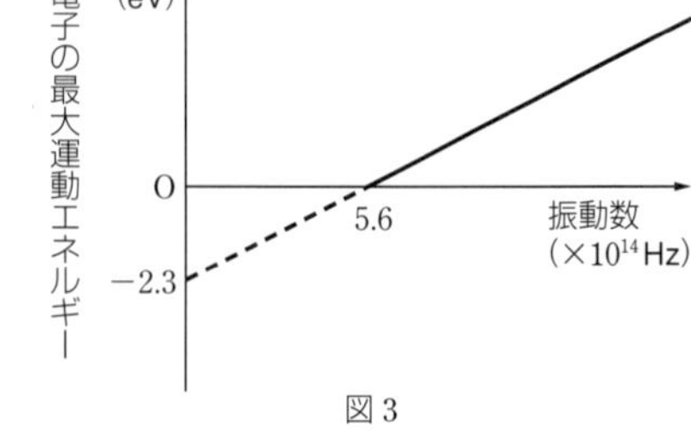

図 3

問 3　ナトリウムの仕事関数 W，プランク定数 h をそれぞれ有効数字 2 桁で表すとき，次の式中の空欄［ウ］〜［コ］に入れる数字として最も適当なものを，下の ①〜⓪ のうちから 1 つ選べ。ただし，同じものをくり返し選んでもよい。

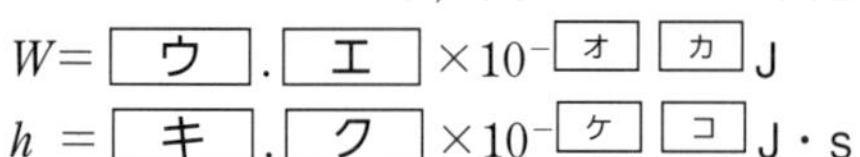

$W=$［ウ］.［エ］$\times10^{-［オ］［カ］}$ J

$h=$［キ］.［ク］$\times10^{-［ケ］［コ］}$ J・s

① 1　② 2　③ 3　④ 4　⑤ 5　⑥ 6

⑦ 7　⑧ 8　⑨ 9　⓪ 0

問 4　次の文中の空欄［サ］・［シ］に入れる語句として最も適当なものを，それぞれの直後の｛　｝で囲んだ選択肢のうちから 1 つずつ選べ。

波長 6.3×10^{-7} m のヘリウム・ネオンレーザーの光をこの光電管に当てるとき，振動数が限界振動数よりも［サ］｛① 大きい　② 小さい｝ので，光電効果は［シ］｛① 起こる　② 起こらない｝。

〔1997 弘前大 改〕

082. フランク・ヘルツの実験 7分

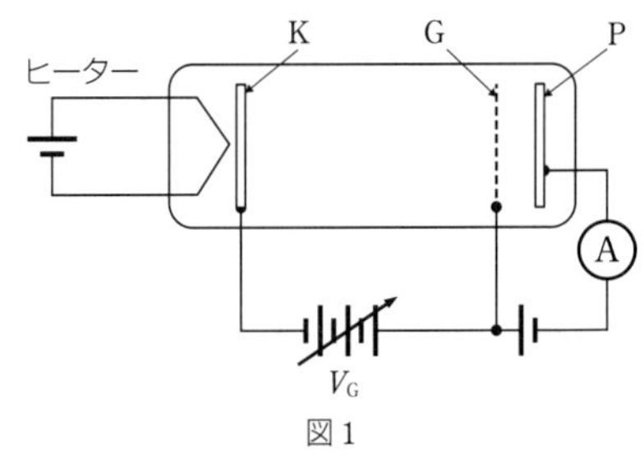

図1

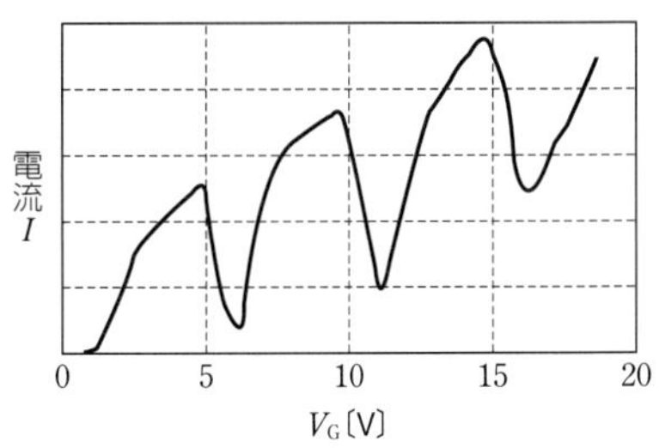

図2

図1のような陰極線管の管内を真空にして，陰極Kに対する格子状電極Gの電位 V_G を増加させると，電極Pの電流 I は単調に増加する。一方，管内に水銀蒸気を封入して，V_G を0Vから増加させたところ，図2のように，いくつかの V_G の値で I の減少が見られた。次の問いに答えよ。

問1　次の文章の［ア］～［オ］に入れる語句，数値として適当なものを，解答群より1つずつ選べ。

ヒーターで熱されることにより，Kから出た［ア］は，K-G間の電場により加速され，Kでの［イ］が［ウ］に変換される。この［ア］の［ウ］が水銀原子の基底状態のエネルギーと励起状態のエネルギーとの差に等しいときに，［ア］と水銀原子との衝突により，［ア］の［ウ］が水銀原子に移って減少するため，水銀原子と衝突した電子は，Gを過ぎた後，Pまで到達できない。そのため電流は減少する。また，電子から水銀原子に移るエネルギーがとびとびであることから，水銀原子のエネルギーがとびとびであり，そのエネルギー間隔の値は［エ］eVであることがわかる。このとき陰極線管から紫外線が観測されるのは，水銀原子が［オ］としてエネルギーを放出し，もとの状態にもどるからである。

①　陽子　　②　電子　　③　運動エネルギー　　④　電気的な位置エネルギー　　⑤　2.5
⑥　4.9　　⑦　9.8　　⑧　熱　　⑨　運動　　⓪　光

問2　ナトリウム原子には，基底状態からの遷移に伴う波長 5.9×10^{-7}m の吸収スペクトルがある。水銀蒸気のかわりにナトリウム蒸気を封入して，問1と同様の実験を行うとき，I が減少する V_G の相隣りあう値の差は何eVか。最も適当な値を次の①～⑤のうちから1つ選べ。ただし，プランク定数を 6.6×10^{-34}J·s，光の速さを 3.0×10^{8}m/s，1eV $=1.6\times10^{-19}$J とする。

①　2.1　　②　2.8　　③　3.5　　④　4.2　　⑤　4.9

〔2007 東京学芸大 改〕

Ⅳ 読解問題

第1章 力と運動

例題 はしごの上でのつりあい 8分

次の文章を読み，下の問い(問1〜3)に答えよ。

壁にはしごを立てかけて高い所で作業する場合，いろいろな危険性が考えられるが，ここでは，はしごが地面に対してすべってしまうという危険に着目して考えてみよう。そこで，状況を単純化して以下のように設定する。

水平で静止摩擦係数 μ_0 の床面と鉛直でなめらかな壁面との間に，長さ l のまっすぐで一様なはしごを図のように立てかけた。はしごと床面および壁面との接点をそれぞれ点A，点Bとし，はしごと床面との角度を θ とする。点Aではしごが床面から受ける垂直抗力の大きさを N，静止摩擦力の大きさを F_0，点Bではしごが壁面から受ける垂直抗力の大きさを R とする。また，人の重さを W とする。いま，人が図の x の位置まで登ったとき，はしごはすべらなかった。ただし，はしごの質量と変形は考えないものとする。

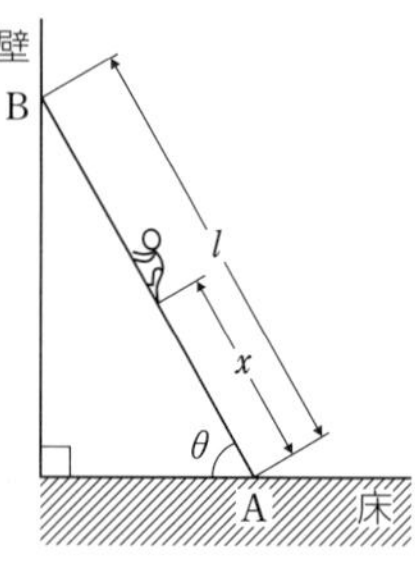

❶はしごが地面に対してすべらないようにするという観点からは，θ は大きいほうがよいのか，小さいほうがよいのか。また，はしごを上のほうへ登っていくとすべりやすくなるのか否か，考えてみよう。

問1　次の文の空欄 ア ・ イ に入れる語句として最も適当なものを，それぞれの直後の選択肢から1つずつ選べ。

はしごにはたらく力の ア ｛ ① 水平　② 鉛直 ｝方向の力のつりあいを考慮すると，静止摩擦力の向きは イ ｛ ① 水平右向き　② 水平左向き　③ 鉛直上向き　④ 鉛直下向き ｝である。

問2　次の文の空欄 ウ ・ エ に入れる式として最も適当なものを，それぞれの直後の選択肢から1つずつ選べ。

点Aのまわりの力のモーメントのつりあいの式は ウ ｛ ① $Wx=Rl$　② $Wx\cos\theta=Rl\sin\theta$　③ $Wx\sin\theta=Rl\cos\theta$ ｝であり，❶はしごがすべらないための条件式は $\dfrac{x}{\tan\theta}\leqq$ エ ｛ ① $\dfrac{\mu_0}{l}$　② $\dfrac{l}{\mu_0}$　③ $\mu_0 l$　④ $\dfrac{1}{\mu_0 l}$ ｝となる。

問3　次の文の空欄 オ ・ カ に入れる語句として最も適当なものを，それぞれの直後の選択肢から1つずつ選べ。

上の設定のもとでは，θ が オ ｛ ① 大きい　② 小さい ｝ほどすべりやすく，❷人が上に登るほどすべり カ ｛ ① やすく　② にくく ｝なると判断できる。

〔2004 拓殖大 改〕

❶ はしごが地面に対してすべらないということは，つりあいを保つために必要な静止摩擦力の大きさ F_0 が最大摩擦力 $\mu_0 N$ をこえないということである。

❷ x を大きくしていくときについて考えればよい。

解説

問1　はしごが地面から受ける静止摩擦力 F_0 は地面に平行であるから，水平方向を向く。はしごにはたらく水平方向の力は，この他には壁から受ける垂直抗力 R(水平右向き)だけであるから，力のつりあいより，静止摩擦力 F_0 は水平左向きである。

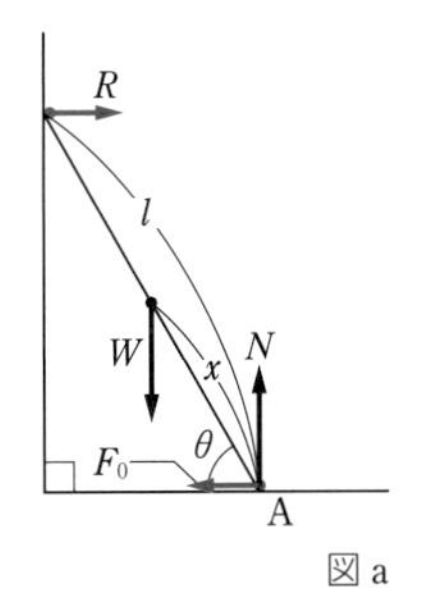

図 a

以上より，ア は①，イ は②。

問2　点Aにはたらく力については，点Aのまわりの力のモーメントが0である。

図bのように，はしごが壁から受ける垂直抗力 R の作用線と点Aの距離は $l\sin\theta$，はしごが人から鉛直下向きに押される力 W の作用線と点Aの距離は $x\cos\theta$ であるから，点Aのまわりの力のモーメントのつりあいの式は反時計回りを正の向きとして

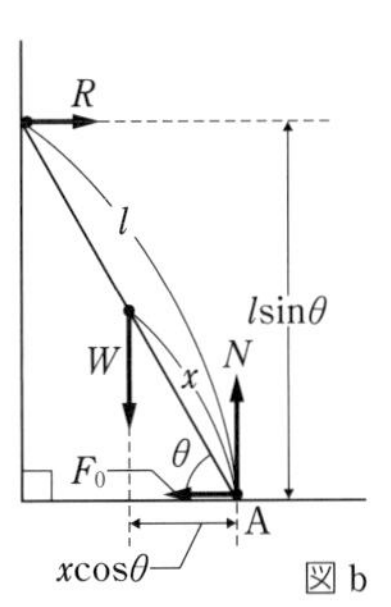

図 b

$$Wx\cos\theta - Rl\sin\theta = 0$$

よって $Wx\cos\theta = Rl\sin\theta$

したがって，ウ は②。

また，力のつりあいの式は

水平方向　$R = F_0$

鉛直方向　$W = N$

であるから，これら3式より

$$Nx\cos\theta - F_0 l\sin\theta = 0$$

したがって

$$F_0 = \frac{Nx\cos\theta}{l\sin\theta}$$

これをすべらないための条件式 $F_0 \leqq \mu_0 N$（❶）に代入して

$$\frac{Nx\cos\theta}{l\sin\theta} \leqq \mu_0 N$$

両辺に $\dfrac{l}{N}(>0)$ をかけて整理すると

$$\frac{x}{\tan\theta} \leqq \mu_0 l \qquad \cdots\cdots①$$

以上より，エ は③。

問3

思考の過程▶ はしごがすべらないための条件式は，①式$\left(\dfrac{x}{\tan\theta} \leqq \mu_0 l\right)$で表される。

→ オ は θ が大きい場合と小さい場合に①式が成りたつかどうかを調べることで判断しよう。

カ は x を大きくしていく場合について調べよう(❷)。

①式は，θ が大きく，$\tan\theta$ が十分に大きいと成立するが，θ を小さくしていくと左辺が大きくなっていき，やがて成立しなくなる場合もある。つまり，はしごの地面に対する角度 θ が小さいほどすべりやすくなる。よって，オ は②。

x が十分に小さいと①式は成立するが，x を大きくしていくと左辺が大きくなっていき，やがて成立しなくなる場合もある。つまり，人が上まで登っていき，x が大きくなるほどすべりやすい。よって，カ は①。

解答

問1　ア ①　イ ②

問2　ウ ②　エ ③

問3　オ ②　カ ①

83. 斜方投射された物体の空中での分離 ⏱12分

次の文章を読み，下の問い(問1〜3)に答えよ。

図1に示すように，質量$3m$の物体に放物運動をさせる2つの実験を行う。この物体は，図2に示すように，質量mと$2m$の物体A，Bが軽いばねを内蔵して合体されている。遠隔操作で，これは，簡単に2つの物体A，Bに分離できる。ばねは軽く押し縮められていてエネルギーU_0をもっているものとする。

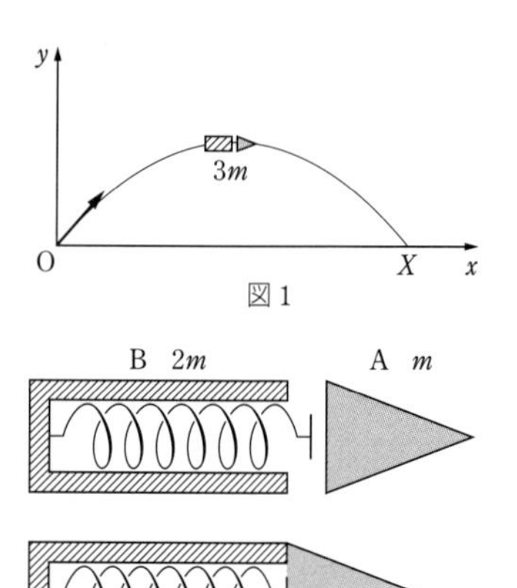

図1

図2

実験1では，物体を合体したまま放物運動をさせる。実験2では実験1と同じ条件で投射し，最高点に達したとき遠隔操作で物体AとBに分離する。図1のように水平右向きにx軸，鉛直上向きにy軸をとり，物体は原点から発射されるとし，重力加速度の大きさをgとする。A，Bの大きさや空気の抵抗は無視できるとする。また，この運動は，xy平面内で行われる。

実験1　合体したままこの物体は，質量m側の物体Aを先頭にして，地上面上の点(0，0)から，x軸方向成分V_x，y軸方向成分V_yの速度で地上面上から斜め上方に投射され，投射後，時間Tの後に点$(X, 0)$に到達した。

実験2　実験1と同じように地上面上の点(0，0)から同じ初速度で物体を投射する。最高点に達したとき，遠隔操作で質量mの物体Aと$2m$の物体Bに分離する。そのとき，ばねに蓄えられていたエネルギーU_0は，すべて2つの物体A，Bに分配される。分離した瞬間，最高点ではy方向の速度成分をもたないので，2つの物体A，Bは，それぞれx方向の速度成分のみを得る。

問1　実験2でAとBが分離した直後，地上で静止している観測者から見た，物体Bのx方向の速度成分はいくらか。正しいものを，次の①〜⑥のうちから1つ選べ。

① $V_x+\dfrac{1}{2}\sqrt{\dfrac{U_0}{3m}}$　② $V_x+\sqrt{\dfrac{U_0}{3m}}$　③ $V_x+2\sqrt{\dfrac{U_0}{3m}}$　④ $V_x-\dfrac{1}{2}\sqrt{\dfrac{U_0}{3m}}$

⑤ $V_x-\sqrt{\dfrac{U_0}{3m}}$　⑥ $V_x-2\sqrt{\dfrac{U_0}{3m}}$

問2　実験2で2つの物体A，Bが最高点に達したときからはかって，それぞれ時間T_A，T_Bの後に地上面に到達したとするとき，T_A [ア] $\dfrac{T}{2}$，T_B [イ] $\dfrac{T}{2}$ である。

上の文の空欄 [ア]・[イ] に入れるのに正しいものを，それぞれ次の①〜③のうちから1つずつ選べ。ただし，同じものを選んでもよい。

① $>$　② $=$　③ $<$

問3　実験2で2つの物体A，Bが地上面に到達したときの点を，それぞれ$(x_A, 0)$，$(x_B, 0)$とする。Xをx_A，x_Bを用いて表した式として正しいものを，次の①〜⑧のうちから1つ選べ。

① x_A+x_B　② x_A-x_B　③ $\dfrac{x_A+x_B}{2}$　④ $\dfrac{x_A-x_B}{2}$　⑤ $\dfrac{2x_A+x_B}{3}$　⑥ $\dfrac{2x_A-x_B}{3}$

⑦ $\dfrac{x_A+2x_B}{3}$　⑧ $\dfrac{x_A-2x_B}{3}$

〔2018 和歌山大 改〕

084. 3小球の衝突実験 8分

次の文章を読み，下の問い(問1〜3)に答えよ。

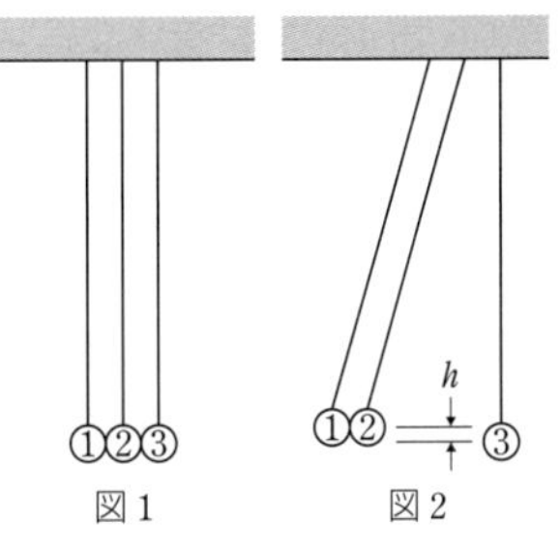

図1　図2

図1のように，質量が m〔kg〕で等しい3つのおもり①〜③を質量の無視できる長さが等しいひもの先端につけて天井からつるしたところ，おもり①〜③は互いに接触した状態で静止した。このとき，3本のひもはすべて平行で鉛直方向を向いていた。

図2のように，ひもがたるまないようにしたまま，図1の状態から左端のおもり①と②を左上方に h〔m〕持ち上げて静かにはなす実験を行ったところ，1秒後におもり③に衝突した。このとき，③に衝突する前の①と②はわずかに離れていると考える。ただし，すべてのおもりは常に同一鉛直面内を運動して弾性衝突をくり返し，すべての衝突は瞬間的に起こるものとし，重力加速度の大きさを g〔m/s²〕とする。

問1　図2の状態で静かにはなされたおもり①と②が1秒後におもり③に衝突した直後のおもり③の速さは何 m/s か。正しいものを，次の①〜⑨のうちから1つ選べ。

① 0　② $\frac{1}{4}\sqrt{\frac{gh}{2}}$　③ $\frac{1}{2}\sqrt{\frac{gh}{2}}$　④ $\sqrt{\frac{gh}{2}}$　⑤ $\sqrt{gh}$　⑥ $\sqrt{2gh}$

⑦ $\sqrt{3gh}$　⑧ $2\sqrt{gh}$　⑨ $2\sqrt{2gh}$

問2　問1の衝突の際におもり②にはたらいた力積の総和は何 N·s か。正しいものを，下の①〜⑨のうちから1つ選べ。ただし，おもりの速度は図の右向きを正とする。

① $-2m\sqrt{2gh}$　② $-2m\sqrt{gh}$　③ $-m\sqrt{gh}$　④ $-\frac{1}{2}m\sqrt{\frac{gh}{2}}$　⑤ 0

⑥ $\frac{1}{4}m\sqrt{\frac{gh}{2}}$　⑦ $m\sqrt{\frac{gh}{2}}$　⑧ $m\sqrt{2gh}$　⑨ $m\sqrt{3gh}$

問3　図2の状態で，おもり①と②を静かにはなしてから2秒後におけるおもり①〜③の状態を表す図として最も適当なものを，次の①〜⑨のうちから1つ選べ。

① 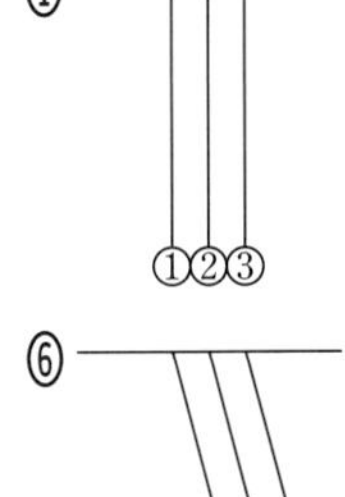

② 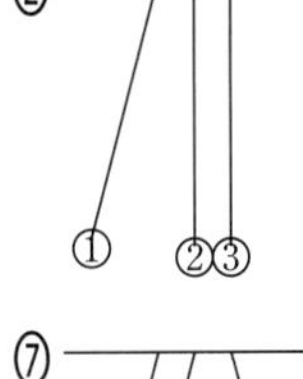

③ 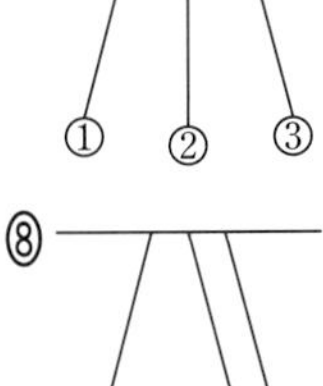

④ 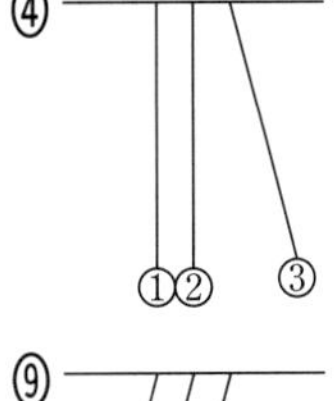

⑤ 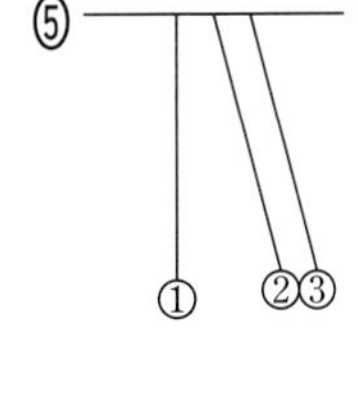

⑥ 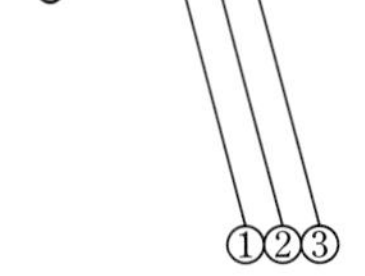

⑦ 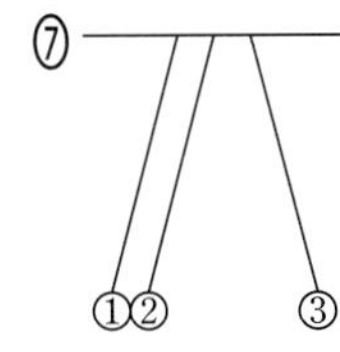

⑧ 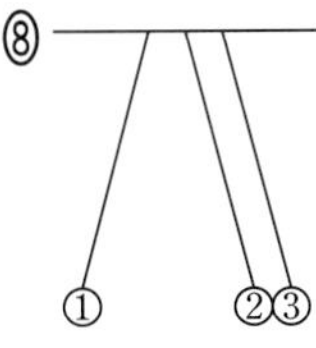

⑨ 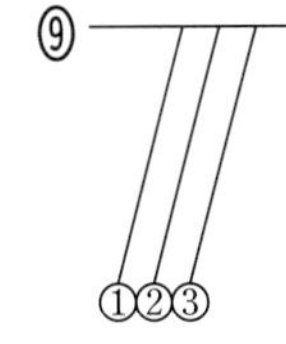

〔2017 立正大 改〕

IV 読解問題

85. 円運動する自動車 ⏱7分

高校の授業で道路計画や自動車の物理について探究活動を行うことになった。次の文章を読み，下の問い(問1，2)に答えよ。

道路計画を考えるには，まず自動車の運動を考えなくてはいけない。そこでみんなで次のように話しあった。

「円弧状の道路について考えてみよう。」

「実際に道路を走る自動車には速度制限があるね。」

「それでは仮に制限速度を 25m/s にしてみよう。」

「円運動しているときは，向心加速度というのがあったね。」

「向心加速度の大きさは 1.6m/s² 以下にしよう。」

「じゃあ，この2つの条件を満たしながら走るときの自動車の運動を考えていこう。」

問1 図1のように，直線状の道路がA地点で円弧状の道路になめらかにつながり，B地点で再び直線状の道路になめらかにつながっている。1目盛りの長さは100mである。次の文章中の空欄 [1] ～ [6] に入れる数字として最も適当なものを，次の①～⓪のうちから1つずつ選べ。ただし，同じものをくり返し選んでもよい。

自動車がAB間を走行するのに要する時間の最小値は，有効数字2桁で表すと，[1].[2] × 10^[3] s となる。

また，向心加速度の大きさは一定であり，有効数字2桁で表すと，[4].[5] ×10^[6] m/s² となる。

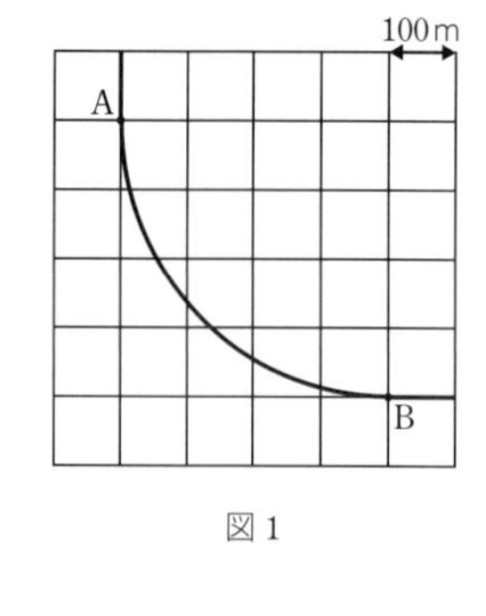

図1

① 1　② 2　③ 3　④ 4　⑤ 5　⑥ 6　⑦ 7　⑧ 8　⑨ 9　⓪ 0

問2 道路の円弧部分でも，最初に決めた条件を満たす範囲で速さを変えることができる。図2のような点Oを中心とする円弧状の道路で，減速しながらP地点を通過する瞬間の自動車の加速度の向きとして最も適当なものを，次の①～⑧のうちから1つ選べ。記号a～dは，図2に示したものである。

① aの向き　② aとbの間の向き　③ bの向き
④ bとcの間の向き　⑤ cの向き　⑥ cとdの間の向き
⑦ dの向き　⑧ dとaの間の向き

〔2017 試行調査 改〕

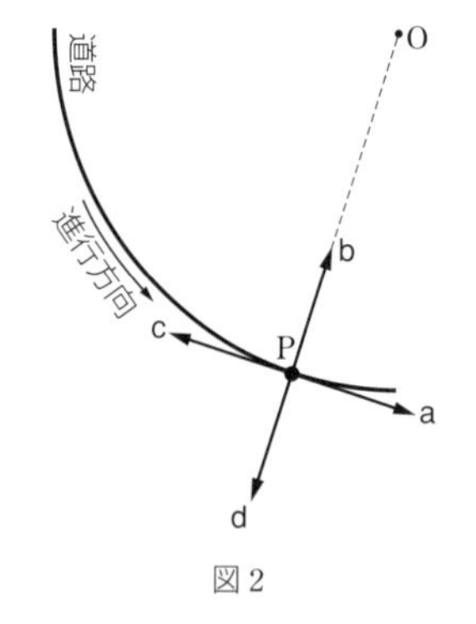

図2

086. 万有引力 ⏱12分

次の万有引力の法則に関する会話を読み，下の問い(問 1〜3)に答えよ。

生徒A：今日，物理の授業で万有引力の法則を習ったけど，役に立ちそうもないし，実感がわかないな。

生徒B：たしかに，日常生活とはかけ離れているようだけど，こうして僕たちが立っていられるのも，万有引力で地球に引っ張ってもらっているおかげだし，太陽や地球や月の運動を予測できるんだから，やっぱりすごい法則だと思うな。

生徒A：じゃあ，例えば地球の中心から月の中心までの距離をその法則を使って求められるかい。一度自分の手ではかってみたかったんだ。もしも家にある道具だけで大ざっぱな距離でもはかれたら，その法則のすごさを認めるよ。

生徒B：考えてみよう。うーん…。

先　生：月食を利用してみてはどうかな。月が欠け始めてから顔を出すまでの時間 T_1 は，時計さえあれば簡単にはかれるだろう。T_1 の間におおよそ地球の半径 R_0 の 2 倍進んだとすると，月の速さ v は，$v=$ ＿＿ …①と求められる。

生徒B：そうか，v がわかれば，月の軌道を円と仮定して，万有引力と遠心力のつりあいの式を書けばいいぞ。地球の中心から月の中心までの距離を R_0 の x 倍として，万有引力定数 G，地球の質量 M を使って，$x=$ ＿＿ …②と表せるぞ。やったー。あれ，月の質量はいらないのかな。

生徒A：ちょっと待ってくれよ。地球の半径も，万有引力定数も，地球の質量も自分ではからなくっちゃ。

先　生：重力加速度の大きさ g は，地表面での単位質量にはたらく地球による万有引力と同じだから，$g=$ ＿＿ …③でしょ。

生徒B：なるほど，g を使って式変形すると…地球の中心から月の中心までの距離 R は，$R=xR_0=$ ＿＿ …④だ。T_1 をはかったら，簡単に求められるじゃないか。

生徒A：待て待て，g も特別な装置を使わないではからなくっちゃ。

先　生：糸の長さ l の単振り子の周期 T をはかって，$g=$ ＿＿ …⑤という式で計算すれば，精度よく g を求められるよ。単振り子は，周期が振幅によらないんだよ。これを単振り子の等時性というんだ。もう 1 つ，月が地球のまわりを回る公転周期 T_0 と月の速さ v の関係を使えば，T_0 と T_1 から $R_0=$ ＿＿ …⑥という式を導ける。満月から満月までの期間から T_0 を約 28 日とすれば，地球の半径も計算できてしまうね。

生徒B：巻尺とストップウォッチだけで月までの距離がはかれるんだから，やっぱり法則はすごい。

生徒A：知は力なりというわけか。

問 1　会話の中の①式，②式，③式を用いて地球の中心から月の中心までの距離 R を計算できる。このようにして求めた R の式として正しいものを，次の ①～⑥ のうちから 1 つ選べ。

① $\frac{1}{8}gT_1^2$　② $\frac{1}{4}gT_1^2$　③ $\frac{1}{2}gT_1^2$　④ gT_1^2　⑤ $2gT_1^2$　⑥ $4gT_1^2$

問 2　⑤式の右辺に入れる式として正しいものを，次の ①～⑧ のうちから 1 つ選べ。

① $\frac{1}{l}\left(\frac{T}{2\pi}\right)^2$　② $l\left(\frac{T}{2\pi}\right)^2$　③ $\frac{1}{l}\left(\frac{2\pi}{T}\right)^2$　④ $l\left(\frac{2\pi}{T}\right)^2$　⑤ $\frac{T^2}{l}$　⑥ lT^2

⑦ $\frac{1}{lT^2}$　⑧ $\frac{l}{T^2}$

問 3　⑥式にあてはまる式として正しいものを，次の ①～⑥ のうちから 1 つ選べ。

① $\frac{\pi g T_0^3}{4T_1}$　② $\frac{\pi g T_1^3}{4T_0}$　③ $\frac{\pi g T_0^3}{2T_1}$　④ $\frac{\pi g T_1^3}{2T_0}$　⑤ $\frac{\pi g T_0^3}{T_1}$　⑥ $\frac{\pi g T_1^3}{T_0}$

〔2002 関西学院大 改〕

IV 読解問題

第2章 熱と気体

例題 気体の状態変化の実験 8分

次の文章を読み，下の問い(問1〜3)に答えよ。

図1に示すように，なめらかに動くピストンをもつシリンダーを考える。ピストンは十分に軽く，質量が無視できるものとする。また，シリンダーの長さは十分に長いものとする。中には n〔mol〕の単原子分子の理想気体が入っており，この気体および❶その熱が外へ逃げることはない。中の気体を温めたり温度を一定に保持したりするためのヒーターがついており，ヒーターはピストンの運動には影響しない。また，ピストンは常にゆっくり動かし❷シリンダー内の気体の圧力はピストンから受ける圧力と常に等しく，ピストンを押す力の大きさは自由に制御できるものとする。

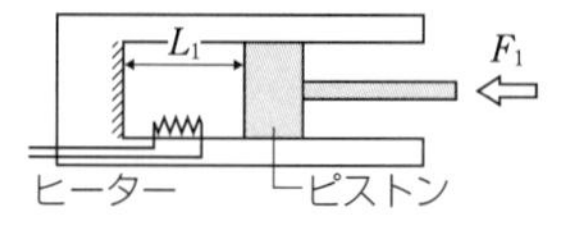

図1

ピストンがシリンダー内の底面から長さ L_1〔m〕の位置にあり，力の大きさ F_1〔N〕で支えられているとき，中の気体の温度は T_1〔K〕であった。このときの状態を初期状態とする。

図1の装置を用いて，次の実験を行った。実験では，ⅠからⅣのそれぞれの行程で初期状態からの気体の状態変化を観察した。

行程Ⅰ　❸力の大きさ F_1 が一定になるようにヒーターで気体を温めながら，ピストンの位置を L_1 から L_2〔m〕まで増加させた。

行程Ⅱ　ヒーターで気体を温めながら，❹ピストンが移動しないように力の大きさを F_1 から F_2〔N〕まで増加させた。

行程Ⅲ　❺気体の温度を一定に保持しながら，ピストンの位置を L_1 から L_2 まで増加させた。

行程Ⅳ　❻ヒーターを切った状態で気体を温めずに，力の大きさを F_1 から減少させ，ピストンの位置を L_1 から L_2 まで増加させた。

問1　行程ⅠからⅣの気体の状態変化について，体積 V〔m³〕と圧力 p〔Pa〕の関係を表すのに最も適当なものを，図2の①〜⑥のうちからそれぞれ1つずつ選べ。ただし，図2には❼ p と V の積(pV)が一定となる代表的な曲線が破線で描かれている。

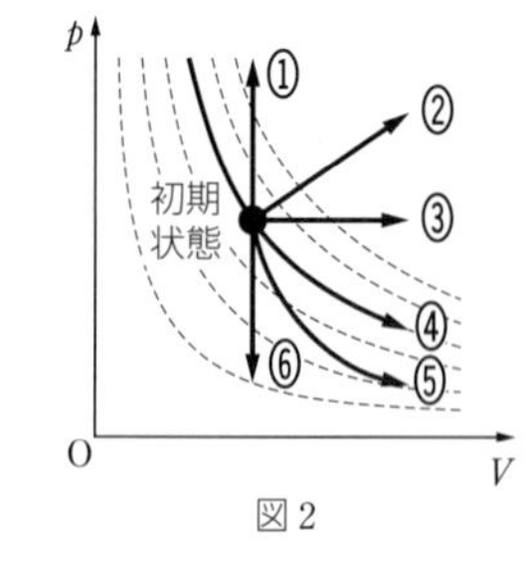

図2

Ⅰ：[ア]　Ⅱ：[イ]
Ⅲ：[ウ]　Ⅳ：[エ]

❶ ヒーターが作動していないとき，熱の出入りがなく気体は断熱変化する。

❷ ピストンを押す力が一定のときは，気体は定圧変化する。

❸ ❷をふまえると行程Ⅰは定圧変化である。

❹ 気体の体積が変化しないので，行程Ⅱは定積変化である。

❺ 行程Ⅲは等温変化である。

❻ ❶をふまえると行程Ⅳは断熱変化である。

❼ 理想気体の状態方程式「$pV=nRT$」より，p と V の積が一定となるのは等温変化のときである。

問2　ヒーターから気体に与えられた熱量を Q〔J〕，気体が外部にした仕事を W'〔J〕，気体の内部エネルギーの増加量を ΔU〔J〕として，行程 I からIVの気体の状態変化において成りたつ関係式として最も適当なものを，次の①～⑤のうちからそれぞれ1つずつ選べ。

I：［オ］　II：［カ］　III：［キ］　IV：［ク］

① $\Delta U=-W'$　② $\Delta U=Q$　③ $Q=W'$

④ $Q=W'+\Delta U$，($Q\neq 0$，$W'\neq 0$，$\Delta U\neq 0$)

⑤ $W'=Q+\Delta U$，($\Delta U\neq 0$，$Q\neq 0$，$W'\neq 0$)

問3　行程 I の気体の状態変化のとき，ヒーターによって熱量 Q_1〔J〕が加えられており，気体の温度が T_1 から T_2〔K〕まで上昇していた。T_2 を表す式として正しいものを，次の①～④のうちから1つ選べ。ただし，気体定数を R〔J/(mol・K)〕とする。

① $\dfrac{2\{Q_1+F_1(L_2-L_1)\}}{3nR}+T_1$　② $\dfrac{2\{Q_1-F_1(L_2-L_1)\}}{3nR}+T_1$

③ $-\dfrac{2\{Q_1+F_1(L_2-L_1)\}}{3nR}+T_1$　④ $-\dfrac{2\{Q_1-F_1(L_2-L_1)\}}{3nR}+T_1$

〔2017 島根大 改〕

解説

問1　行程 I は力の大きさ F_1 が一定より定圧変化(❸)である。

行程IIはピストンを固定しているので定積変化(❹)で，圧力が増加している。

行程IIIは等温変化(❺)なので pV＝一定 となる曲線で表される。

行程IVは断熱変化(❻)である。断熱膨張なので温度は下がる。

状態方程式より，高温のときのほうが pV の値が大きくなるので，高温，低温の等温曲線は図の破線のようになり，断熱変化で体積が増加するときの変化は，図の実線のように表されることになる。

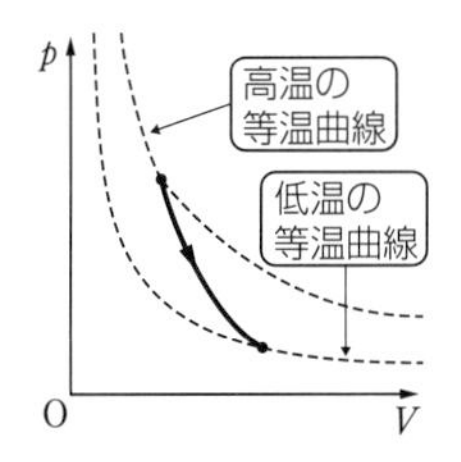

よって，［ア］③，［イ］①，［ウ］④，［エ］⑤。

問2　行程 I の定圧変化では，体積の増加に比例して温度も上昇する。気体が外部からされた仕事を W とすると，熱力学第一法則「$\Delta U=Q+W$」と $W=-W'$ より「$Q=W'+\Delta U$」となる。ここで

$W'>0$，$\Delta U>0$　より　$Q>0$

行程IIの定積変化では　$W'=0$　より　$\Delta U=Q$

行程IIIの等温変化では　$\Delta U=0$　より　$Q=W'$

行程IVの断熱変化では　$Q=0$　より　$\Delta U=-W'$

よって，［オ］④，［カ］②，［キ］③，［ク］①。

問3

思考の過程▶ 問2より行程 I の気体の状態変化では，「$Q=W'+\Delta U$」が成りたつ。
→ W' と ΔU を求めて，「$Q=W'+\Delta U$」に代入しよう。

行程 I において，気体がピストンを押す力は F_1（一定）に等しく，ピストンを L_2-L_1 だけ移動させるので

$$W'=F_1(L_2-L_1)$$

単原子分子理想気体の温度が T_2-T_1 上昇するので

$$\Delta U=\frac{3}{2}nR(T_2-T_1)$$

問2の結果より，$Q=W'+\Delta U$ であるから

$$Q_1=F_1(L_2-L_1)+\frac{3}{2}nR(T_2-T_1)$$

ゆえに　$T_2=\dfrac{2\{Q_1-F_1(L_2-L_1)\}}{3nR}+T_1$

したがって，正解は②。

解答　問1　［ア］③，［イ］①，［ウ］④，［エ］⑤

問2　［オ］④，［カ］②，［キ］③，［ク］①

問3　②

IV 読解問題

87. 気体分子運動論 8分

次の文章を読み，下の問い(問 1〜3)に答えよ。

図のように，円筒のシリンダーとなめらかに動くピストンで構成されている容器の内部に，質量 m〔kg〕の単原子分子 N 個からなる理想気体が閉じこめられている。容器は外部とは遮断されており，容器に熱源を接触させない限り，容器は閉じこめている気体とのみ熱のやりとりをする。ただし，気体定数を R〔J/(mol・K)〕，アボガドロ定数を N_A〔1/mol〕とする。

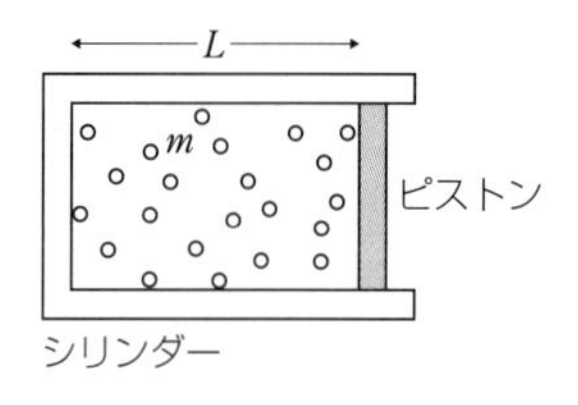

図のように，ピストンがシリンダーの底面から距離 L〔m〕の位置に固定され，容器と気体が熱平衡にあり，温度がともに T〔K〕である場合を考える。気体分子の運動について特別な方向はなく，個々の分子はいろいろな向きにいろいろな速さで飛んでいる。このとき，分子の速度の 2 乗の平均値 $\overline{v^2}$〔m²/s²〕について

$$\frac{1}{2}m\overline{v^2}=\frac{3RT}{2N_A}$$

なる関係式が成立する。また，$\overline{v^2}$ の平方根は，分子の平均の速さをおおよそ表すと考えてよい。

さて，はじめピストンは距離 L の位置に固定され，容器と気体の温度は T である。この状態の容器を温度 $2T$ の熱源に接触させた。時間が十分たつと，容器と気体の温度は $2T$ となり熱平衡に達した。

問 1　温度 $2T$ で熱平衡に達したときの気体分子の速さの分布を表す曲線として最も適当なものを，右の図の①〜④のうちから 1 つ選べ。ただし，図中で，温度 T のときの分布が太線で表されており，グラフの横軸には，温度 T のときに分子数が最大値をとる速さを v_0 として目盛りがつけられている。

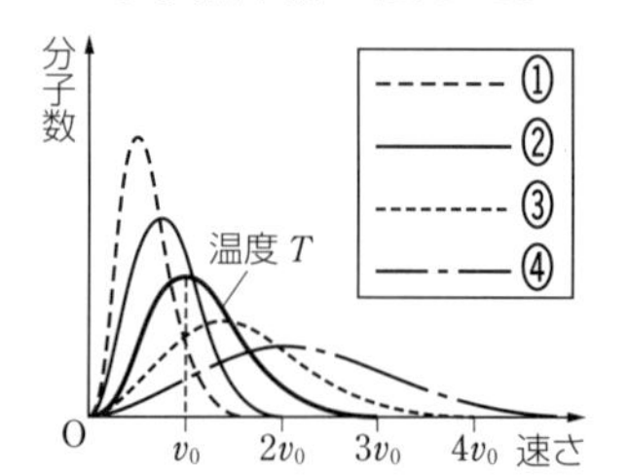

問 2　次の文章の空欄 ア ・ イ に入れる式として正しいものを，それぞれの直後の{　　}で囲んだ選択肢のうちから 1 つずつ選べ。

問 1 で考えた速度分布の変化は，分子が壁と衝突する過程でエネルギーをやりとりした結果生じたものである。この過程で気体が壁から受け取った熱量は ア {① $\frac{NRT}{2N_A}$　② $\frac{NRT}{N_A}$　③ $\frac{3NRT}{2N_A}$　④ $\frac{3NRT}{N_A}$}〔J〕なので，体積一定の場合の気体の熱容量 C_g〔J/K〕は イ {① $\frac{R}{2N_A}$　② $\frac{R}{N_A}$　③ $\frac{3R}{2N_A}$　④ $\frac{3R}{N_A}$　⑤ $\frac{NR}{2N_A}$　⑥ $\frac{NR}{N_A}$　⑦ $\frac{3NR}{2N_A}$　⑧ $\frac{3NR}{N_A}$}〔J/K〕である。

次に，断熱圧縮でピストンが動いているときについて考えてみよう。

問3　次の文章の空欄 ウ ・ エ に入れる語句として最も適当なものを，それぞれの直後の{　　}で囲んだ選択肢のうちから 1 つずつ選べ。

ピストンを押しこむと，気体分子の平均の速さは，ピストンとの衝突によって ウ {①　速くなり　②　遅くなり　③　変化せず}，その結果，気体の内部エネルギーは エ {①　増加していく　②　減少していく　③　変わらない}。

〔2014 東京農工大 改〕

088. 定圧変化 12分

次の文章を読み，下の問い(問 1〜3)に答えよ。

風船の中に 1 mol の単原子分子理想気体 A を密封し，風船内に設置されたヒーターで気体を温めることによって，浮力で風船を浮かせることができる。浮力は，風船の上部と下部のわずかな大気圧の差によって生じるが，風船内の理想気体 A の状態変化や理想気体 A が外部になす仕事を考える際には，このわずかな差は無視してよい。また，風船が常に地表付近にあることから，外部の大気圧は常に p_0〔Pa〕と近似してよい。

風船には伸び縮みしない質量の無視できる糸が取りつけられている。図 1 のように，なめらかに動くピストンをもつシリンダーを水平に設置する。糸をなめらかに回転する軽い定滑車にかけ，シリンダー底面にある無限小の穴を通してピストンに水平につなげてある。シリンダー底面につけられた装置によって，ピストンと底面の間の空間は常に気密性が保たれており，無限小の穴を通じて気体が外部にもれることもなく，外部から内部に入ることもない。

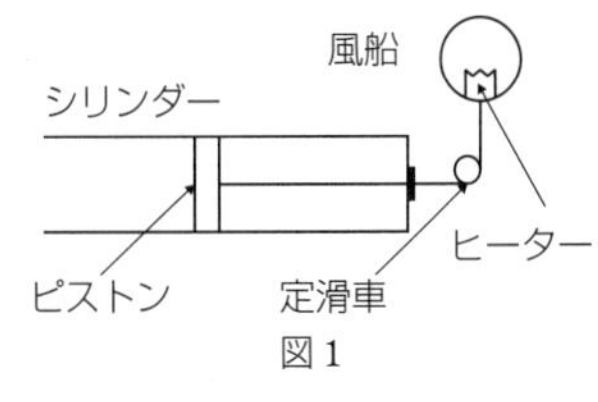

図 1

風船の膜は熱を通さず自由に伸縮できるものとし，外部と内部の圧力は等しいと考えてよい。理想気体 A の質量やヒーターも含めた風船全体の質量を M〔kg〕，大気の質量密度を m〔kg/m³〕とする。ヒーターやピストンの体積および熱容量，糸と定滑車の間および糸とシリンダー底面の無限小の穴との間で発生する摩擦力などは無視できるものとする。また重力加速度の大きさを g〔m/s²〕，気体定数を R〔J/(mol·K)〕とする。

いま，図 2 のように，シリンダーの左の開口部を栓で閉め，ピストンの両側のシリンダー内の空間を真空にする。質量の無視できるばね定数 k〔N/m〕のばねの一端をピストンに固定し，他端をシリンダー底面にばねが水平になるようにつなげる。

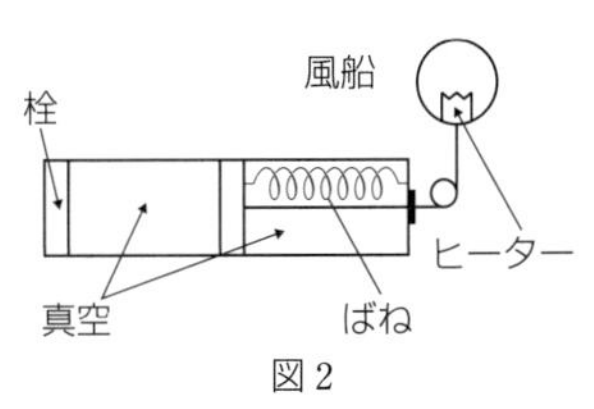

図 2

はじめ，理想気体 A の温度を下げ，糸を外した状態で風船を地表に置いた。風船内の温度をゆっくり上げていったところ，T_0〔K〕になったとき風船が浮き上がった。

問 1 T_0 を表す式として正しいものを，次の ①〜⑥ のうちから 1 つ選べ。

① $\dfrac{Mp_0}{mR}$　② $\dfrac{MR}{mp_0}$　③ $\dfrac{Mm}{p_0R}$　④ $\dfrac{mp_0}{MR}$　⑤ $\dfrac{mR}{Mp_0}$　⑥ $\dfrac{p_0R}{Mm}$

風船に糸を取りつけ，理想気体 A の温度を $2T_0$ の状態にしたところ，糸が張った状態で図 2 のように風船は静止した。この状態を状態 I とする。この状態からゆっくりとヒーターで風船内を温めてから加熱をやめたところ，十分時間が経過したのち理想気体 A の温度は $3T_0$ になった。このときの状態を状態 II とする。

問 2 状態 I から状態 II までに理想気体 A が外部の大気にした仕事を表す式として正しいものを，次の ①〜⑤ のうちから 1 つ選べ。

① $\dfrac{1}{2}RT_0$　② RT_0　③ $\dfrac{3}{2}RT_0$　④ $2RT_0$　⑤ $\dfrac{5}{2}RT_0$

問 3 状態 I から状態 II までにばねが蓄えたエネルギーを表す式として正しいものを，次の ①〜⑤ のうちから 1 つ選べ。

① $\dfrac{(Mg)^2}{2k}$　② $\dfrac{(Mg)^2}{k}$　③ $\dfrac{3(Mg)^2}{2k}$　④ $\dfrac{2(Mg)^2}{k}$　⑤ $\dfrac{5(Mg)^2}{2k}$

〔2016 芝浦工大 改〕

IV 読解問題

第3章 波

例題 ジャマン干渉計 8分

次の文章を読み，下の問い(問 1〜3)に答えよ。

光波について気体の屈折率を測定するにはどうしたらよいだろうか。例えば空気の屈折率は 0℃，1×10^5Pa において(波長 589.3nm の光に対して) 1.000292 であることがわかっている。これを，真空中から空気中へと入射した光の入射角と屈折角から求めることは容易ではないだろう。そこで，次のような装置で気体の屈折率を測定することを考えてみよう。

右図は気体の屈折率を測定するのに用いられるジャマン干渉計の構造を示したものである。❶G_1，G_2 は材質と厚さが等しい平行平面ガラス板で，A, B は長さ L のガラス管である。管 A は真空に保たれており，管 B は気体を注入・排気できるようになっている。

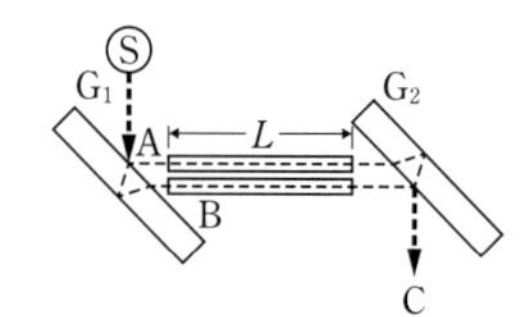

❷光源 S から出た単色光は G_1 の表と裏で反射され，2 本の光線となり，それぞれ A，B を通り G_1 と平行に置かれた G_2 に入射する。ここで光線は再び 1 つとなり，点 C で干渉現象が観測できる。

いま，単色光の真空中での波長を λ とし，真空にしておいた管 B に徐々に気体を入れていく場合について考える。

問 1　次の文章の空欄 ア ・ イ に入れる語句として最も適当なものを，それぞれの直後の選択肢のうちから 1 つずつ選べ。

気体の密度と屈折率は比例するので，管 B 内の気体の圧力が高くなっていったとき，❸管 B を通る光の波長は ア ｛ ① 長くなる　② 短くなる　③ 変わらない ｝。この過程で，点 C で観測される光は明るくなったり暗くなったりする。点 C で明るく見えるのは管 A，B を通った光の光学距離(光路長)の差が半波長の イ ｛ ① 偶数　② 奇数 ｝倍になったときである。

問 2　管 B 内の気体の圧力が 1×10^5Pa になったとき，気体の屈折率は n であるとする。このとき，❹管 B を通る光の光学距離を表す式として正しいものを，次の ①〜⑥ のうちから 1 つ選べ。

① L　② $\dfrac{L}{n}$　③ nL　④ $\dfrac{L}{\lambda}$　⑤ $\dfrac{L}{n\lambda}$　⑥ $\dfrac{nL}{\lambda}$

問 3　点 C の観測で，明るい状態から暗い状態を経て再び明るくなるまでの変化を 1 回と数えたとき，❺管 B 内が真空状態から 1.0×10^5Pa になるまでに観測された回数は N 回で，1.0×10^5Pa では明るい状態であった。このとき，n を表す式として正しいものを，次の ①〜⑥ のうちから 1 つ選べ。

① $\dfrac{\lambda L}{N}-1$　② $\dfrac{N\lambda}{L}-1$　③ $N\lambda L-1$　④ $1+\dfrac{\lambda L}{N}$

⑤ $1+\dfrac{N\lambda}{L}$　⑥ $1+N\lambda L$

〔2005 日本大 改〕

❶，❷ 管 A を通る光は G_1 の表と G_2 の裏で反射し，管 B を通る光は G_1 の裏と G_2 の表で反射するので，反射による位相のずれは，2 つの光線で共通である。よって 2 つの光線の間では，反射による位相差は生じないことになる。

❸ 真空中における波長が λ であるとき，屈折率 n の物質中での波長は屈折の法則より $\dfrac{\lambda}{n}$ である。

❹ 屈折率が n の媒質中における距離 l は，光波の位相の進み方に着目すれば，真空中での距離 nl に相当する。これを光学距離という。

❺ はじめは管 A，B とも真空であり，光路差 0 で強めあうため明るい。管 B 内の圧力を上げていって光路差が λ 増えるごとに明るい状態にもどることになる。

解説

問1　気体の温度は室温とほぼ等しく，一定とみなされるので，気体の圧力を高くすると，一定の体積の管B内の気体の物質量は増加し，気体の密度も大きくなる。すると屈折率 n が大きくなる。管B内での波長は屈折の法則より $\frac{\lambda}{n}$ なので(❸)，屈折率 n に反比例して短くなる。

反射による位相のずれは，2光線間で共通(❶，❷)なので，2光線が強めあう条件は光路差が波長の整数倍になること，いいかえれば，光路差が半波長の偶数倍になることである。

よって，［ア］②，［イ］①。

知識の確認　屈折の法則

$$\frac{\sin i}{\sin r}=\frac{v_1}{v_2}=\frac{\lambda_1}{\lambda_2}=n_{12}$$

i：入射角　r：屈折角

v_1，v_2：媒質1，媒質2での波の速さ

λ_1，λ_2：媒質1，媒質2での波の波長

n_{12}：媒質1に対する媒質2の屈折率

問2　屈折率 n の媒質中の距離 L は，光学距離 nL である(❹)。

よって，正解は③。

問3

思考の過程▶ 問1より，点Cが明るいとき，管A，Bを通った光の光学距離の差は半波長の偶数倍(波長の整数倍)という形で表せる。一方で，問2より，光学距離の差は気体の屈折率 n を用いて表せる。

→光学距離の差を上記の2通りの方法で表し，等式を立てて，気体の屈折率 n を求めよう。

光路差が

$$0\rightarrow\frac{\lambda}{2}\rightarrow\lambda\rightarrow\frac{3}{2}\lambda\rightarrow2\lambda\rightarrow\cdots\cdots$$

となると，点Cの観測結果は

明→暗→明→暗→明……

となるので，明→暗→明を N 回くり返したとき光路差は0から $N\lambda$ へと変化している(❺)。

一方，管Aの光路長は L，管Bの光路長は nL であるから光路差は $nL-L=(n-1)L$ である。よって

$$(n-1)L=N\lambda$$

ゆえに

$$n=1+\frac{N\lambda}{L}$$

したがって，正解は⑤。

補足　気体の屈折率により，その気体中における光路長が定まるので，光の干渉により光路差を調べることで，気体の屈折率が測定できるということである。

解答　問1　［ア］②　［イ］①，
問2　③，問3　⑤

IV　読解問題

089. 音の干渉 10分

次の音の干渉についての文章を読み，下の問い(問1〜3)に答えよ。

ノイズキャンセリングという技術がある。ヘッドホンをして，周囲から聞こえてくる音と逆位相の音を発生させることで周囲の音をシャットアウトするというものである。これにより，都会の喧噪の中でも静寂を得ることができる。この例は意図的に逆位相の波を発生させているが，偶然，逆位相の波を生む場合もある。ある日，電車内で高校生がこんな会話をしていた。

A　今日の掃除の終わりのチャイム，不気味じゃなかった？

B　そうかな。いつも通りだったと思うけど。

A　校庭で落ち葉を掃いていたんだけど，キーンコーンカーンコーンの最後のコーンだけがよく聞き取れなかったんだよね。

B　そんなことなかったと思うけど。

2人が話しているこの現象について，次のような設定で考えてみよう。

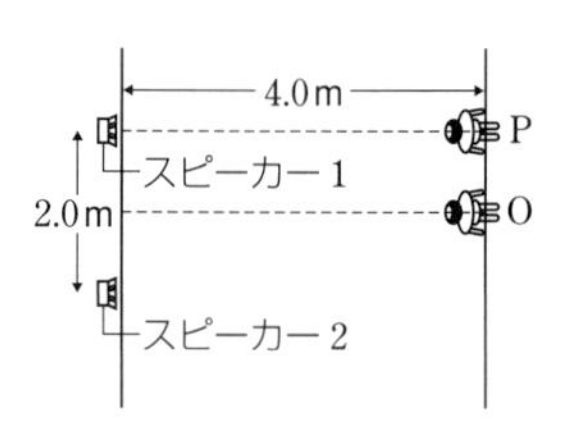

図のように，点Pをスピーカー1の正面に，点Oを2つのスピーカーの中点の正面にとる。2つのスピーカーを用いて，特定の周波数の音を発することにより，点Oで立っている人にはよく聞こえ，点Pで立っている人には聞こえないようにすることができる。ただし，2つのスピーカーはちょうど人の耳の高さと同じ高さに取りつけられている。また，スピーカーから出る音波の周波数は，独立に変えることはできず，2つそろえて450Hz〜1.3kHzの間で変えることができる。さらに2つのスピーカーはそれぞれ独立に音波の位相を0〜2πの範囲で変えることができる。また，音の伝わる速さを340m/sとする。

問1　次の文章の空欄 ア 〜 ウ に入れる数値・語句として最も適当なものをそれぞれの直後の｛　｝で囲んだ選択肢のうちから1つずつ選べ。

2つのスピーカーから同じ位相で十分な音量の音を発するとき，点Pで立っている人にこの音が聞こえなくなるには，2つのスピーカーからの音波が点Pにおいて位相差 ア ｛① 0　② $\frac{\pi}{2}$　③ π｝になればよい。これは，2つのスピーカーから点Pまでの距離の差に イ ｛① 依存する　② 依存しない｝。また，音波の波長に ウ ｛① 依存する　② 依存しない｝。

問2　スピーカーから出せる周波数域で，点Oで立っている人にはよく聞こえるが，点Pで立っている人には聞こえない音の周波数は何Hzか。最も適当なものを次の①〜④のうちから1つ選べ。ただし，必要なら，$\sqrt{5}=2.24$とせよ。

① 5.1×10^2　② 7.1×10^2　③ 9.1×10^2　④ 1.1×10^3

問3　問2と等しい周波数の音を発して，点Pで立っている人にはよく聞こえ，点Oで立っている人には聞こえないようにする方法として，適当なものを，次の①〜⑥のうちから2つ選べ。

① スピーカー1から出る音波の位相は変えずに，スピーカー2から出る音波の位相を$\frac{\pi}{2}$進める。

② スピーカー1から出る音波の位相は変えずに，スピーカー2から出る音波の位相をπ進める。

③ スピーカー1から出る音波の位相は変えずに，スピーカー2から出る音波の位相を$\frac{3}{2}\pi$進める。

④　スピーカー1から出る音波の位相を $\frac{\pi}{2}$ 進め，スピーカー2から出る音波の位相を $\frac{\pi}{2}$ 進める。

⑤　スピーカー1から出る音波の位相を $\frac{\pi}{2}$ 進め，スピーカー2から出る音波の位相を π 進める。

⑥　スピーカー1から出る音波の位相を $\frac{\pi}{2}$ 進め，スピーカー2から出る音波の位相を $\frac{3}{2}\pi$ 進める。

〔2018 大阪教育大 改〕

090. 単振動する音源のドップラー効果　10分

次の文章は2人の高校生の会話である。これを読み，下の問い(問1〜3)に答えよ。

A　この間，信号を待っていたら右から救急車がやって来て，ああ，ドップラー効果だと思っていたら，左からも救急車が来て驚いたよ。

B　それを遠くで聞くと，救急車が単振動しているように思えるかも。

A　そうだね。

B　例えば，一定の振動数 f_0 の音を出す音源が x 軸にそって単振動していて，それを x 軸上の少し遠くの位置で観測したとするとどうなるかな。

A　音が高くなったり低くなったりするだろうね。

B　わざわざ単振動と断っているんだから，もう少し詳しくわかるんじゃない？

A　ああ，近づく速さが変わるから，音の高さも少しずつ変わるのか。

B　観測される振動数は，こんなグラフ(図)かな。まあ，音の速さに対して音源の速さがある程度大きかったりすると，グラフは少しゆがむだろうけど。

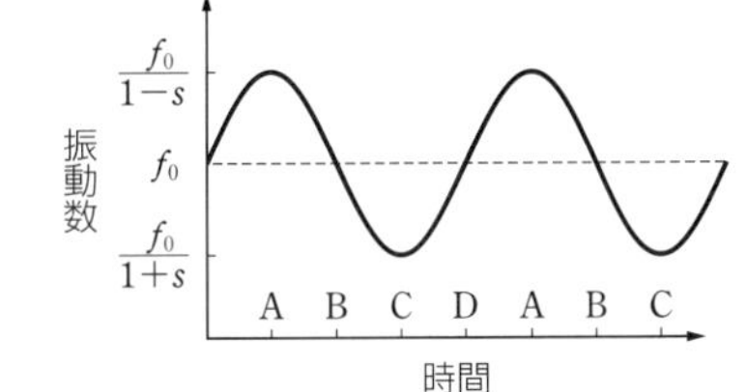

A　ん，この $\frac{f_0}{1-s}$ の s って何。

B　ドップラー効果の式は知ってるでしょ。計算して。

問1　音源が振動の中心を通過する瞬間は，図のA〜Dのどれに相当するか。最も適当なものを，次の①〜⑦のうちから1つ選べ。

①　A　　②　B　　③　C　　④　D　　⑤　A，C　　⑥　B，D　　⑦　A，B，C，D

問2　振動の中心を通過する瞬間の音源の速さは何m/sか。正しいものを，次の①〜⑤のうちから1つ選べ。ただし，空気中を伝わる音の速さを V〔m/s〕とする。

①　sV　　②　$(1-s)V$　　③　$(1-s^2)V$　　④　$\frac{1}{1+s}V$　　⑤　$\frac{1}{1+s^2}V$

A　考えたんだけどさ，救急車が通り過ぎるときって，もっと急に音の高さが変わるんじゃない。

B　その通り。じゃあ，今度は，単振動の振動の中心のすぐ近くで観測したときを考えてみよう。

問3　測定される振動数の変化の様子を表すグラフとして最も適当なものを，次の①〜④のうちから1つ選べ。

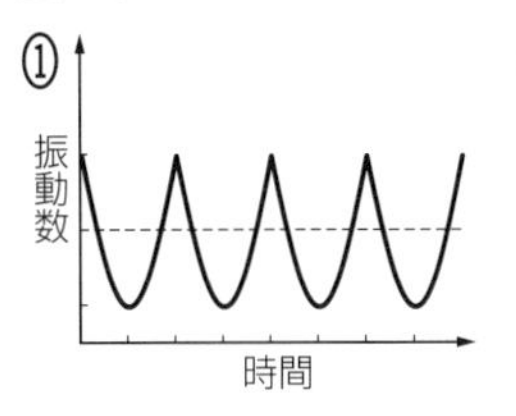

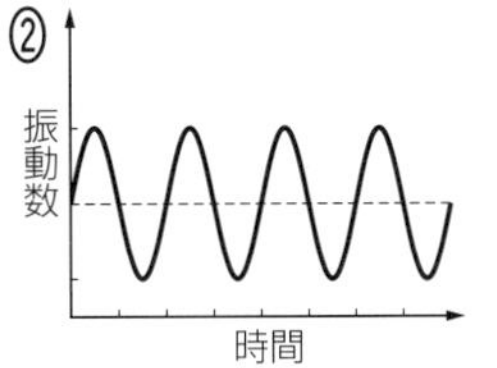

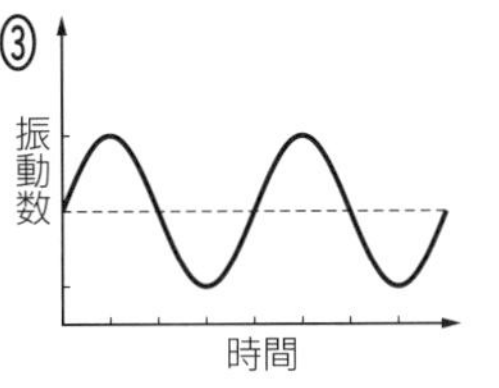

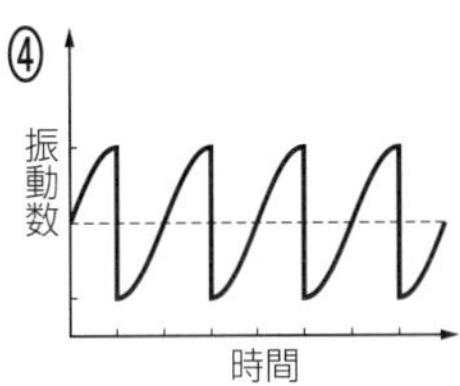

〔2004 群馬大 改〕

091. 屈折した光の観測 ⏱10分

次の文章を読み，下の問い(問 1～3)に答えよ。

図(b)は水深 3m の水を張った幅 10m，長さ 25m のプールの鉛直断面図であり，図(a)はこのプールの右端から 10m の底面中央の点 O に観察者がいて，その観察者から見える静水面を表している。プールの右端には目盛板が壁面にそってプール底面から鉛直に設置されている。図(a)の明るい円形領域にはプール端の鉛直目盛板の上部を含めた水面より上の周囲の景色が見え，円形領域外の暗い領域には水面より下の景色およびプール端の鉛直目盛板の下部も映っている。ただし，点 O の真上にある水面上の点を P とし，点 P を通りプールの長さの方向と平行で左向きに x 軸，鉛直上向きに z 軸をとる。また，鉛直目盛板は x 軸と交わる位置にあり，目盛りはプール底面を 0m として，鉛直上向きに 0.5m 間隔で記されているものとする。観察者の大きさは無視できるものとし，水の空気に対する相対屈折率は簡単のため 1.25 とする。

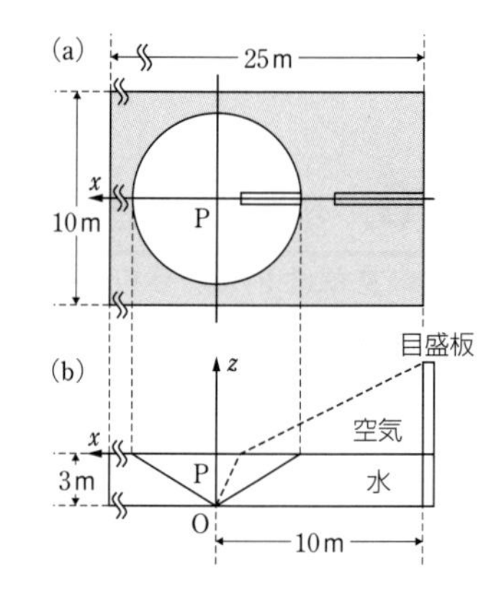

問 1　点 P を中心とする明るい円形領域の半径は何 m か。最も適当な値を，次の ①～⑧ のうちから 1 つ選べ。

① 0.5　② 1.0　③ 1.5　④ 2.0　⑤ 2.5　⑥ 3.0　⑦ 3.5　⑧ 4.0

問 2　点 O にいる観察者から見ると，円形領域外の水面の x 軸上には鉛直目盛板の像が映っている。点 P から鉛直目盛板の最下端の像までの距離は何 m か。最も適当な値を，次の ①～⑨ のうちから 1 つ選べ。

① 2　② 3　③ 4　④ 5　⑤ 6　⑥ 7　⑦ 8　⑧ 9　⑨ 10

問 3　点 O の観察者には，図(a)の点 P から 7.5m の水面上の x 軸付近に映っている目盛数値の像はどのように見えるか。最も適当なものを，次の ①～⑨ のうちから 1 つ選べ。ただし，観察者は上を向いて頭上を x 軸の正の向きに見ているものとする(そのため，水がないときに目盛りを見ると，[0.0] [0.5] [1.0] …というように見える)。

① ꙅ.1　② Ɩ˙ꙅ　③ ꙅ˙Ɩ　④ 0˙ᘔ　⑤ 2.0　⑥ 0.ᘔ
⑦ ꙅ.ᘔ　⑧ 2.5　⑨ ꙅ˙ᘔ

〔2015 立正大 改〕

092. マイケルソン干渉計 8分

次の光の速さに関する文章を読み，下の問い(問 1〜3)に答えよ。

光の速さは非常に速いため，歴史上測定は簡単ではなかった。天体を用いず，地上で初めて光の速さを測定したのはフィゾーである。フィゾーは空気中で実験を行っており，光は物質中では真空中よりも遅くなるので，フィゾーの測定値は真空中における光の速さよりも少し小さい値となっているはずであるが，空気の屈折率は1に非常に近いため，測定の精度を考えると真空中における光の速さを測定したといっても差し支えない。現在では，フィゾーの実験をさらに発展させた次のような測定を行うことができる。

単色のパルス光を0.1秒間隔で放射するレーザー光源がある。まず，図1のような装置で，レーザー光を半透鏡で2つに分ける。半透鏡で反射した半分の光は受光器1で検出され，残りの半分の透過した光は，距離 L の位置に置かれた反射鏡で反射され，半透鏡にもどり反射された後，受光器2で検出される。これらの2つの受光器は，光の強度を電気的な信号に変換して出力信号をオシロスコープのチャンネル1（CH1），チャンネル2（CH2）に入力する。このオシロスコープは，光の強度を縦軸に，時間を横軸に表示する。なお，光軸に対して対称な位置に置かれた2つの受光器において，受光後の信号の遅延時間は同一であるとする。

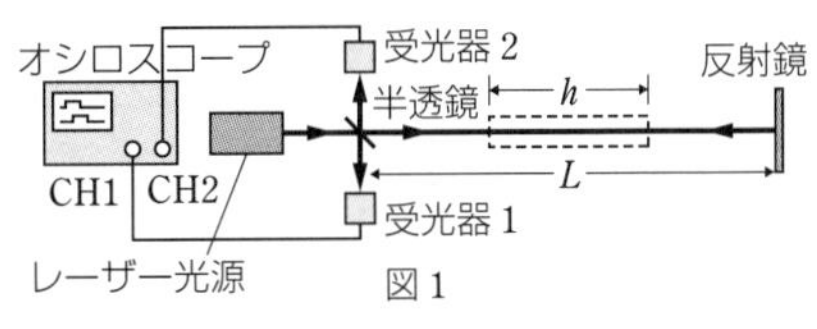

図 1

問 1 図2のようにCH2の信号はCH1の信号に比べ，時間 T_0 だけ遅れた。光の速さ c を表す式として正しいものを，次の①〜⑨のうちから1つ選べ。

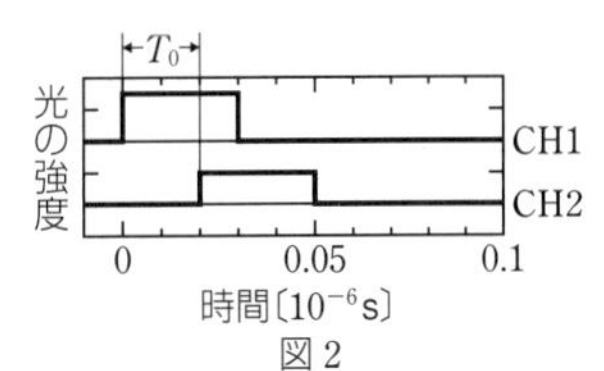

図 2

① LT_0　② $\frac{L}{T_0}$　③ $\frac{T_0}{L}$　④ $2LT_0$　⑤ $\frac{2L}{T_0}$

⑥ $\frac{2T_0}{L}$　⑦ $\frac{LT_0}{2}$　⑧ $\frac{L}{2T_0}$　⑨ $\frac{T_0}{2L}$

次に，図1中に破線で描いた屈折率 n の一様な物質でできた透明で長さ h の円柱を，その中心軸を光線に一致させて半透鏡と反射鏡の間に挿入した。

問 2 光の速さを c とするとき，CH1の信号に対するCH2の信号の遅れ時間 T を表す式として正しいものを，次の①〜⑧のうちから1つ選べ。ただし，円柱によるレーザー光の反射は考えなくてよい。

① $\frac{L+(n-1)h}{c}$　② $\frac{L+nh}{c}$　③ $\frac{2\{L+(n-1)h\}}{c}$　④ $\frac{2(L+nh)}{c}$

⑤ $\frac{(n-1)L+h}{(n-1)c}$　⑥ $\frac{nL+h}{nc}$　⑦ $\frac{2\{(n-1)L+h\}}{(n-1)c}$　⑧ $\frac{2(nL+h)}{nc}$

問 3 半透鏡から反射鏡までの距離を $L=3.00\,\mathrm{m}$ として，円柱を挿入せずに実験したところ，CH2の信号の遅れ時間は $T_0=2.0\times10^{-8}\,\mathrm{s}$ であった。また，長さが $h=1.00\,\mathrm{m}$ の円柱を挿入したときは，$T=2.4\times10^{-8}\,\mathrm{s}$ であった。円柱の屈折率の値として最も適当なものを，次の①〜⑨のうちから1つ選べ。

① 1.1　② 1.2　③ 1.3　④ 1.4　⑤ 1.5　⑥ 1.6　⑦ 1.7

⑧ 1.8　⑨ 1.9

〔2003 東京都立大 改〕

第4章 電気と磁気

例題 静電気力 8分

次の文章を読み，下の問い(問1〜3)に答えよ。

まったく同じ2つの小さな風船(ヘリウムガス入り)にそれぞれ軽くて伸びない長さ l の糸をつなぎ，他の端に質量 M の1つの小さなおもりを結びつけた。これらの風船にそれぞれ等しい電気量 Q を帯電させて静かに空気中に浮かべたところ図1に示すように，❶2つの風船とおもりのそれぞれの中心が正三角形をなして空中に静止した。ただし，❷2つの風船間の距離は風船の半径に比べて十分大きく，糸の重さ，おもりの大きさは無視できるとする。さらに❸電気的な作用はここで電荷を与えた物体以外との間にはないものとする。また，重力加速度の大きさを g とする。

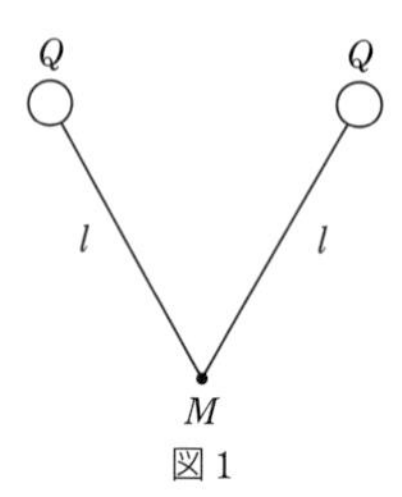

図1

問1 図1における糸の張力の大きさを表す式として正しいものを，次の①〜⑦のうちから1つ選べ。

① $\frac{1}{2}Mg$ ② $\frac{1}{\sqrt{3}}Mg$ ③ $\frac{\sqrt{3}}{2}Mg$ ④ Mg
⑤ $\frac{2}{\sqrt{3}}Mg$ ⑥ $\sqrt{3}Mg$ ⑦ $2Mg$

また，同様に風船に Q' の電気量を帯電させたところ，図2に示すように2本の糸のなす角度が図1のときの2倍になった。

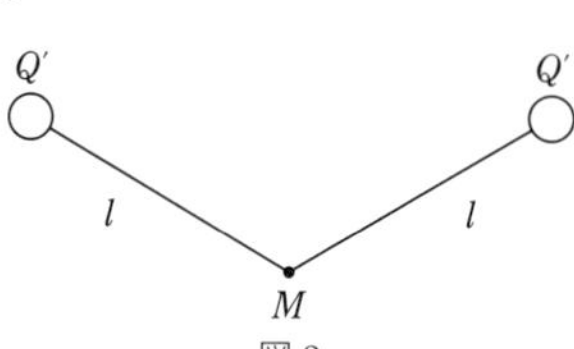

図2

問2 図2における糸の張力の大きさを表す式として正しいものを，次の①〜⑦のうちから1つ選べ。

① $\frac{1}{2}Mg$ ② $\frac{1}{\sqrt{3}}Mg$ ③ $\frac{\sqrt{3}}{2}Mg$ ④ Mg
⑤ $\frac{2}{\sqrt{3}}Mg$ ⑥ $\sqrt{3}Mg$ ⑦ $2Mg$

問3 電気量 Q' は電気量 Q の何倍か。正しいものを，次の①〜⑦のうちから1つ選べ。

① $\frac{1}{9}$ ② $\frac{1}{3}$ ③ $\frac{1}{\sqrt{3}}$ ④ 1 ⑤ $\sqrt{3}$ ⑥ 3
⑦ 9

〔2002 島根大 改〕

❶ おもりにはたらく力，風船にはたらく力がそれぞれつりあっている。

❷ 風船は点電荷とみなしてよい。

❸ 図1に示されていない帯電体からの静電気力は考えなくてよい。

解説

問 1

> 思考の過程▶ 2つの風船とおもりは静止している(❶)。
> →力のつりあいの式を立てて，糸の張力の大きさを求めよう。

糸の張力の大きさを T として，おもりにはたらく力は図 a のようになるので，鉛直方向の力のつりあいの式は

$$2\times T\sin 60^\circ = Mg$$

よって

$$T=\frac{1}{\sqrt{3}}Mg$$

したがって，正解は②。

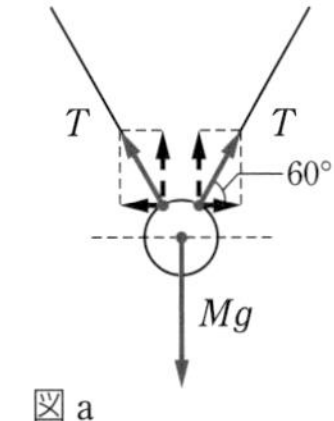

図 a

問 2　糸の張力の大きさを T' とすると，おもりにはたらく力は図 b のようになるので，力のつりあいの式は

$$2\times T'\cos 60^\circ = Mg$$

よって

$$T'=Mg$$

したがって，正解は④。

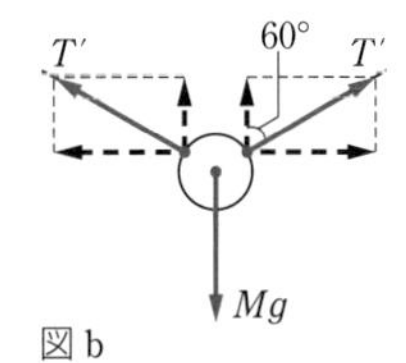

図 b

問 3　クーロンの法則の比例定数を k とする。図 1 の状況において，風船にはたらく力の水平方向のつりあいから

$$k\frac{Q^2}{l^2}=T\cos 60^\circ$$

問 1 の結果を用いて

$$k\frac{Q^2}{l^2}=\frac{Mg}{2\sqrt{3}} \qquad \cdots\cdots①$$

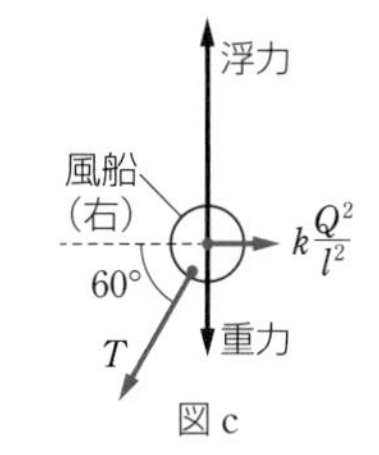

図 c

次に図 2 の状況において，風船にはたらく力は図 d のようになり，水平方向の力のつりあいから

$$k\frac{Q'^2}{(\sqrt{3}\,l)^2}=T'\cos 30^\circ$$

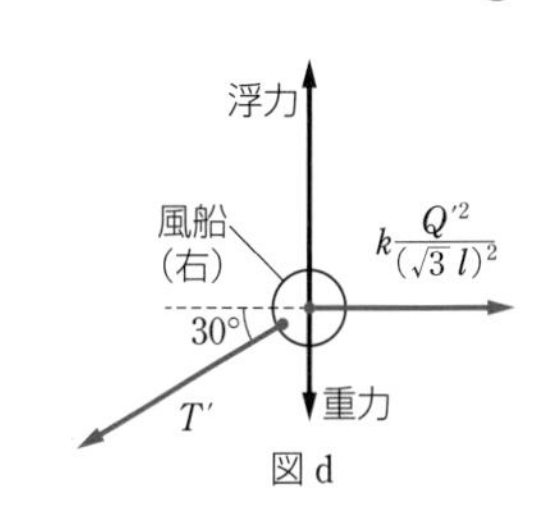

図 d

よって，問 2 の結果を用いて

$$k\frac{Q'^2}{l^2}=\frac{3\sqrt{3}}{2}Mg$$

この式を①式で辺々わると

$$\left(\frac{Q'}{Q}\right)^2=\frac{\frac{3\sqrt{3}}{2}Mg}{\frac{Mg}{2\sqrt{3}}}=9$$

よって　$Q'=3Q$ である。

したがって，正解は⑥。

> **知識の確認 クーロンの法則**
>
> $$F=k\frac{q_1q_2}{r^2}$$
>
> F：静電気力の大きさ　k：クーロンの法則の比例定数
>
> q_1，q_2：2つの点電荷の電気量の大きさ
>
> r：点電荷間の距離

解答　問 1　②，問 2　④，問 3　⑥

IV 読解問題

93. コンデンサー回路 ⏱10分

次の文章を読み，空欄 [ア] ～ [カ] に入れるのに最も適当な語句または式を，それぞれの直後の{　}で囲んだ選択肢のうちから1つずつ選べ。

図1のように，起電力 E の電池，電気容量 C のコンデンサー，抵抗値 r の抵抗，およびスイッチSからなる回路がある。

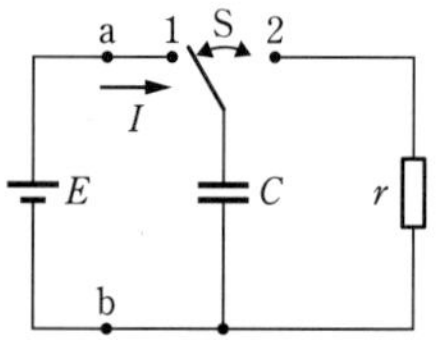

スイッチSを1の側につなぐと，コンデンサーにほぼ瞬間的に電流が流れ，すぐに電流は0になった。このときコンデンサーには電気量 $Q=$ [ア]

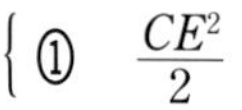

{① $\dfrac{CE^2}{2}$　② CE　③ $\dfrac{E}{C}$　④ $2CE$　⑤ $\dfrac{E^2}{2C}$　⑥ CE^2}

が蓄えられる。続いてスイッチSを2の側につなぎかえると，抵抗の両端にかかる電圧 V が図2のように変化した。ただし，図中の T は $T=rC$ を満たす，時間の次元をもつ物理量である。図2のグラフからわかるように，スイッチSを2の側につなぎかえてから時間 $5T$ が経過すると $V=0$ になると考えられる。スイッチSを2の側につないでから時間 $5T$ が経過するまでの間に，コンデンサーに蓄えられていたエネルギーは [イ] {① コンデンサーの中で熱に変わる　② 空中に電波としてすべて放出される　③ 抵抗 r の中でほとんど熱に変わる　④ コンデンサーの中に残っている

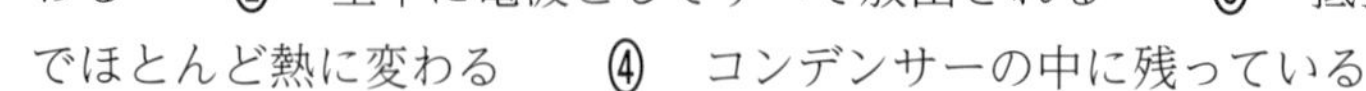

⑤ コンデンサーに蓄えられる分と抵抗で熱になる分が等しくなる

⑥ 電池にもどされる}。

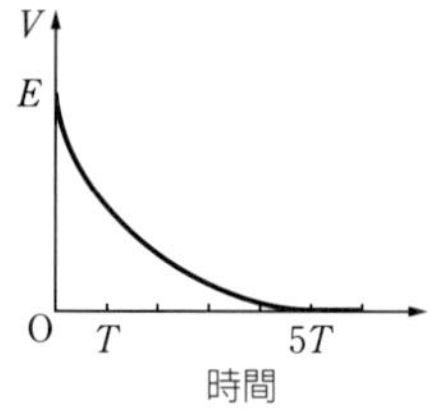

図1

図2

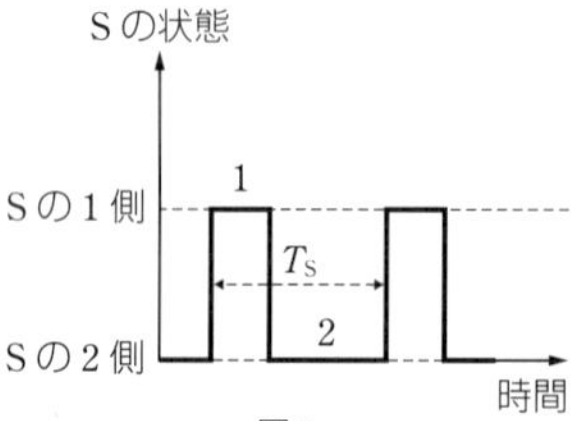

今度は，図3のグラフで表されるように，スイッチSを1の側へ少しの間つないだ後，2の側に切りかえ，$5T$ より長い時間つないでおくというセットを一定の時間間隔 T_s でくり返していく。これは，図1の端子a，bから見て右側の部分に電圧 E を加えたときに，流れる電流が周波数 $f=\dfrac{1}{T_s}$ で変動しているとみなすことができる。この電流を平均した値は右側の部分に流れ込む電気量を単位時間当たりにならしてやれば求めることができるので，電流(の平均値)は $I=$ [ウ] {① fQ　② $fQ+\dfrac{E}{r}$　③ $r+fQ$　④ $\dfrac{Q}{f}$　⑤ $\dfrac{Q}{f}+\dfrac{E}{r}$　⑥ $r+\dfrac{Q}{f}$} となる。この右側の部分を図4の抵抗 R と同等であると考えると $R=$ [エ] {① $\dfrac{r}{fCr+1}$　② $\dfrac{f}{C}$　③ $\dfrac{f}{C}+r$　④ $fC+r$　⑤ $\dfrac{r}{rC+1}$　⑥ $\dfrac{1}{fC}$} と表される。

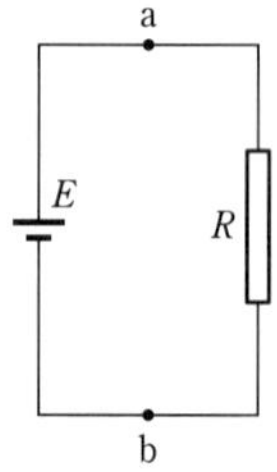

図3

図4

最後に，図5のような回路で SW_1 と SW_2 を同時に図3のように動作させる。ここで，各スイッチを2および2′側に倒している時間は $5r_1C_1$ および $5r_2C_2$ のいずれよりも大きいとする。また，図1の回路で $C=C_1$，$r=r_1$ のとき，端子a，bより右側の部分が図4の抵抗 $R=R_1$ と同等であり，$C=C_2$，$r=r_2$ のとき $R=R_2$ と同等であるとする。このとき，端子A, B間の抵抗を R_{AB} とすると R_{AB} は2つの抵抗 R_1, R_2 の [オ] {① 直列　② 並列} 接続とみなされるので，$R_{AB}=$ [カ] {① R_1+R_2　② $\dfrac{1}{R_1}+\dfrac{1}{R_2}$　③ $\dfrac{1}{R_1+R_2}$　④ $\dfrac{R_1R_2}{R_1+R_2}$} となる。

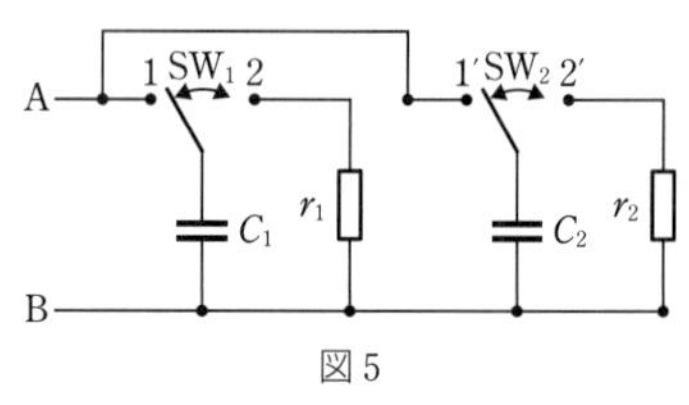

図5

〔1999 神奈川工科大 改〕

94. ソレノイドと誘導起電力 8分

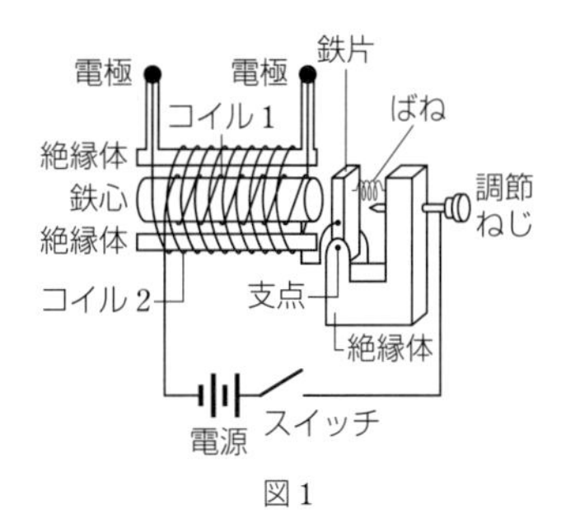

図1

図1は誘導コイルの概略を表している。誘導コイルは，内側のコイル1に流れる電流の変化を利用して，外側のコイル2の両端の電極間に大きな起電力を得る装置である。コイル1は，鉄心のまわりに，抵抗の無視できる細い導線をすき間なく一様にN回巻いた，長さL〔m〕のソレノイドである。コイル1の長さLは，鉄心の直径に比べて十分長いものとする。図1の調節ねじは導体でつくられており，スイッチを入れて，鉄心の近くにおかれた鉄片に調節ねじの先端を接触させると，コイル1に電流が流れる。

問1　コイル1に流れる電流をI〔A〕，鉄心の透磁率をμ〔N/A²〕とすると，鉄心内の磁束密度の大きさB〔T〕はいくらか。正しいものを，次の①～⑥のうちから1つ選べ。

① μNI　② $\dfrac{NI}{\mu}$　③ μNLI　④ $\dfrac{NLI}{\mu}$　⑤ $\dfrac{\mu NI}{L}$　⑥ $\dfrac{NI}{\mu L}$

図1に示したように，鉄片は支点を中心に傾くことができるように取りつけられており，鉄片と絶縁体はばねでつながれている。調節ねじを微調整して，先端を鉄片にわずかに接触させるようにすると，コイル1に流れる電流は図2のようになる。

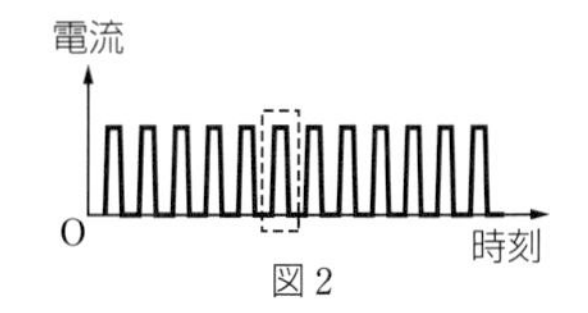

図2

問2　図2のように，電流がコイル1に流れる状態と流れない状態を頻繁にくり返す理由として最も適当なものを，次の①～③のうちから1つ選べ。ただし，調節ねじの先端が鉄片に接触するとき，ばねの長さは自然の長さであるものとする。また，鉄片は硬く，鉄片とコイル1をつなぐ導線は十分柔らかいものとし，支点には摩擦がないものとする。

① コイル1に電流が流れると，自己誘導起電力により回路全体の起電力の和が0になり，電流も0になる。すると，自己誘導起電力が0になり，再び電流が流れる。

② コイル1に電流が流れると，コイル1を貫く磁場が生じ鉄片を引きつけるため鉄片と調節ねじが離れ，電流が0になる。すると，磁場が0になり，鉄片がばねで引きもどされて調節ねじと再び接触し，電流が流れる。

③ コイル1に電流が流れると，コイル1を貫く磁場が生じ，鉄片が磁石になる。鉄片がつくる磁場によりコイル1に誘導起電力が生じ，回路全体の起電力の和が0になり電流も0になる。すると鉄片も磁石ではなくなるので，再び電流が流れる。

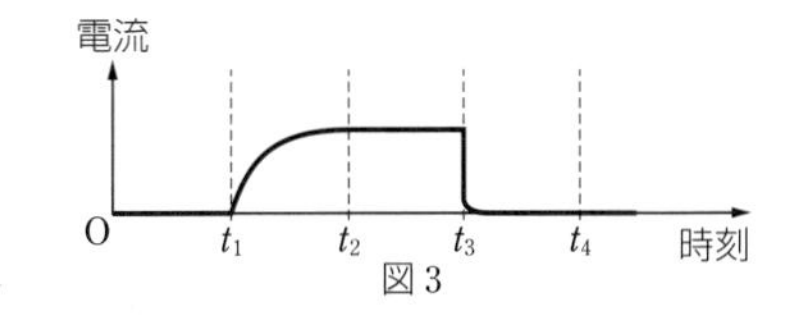

図3

問3　図3は図2の点線の範囲を拡大したものである。コイル1を流れる電流が図3のようになっていたとき，コイル2の両端の電極に発生する誘導起電力の時間変化を表すグラフとして最も適当なものを，次の①～④のうちから1つ選べ。ただし，t_1は電流が流れ始める時刻，t_3は電流が減少しはじめる時刻，t_2とt_4は$t_2-t_1=t_3-t_2=t_4-t_3$を満たす時刻である。

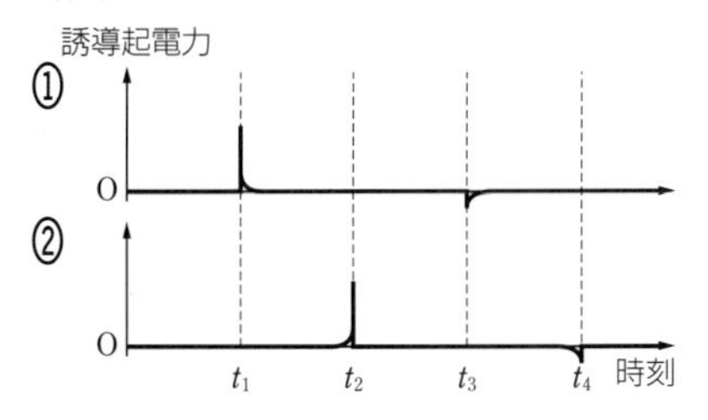

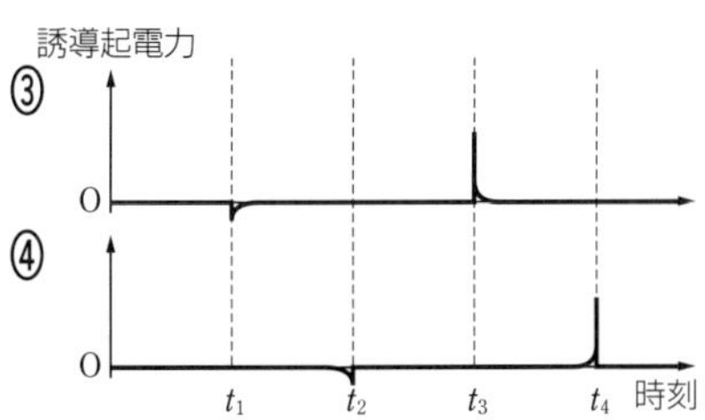

〔2005 福井大 改〕

Ⅳ 読解問題

095. 交流回路の実験 12分

次の文章を読み，下の問い(問 1〜3)に答えよ。

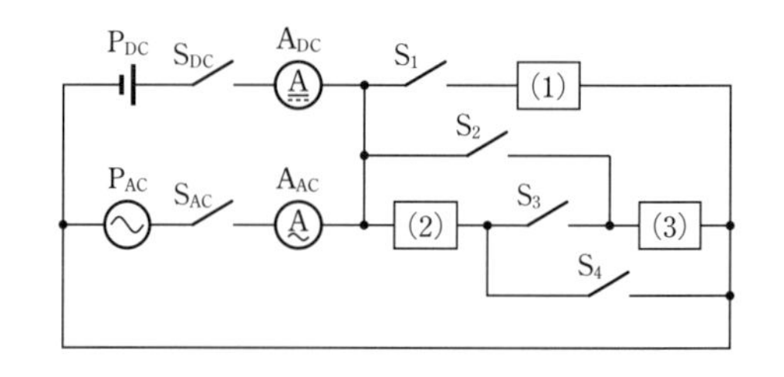

図の回路において P_{DC} は定電圧の直流電源，P_{AC} は周波数 50 Hz の交流電源，A_{DC} は直流電流計，A_{AC} は交流電流計，S_{DC}，S_{AC}，S_1，S_2，S_3，S_4 はスイッチである。そして，(1)，(2)，(3) は以下の表の素子 a〜g のいずれかを表している。同じ素子が 2 回以上使われることはない。

a	b	c	d	e	f	g
1kΩ の抵抗	2kΩ の抵抗	4kΩ の抵抗	$\left(\frac{5}{2\pi}\right)$μF のコンデンサー	$\left(\frac{10}{2\pi}\right)$μF のコンデンサー	$\left(\frac{15}{2\pi}\right)$μF のコンデンサー	$\left(\frac{20}{2\pi}\right)$μF のコンデンサー

この回路について，先生が 4 人の生徒に対してそれぞれ異なる簡単な指示を出して測定を行わせたところ，結果について以下の報告が提出された。以下で，電流はスイッチを閉じて十分時間が経過してから測定されたものとする。以下の報告では閉じたスイッチのみについて述べている。それぞれの場合について，S_{DC}，S_{AC} はその一方だけが閉じられて他方は開いており，S_1，S_2，S_3，S_4 はその中の 1 つだけが閉じられて残りの 3 つは開いている。

報告 1　スイッチ S_{DC} を閉じて直流電源を利用した。スイッチ S_1 を閉じたとき A_{DC} で測定した電流は 0A でない値を示した。

報告 2　スイッチ S_{DC} を閉じて直流電源を利用した。スイッチ S_2 を閉じたとき，A_{DC} で測定した電流は 0A であった。また，スイッチ S_4 を閉じたとき，A_{DC} で測定した電流は 0A であった。

報告 3　スイッチ S_{AC} を閉じて交流電源を利用した。A_{AC} で測定した電流は，スイッチ S_3 を閉じたときの値を I_3，スイッチ S_4 を閉じたときの値を I_4 とすると，どちらも 0A ではなく，I_4 は I_3 の 3 倍であった。

報告 4　スイッチ S_{AC} を閉じて交流電源を利用した。A_{AC} で測定した電流は，スイッチ S_1 を閉じたときの値を I_1，スイッチ S_3 を閉じたときの値を I_3 とすると，どちらも 0A ではなかった。測定結果を書いた紙を紛失したので正確には報告できないが，I_1 は I_3 の 4 倍以上の値であったことは確実である。

問 1　報告 1 のみに基づいて考えたとき，(1) の素子としてありうるものをすべてあげたものとして最も適当なものを，次の ①〜③ のうちから 1 つ選べ。

① a, b, c　② d, e, f, g　③ a, b, c, d, e, f, g

問 2　報告 2 と報告 3 のみに基づいて考えたとき，(3) の素子としてありうるものをすべてあげたものとして最も適当なものを，次の ①〜⑨ のうちから 1 つ選べ。

① a, b　② a, c　③ b, c　④ d, e　⑤ d, f　⑥ d, g
⑦ e, f　⑧ e, g　⑨ f, g

問 3　すべての報告を総合して考えたとき，(1)，(2)，(3) の素子として最も適当なものを，それぞれ次の ①〜⑦ のうちから 1 つずつ選べ。

① a　② b　③ c　④ d　⑤ e　⑥ f　⑦ g

〔2001 工学院大 改〕

096. 交流回路 ⏱7分

次の文章を読み，下の問い(問 1，2)に答えよ。

ラジオ放送を受信するときは，さまざまな周波数の電波の中から，聞きたい放送局の周波数の電波を選びださなければならない。そのときに，並列接続されたコイルとコンデンサーの共振が利用される。すなわち，共振周波数の電波が選びだされることになる。ラジオ放送の受信ではコンデンサーの電気容量を変化させることにより，共振周波数を変化させている。ここでは話を単純化して，次のような回路の振る舞いについて考えてみよう。

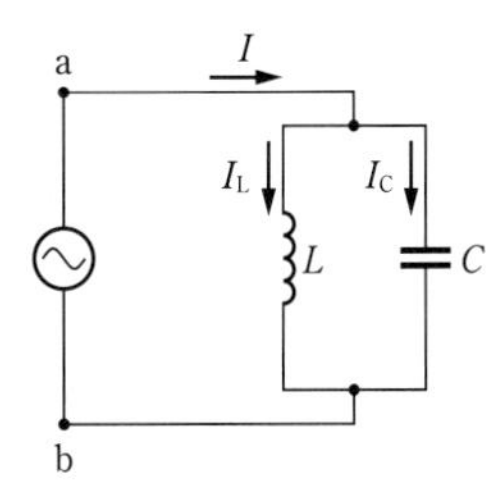

図に示すように，自己インダクタンス L のコイルと電気容量 C のコンデンサーからなる並列回路が交流電源に接続されている。時刻 t において電源電圧は $V=V_0\cos\omega t$ である。コイルに流れる電流を I_L，コンデンサーに流れる電流を I_C，並列回路に流れ込む電流を I とする。以下の問いでは，I_L の位相が V の位相よりも $\frac{\pi}{2}$ 遅れていること，I_C の位相が V の位相よりも $\frac{\pi}{2}$ 進んでいることを用いてよい。

問 1 回路のインピーダンスを表す式として正しいものを，次の ①～⑧ のうちから 1 つ選べ。

① $\omega L+\dfrac{1}{\omega C}$　② $\dfrac{1}{\omega L}+\omega C$　③ $\left|\omega L-\dfrac{1}{\omega C}\right|$　④ $\left|\dfrac{1}{\omega L}-\omega C\right|$

⑤ $\dfrac{1}{\omega L+\dfrac{1}{\omega C}}$　⑥ $\dfrac{1}{\dfrac{1}{\omega L}+\omega C}$　⑦ $\dfrac{1}{\left|\omega L-\dfrac{1}{\omega C}\right|}$　⑧ $\dfrac{1}{\left|\dfrac{1}{\omega L}-\omega C\right|}$

問 2 次の文章の空欄 ア ～ ウ に入れるグラフと語句として最も適当なものを，それぞれの直後の{　}で囲んだ選択肢のうちから 1 つずつ選べ。

電流 I の振幅 I_0 と ω との関係を表すグラフは ア である。単純化して考えると，この LC 並列回路に対して並列にスピーカーを接続したとき，角周波数が イ { ①　ω_0 の信号だけ　②　ω_0 以外の信号 }は LC 並列回路のほうに流れることができないので，共振周波数の信号はスピーカー側に入力 ウ { ①　される　②　されない }ことになる。

ア の選択肢

①
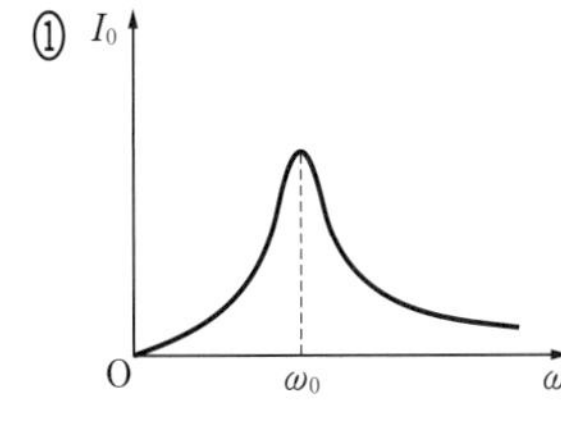

②
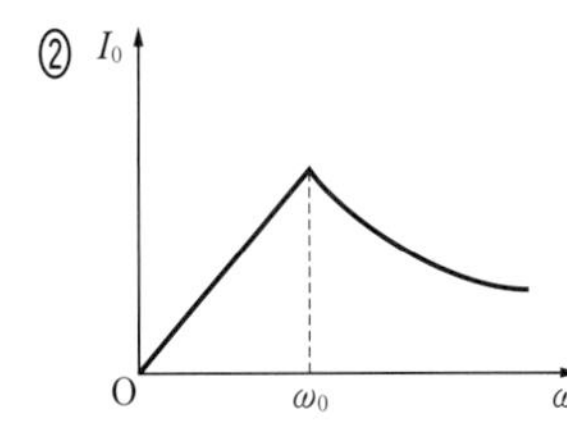

③
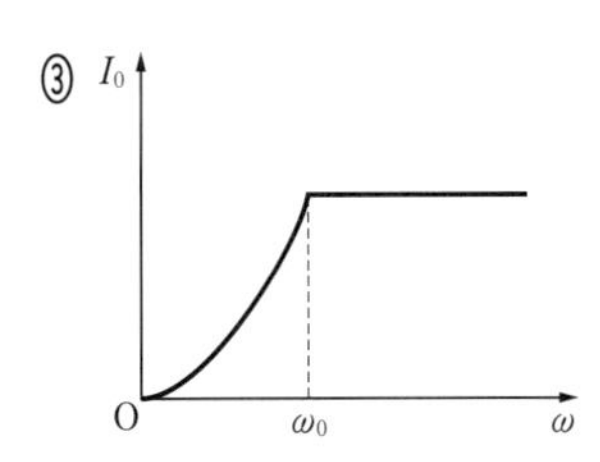

④
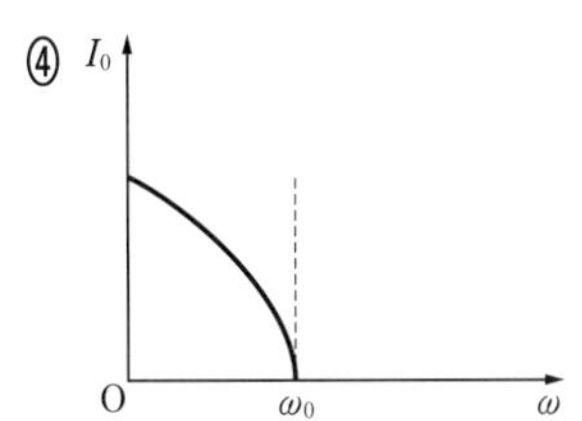

⑤
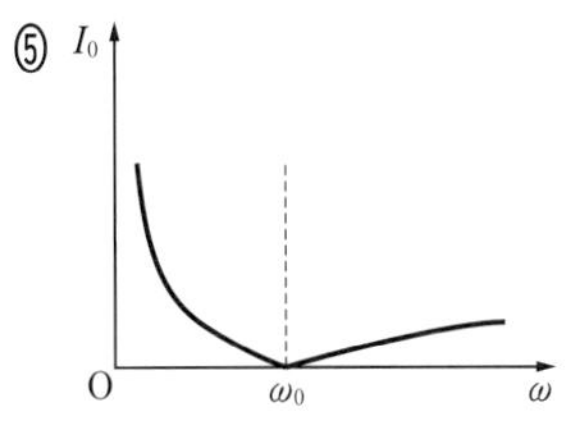

〔2017 大分大 改〕

第5章 原子

例題 半減期 6分

原子核に関する次の文章を読み,下の問い(問1, 2)に答えよ。

原子核の中には,α 線などを放出して崩壊する放射性原子核が存在する。この崩壊現象は,ある一定時間 T〔s〕ごとに原子核の個数が半減する,というように起きる。つまり,初めに N_0 個の放射性原子核が存在していると,それから t〔s〕後に残っている放射性原子核の個数 $N(t)$ は

$$N(t)=N_0\left(\frac{1}{2}\right)^{\frac{t}{T}} \quad ❶$$

となる。この T を半減期とよぶ。

問1 $^{137}_{55}$Cs は $T=30.1$ 年の放射性原子核である。❷その個数がもとの $\frac{1}{1024}$ 倍になるのに何年必要か。最も適当な値を,次の①~⑤のうちから1つ選べ。

① 3.01　② 30.1　③ 301　④ 3010　⑤ 30100

$^{14}_{6}$C は,$T=5700$ 年の放射性原子核であり,大気中に存在する $^{12}_{6}$C に対する $^{14}_{6}$C の個数の比率 $R=\frac{^{14}_{6}\text{C の個数}}{^{12}_{6}\text{C の個数}}$ は,ほぼ一定であることが知られている。この $^{14}_{6}$C は,$^{12}_{6}$C といっしょに光合成や食物連鎖を通して生物体内に取りこまれるため,生物が生きている間は,体内の R は一定に保たれるが,❸生物が死んで活動を停止すると,それ以後の取りこみは行われず,R は $^{14}_{6}$C の崩壊により減少していく。したがって,生物体内での R を測定することによって,その生物が活動を停止してからの時間を推定することができる。これが $^{14}_{6}$C による年代測定の原理である。

問2 ある遺跡で見つかった木片の R を測定したところ,❹新しい木の $\frac{1}{8}$ であった。この木片が活動を停止してから何年経過したか。最も適当な値を,次の①~⑤のうちから1つ選べ。

① 7×10^2　② 6×10^3　③ 1×10^4
④ 2×10^4　⑤ 5×10^4

〔2016 愛知教育大 改〕

❶ 半減期の何倍 $\left(\frac{t}{T}\text{倍}\right)$ の時間が経過したのかを考える。

❷ $\frac{1}{1024}$ は $\frac{1}{2}$ の何乗になるか。

❸ $^{12}_{6}$C は崩壊しないので,R が何倍になったかは,$^{14}_{6}$C が何倍になったかを表している。

❹ 新しい木では,$^{14}_{6}$C の割合は減少していない。

解説

問1

思考の過程▶ 半減期は,残留率 $\left(\frac{N(t)}{N_0}\right)$ が半分になるまでの時間である。
→半減期の何倍 $\left(\frac{t}{T}\text{倍}\right)$ の時間が経過すれば,問題文で与えられた,崩壊せずに残っている原子核の数になるか考える。

$\frac{1}{1024}=\left(\frac{1}{2}\right)^{10}$ であるから,半減期の10倍の301年が必要である。よって,正しい選択肢は③。

問2 木片の $^{12}_{6}$C の個数は変わらず,$^{14}_{6}$C の個数が $\frac{1}{8}=\left(\frac{1}{2}\right)^3$ 倍になっているので,半減期の3倍の $5700\times3=17100\fallingdotseq2\times10^4$ 年経過していることになる。よって,正しい選択肢は④。

解答 問1 ③, 問2 ④

097. 電場による陽子の偏向 10分

次の文章を読み，下の問い(問1～3)に答えよ。

電子の比電荷を測定したトムソンの実験の解説に，電子にはたらく重力は電子の速さが大きいために無視できる，という記述があった。この点に疑問を抱いた太郎さんは，電子より約2000倍も大きい質量をもつ陽子(水素の原子核)に置きかえて，図1のような装置で重力の影響を考えた。陽子を収納した容器と電極板の間にV〔V〕の電圧を加えると，陽子が水平なz軸上を点Pに向かって電極板の穴を通り抜ける。この陽子は，点Pを速さv_0〔m/s〕で通過し，強さE〔V/m〕の一様な電場が加わる幅W〔m〕の水平な平行板電極を通過中に進路が曲げられ，その後，z軸に垂直な蛍光面に衝突した。蛍光面とz軸との交点を原点Oとし，鉛直下向きをy軸正の向きとする。また，電気素量をe〔C〕，陽子の質量をm〔kg〕，重力加速度の大きさをg〔m/s²〕とする。

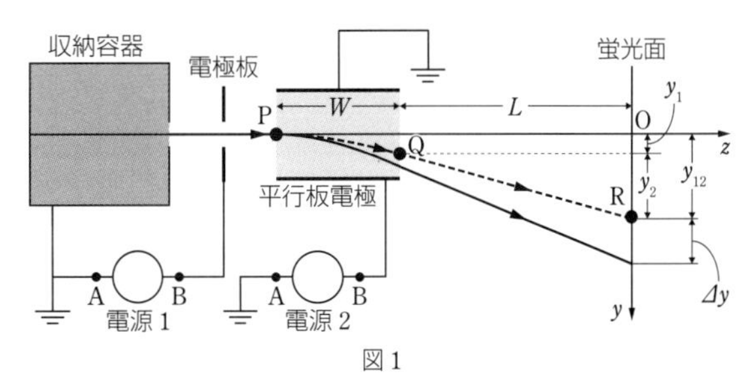

図1

重力を無視すると，y軸正方向にz軸からy_1〔m〕だけずれた点Qで飛び出してくる。その後は直進し，L〔m〕離れた蛍光面にさらにy_2〔m〕だけずれた点Rで衝突することになる。

いま，重力は図1のy軸正の向きにはたらくとし，点RからのずれΔy〔m〕をもとに，重力の影響を考察する。

問1　電源1および電源2は，図2のように2種類の接続方法が可能である。図1のように陽子が蛍光面上の$y>0$に到達するためにはそれぞれの電源をどのように接続すればよいか。最も適当な組合せを，次の①～④のうちから1つ選べ。

接続方法a　接続方法b

A　B　　A　B

図2

	電源1	電源2
①	a	a
②	a	b
③	b	a
④	b	b

問2　$y_{12}=y_1+y_2$とするとき，y_{12}を表す式として最も適当なものを，次の①～④のうちから1つ選べ。

① $\dfrac{eEW(W+L)}{2mv_0{}^2}$　② $\dfrac{eEW(W+2L)}{2mv_0{}^2}$　③ $\dfrac{eEW(2W+L)}{2mv_0{}^2}$　④ $\dfrac{eEW(W+L)}{mv_0{}^2}$

問3　太郎さんの考えが科学的に正しくなるように，次の文章の空欄□に入れる語句として最も適当なものを，それぞれの直後の{　}で囲んだ選択肢のうちから1つ選べ。

太郎さんはΔyも計算し，例として$W=L=1$mを代入して$\dfrac{\Delta y}{y_{12}}=\dfrac{4mg}{3eE}$を得た。さらに，例えば$E=100$V/mとして$e=1.6\times10^{-19}$C，$m=1.7\times10^{-27}$kg，$g=9.8$m/s²とすれば$\Delta y \fallingdotseq y_{12}\times10^{-9}$mとなり，重力の影響は無視できると結論づけた。そして，□{ ①　陽子の速さが十分に大きい　②　陽子にはたらく重力が静電気力に比べて十分に大きい　③　陽子にはたらく静電気力が重力に比べて十分に大きい　④　陽子の質量が電子の質量に比べて十分に大きい }のが，その原因だと考えた。

〔2018 岐阜大 改〕

IV 読解問題

初　版
第 1 刷　2020 年 3 月 1 日 発行

カテゴリー別
大学入学共通テスト対策問題集
物理

ISBN978-4-410-13651-1

編　者　数研出版編集部
発行者　星野 泰也
発行所　**数研出版株式会社**
〒 101-0052 東京都千代田区神田小川町 2 丁目 3 番地 3
〔振替〕 00140-4-118431
〒 604-0861 京都市中京区烏丸通竹屋町上る大倉町 205 番地
〔電話〕 代表 (075)231-0161
ホームページ　https://www.chart.co.jp
印刷　河北印刷株式会社

編集協力者　小川　栄一
清水　　正

スマートフォン（iPhone・Android）・タブレット（iPad）対応アプリ

数研 Library －数研の教材をスマホ・タブレットで学習－

「数研 Library」では，本書籍掲載の「知識確認の問題」の要点チェックの確認テストを行うことができます（無料）。書籍とあわせてご利用いただくと，より高い学習効果が期待できます。

■入手方法

①アプリストアより「数研 Library」を
　インストールし，アプリを起動する。

②「My 本棚」画面下の「コンテンツを探す」を押す。

③「カテゴリー別大学入学共通テスト対策問題集 物理 基礎知識確認カード」
　を選択し，「本棚に追加」を押す。

**Android 版は
Google Play より**

アプリについてより詳しくは
数研出版スマホサイトへ！
（数研 Library 紹介ページへ）

〔問題〕

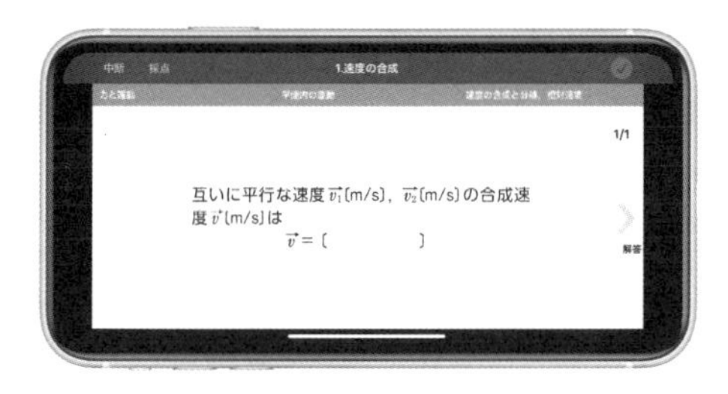

〔解答〕

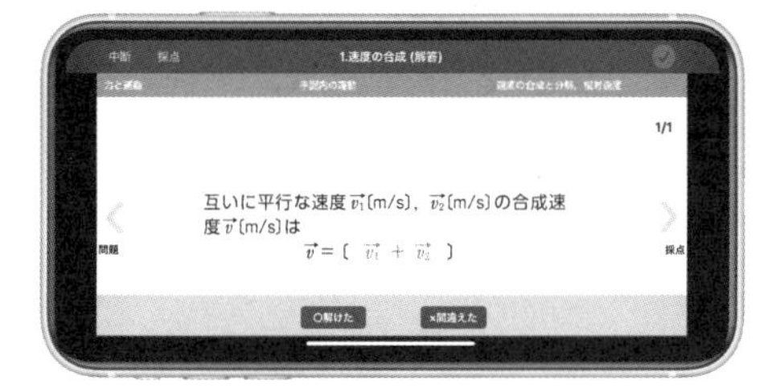

動作環境

・iOS 版　：iOS 8.0 以降。iPhone，iPad に対応。

・Android 版　：Android 4.1 以降。Android OS 搭載スマートフォンに対応（一部端末では正常に動作しないことがあります）。

その他

・記載の内容は予告なく変更になる場合があります。

・本アプリはネットワーク接続が必要となります（ダウンロード済みの学習コンテンツ利用はネットワークオフラインでも可能）。ネットワーク接続に際し発生する通信料はお客様のご負担となります。

重要公式・事項のおさらい

相対速度
p.4

$\overrightarrow{v_{AB}} = \overrightarrow{v_B} - \overrightarrow{v_A}$

斜方投射
p.4

水平方向・鉛直方向に分けて扱う

水平方向→等速直線運動

鉛直方向→鉛直投げ上げ運動

力のモーメント
p.6

$M = Fl$

運動量
p.8

運動量保存則　運動量の和＝一定

運動量と力積の関係　$m\vec{v}' - m\vec{v} = \vec{F}\Delta t$

反発係数　$e = -\dfrac{v_1' - v_2'}{v_1 - v_2}$

等速円運動の式
p.10

周期　$T = \dfrac{2\pi r}{v} = \dfrac{2\pi}{\omega}$

速さ　$v = r\omega$

加速度　$a = r\omega^2 = \dfrac{v^2}{r}$

運動方程式(中心方向)　$mr\omega^2 = F$ ，$m\dfrac{v^2}{r} = F$

慣性力
p.10

観測者が加速度 $\vec{a}$ の加速度運動をしているとき，質量 m の物体には通常の力のほかに慣性力 $-m\vec{a}$ がはたらく。

単振動の式
p.10～11

運動方程式　$ma = -Kx$

変位　$x = A\sin\omega t$

速度　$v = A\omega\cos\omega t$

加速度　$a = -A\omega^2\sin\omega t = -\omega^2 x$

周期　$T = \dfrac{2\pi}{\omega} = 2\pi\sqrt{\dfrac{m}{K}}$

ばね振り子の場合　$T = 2\pi\sqrt{\dfrac{m}{k}}$

単振り子の場合　$T = 2\pi\sqrt{\dfrac{l}{g}}$

ケプラーの法則
p.11

Ⅰ だ円軌道(太陽を１つの焦点)

Ⅱ 面積速度一定　$\dfrac{1}{2}rv\sin\theta =$ 一定

Ⅲ $\dfrac{T^2}{a^3} = k$ (一定)

万有引力
p.11

万有引力の法則　$F = G\dfrac{Mm}{r^2}$

万有引力による位置エネルギー　$U = -G\dfrac{Mm}{r}$

正弦波の式
p.16

$y = A\sin 2\pi\left(\dfrac{t}{T} - \dfrac{x}{\lambda}\right)$

反射の法則
p.16

$i = j$

屈折の法則
p.16，18

屈折の法則　$\dfrac{\sin i}{\sin r} = \dfrac{v_1}{v_2} = \dfrac{\lambda_1}{\lambda_2} = n_{12}$

(媒質 1 → 2)

臨界角　$\sin i_0 = \dfrac{n_1}{n_2}$

(媒質 2 → 1，$n_2 > n_1$)

波の干渉条件
p.16

強めあう点　$|l_1 - l_2| = m\lambda$

弱めあう点　$|l_1 - l_2| = \left(m + \dfrac{1}{2}\right)\lambda$

($m = 0, 1, 2, \cdots$)

ドップラー効果
p.18

$f' = \dfrac{V - v_O}{V - v_S}f$

光路長
p.20

光路長＝屈折率×距離

レンズ
p.20

写像公式　$\dfrac{1}{a} + \dfrac{1}{b} = \dfrac{1}{f}$

倍率　$m = \left|\dfrac{b}{a}\right|$

カテゴリー別 大学入学共通テスト対策問題集

物理

＜解答編＞

数研出版
https://www.chart.co.jp

Ⅰ　知識確認の問題

要点チェック　平面内の運動　（本冊 p.4）

ア $\vec{v_1}+\vec{v_2}$　イ $v\cos\theta$　ウ $v\sin\theta$　エ $\vec{v_B}-\vec{v_A}$
オ 自由落下　カ 等速直線運動　キ v_0　ク v_0t
ケ gt　コ $\frac{1}{2}gt^2$　サ 鉛直投げ上げ
シ 等速直線運動　ス $v_0\cos\theta$　セ $v_0\cos\theta\cdot t$
ソ $v_0\sin\theta-gt$　タ $v_0\sin\theta\cdot t-\frac{1}{2}gt^2$　チ 終端速度

001　⑥

解説 斜方投射された小球にはたらく力は鉛直下向きの重力のみであるので，小球は水平方向に等速直線運動，鉛直方向に鉛直投げ上げ運動をする。初速度の x 成分は $v_0\cos\theta$，y 成分は $v_0\sin\theta$ なので，時刻 t の位置の x 座標，y 座標は

$$x=v_0\cos\theta\cdot t=v_0t\cos\theta$$

$$y=v_0\sin\theta\cdot t-\frac{1}{2}gt^2=v_0t\sin\theta-\frac{1}{2}gt^2$$

以上より，正しいものは⑥。

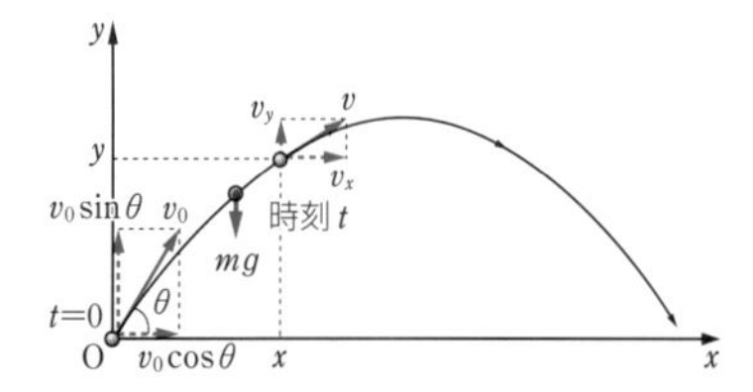

知識の確認　斜方投射
水平方向…等速直線運動
$v_x=v_0\cos\theta$，　$x=v_0\cos\theta\cdot t$
鉛直方向…鉛直投げ上げ
$v_y=v_0\sin\theta-gt$，　$y=v_0\sin\theta\cdot t-\frac{1}{2}gt^2$

002　④

解説 図のように，交線 L_A，L_B に垂直な方向を x 軸，平行な方向を y 軸とする。小物体にはたらく力は重力と垂直抗力の2力で，これらの y 軸方向の成分は0である。つまり，y 軸方向に加速度は生じないので，小物体の速度の y 軸方向の成分は変化しない。よって，図より

$$V_A\sin\theta_A=V_B\sin\theta_B$$

ゆえに，正解は④。

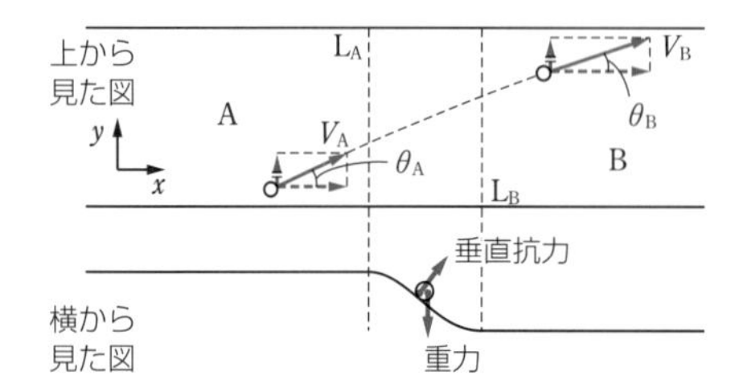

003　②

解説 速さに比例して抵抗力が大きくなるということは，雨滴の加速度が小さくなるということである。加速度は v–t 図の傾きで表されるので，v–t 図の傾きが時間とともに小さくなるグラフを選べばよい。以上より，②が正解となる。

要点チェック　剛体　（本冊 p.6）

ア 並進　イ 回転　ウ 作用線　エ Fl　オ N·m
カ $\vec{F_1}+\vec{F_2}+\vec{F_3}+\cdots$　キ $M_1+M_2+M_3+\cdots$
ク 逆　ケ 回転　コ 並進　サ $\dfrac{m_1x_1+m_2x_2}{m_1+m_2}$

004　④

解説 Aの支点から棒が受ける力を f_A とすると，$F=F_0$ で $f_A=0$ となる。点Cのまわりの力のモーメントのつりあいから

$$-F_0\left(L-\frac{3}{4}L\right)+Mg\left(\frac{3}{4}L-\frac{1}{2}L\right)=0$$

ゆえに $F_0=Mg$
よって，答えは④。

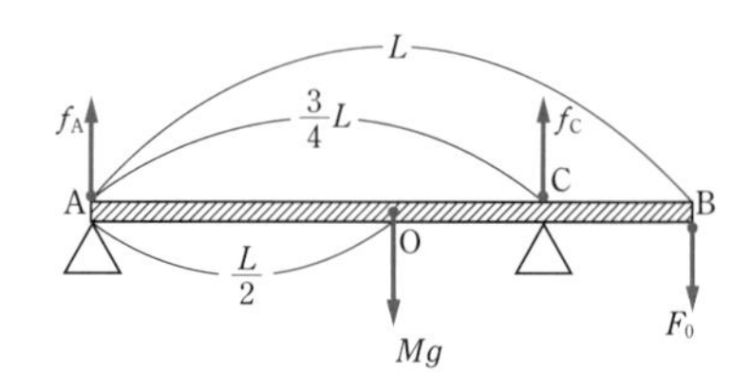

知識の確認　力のモーメント
点Oから力 F の作用線までの距離が l のとき，点Oのまわりの力のモーメント M は　$M=Fl$

005　③

解説 棒にはたらく重力の作用点は，ABの中点である。反時計まわりを正として，点Cのまわりの力のモーメントのつりあいより

$$T\cdot\frac{l}{4}\cos\theta-Mg\cdot\frac{l}{4}=0$$

よって　$T=\dfrac{Mg}{\cos\theta}$

以上より，答えは③。

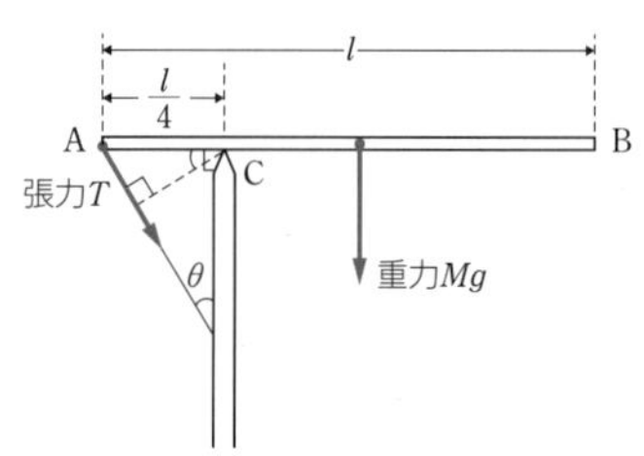

006 ②

解説 点 B における張力を T' とし，棒とおもりにはたらく力を図示すると，右図のようになる。

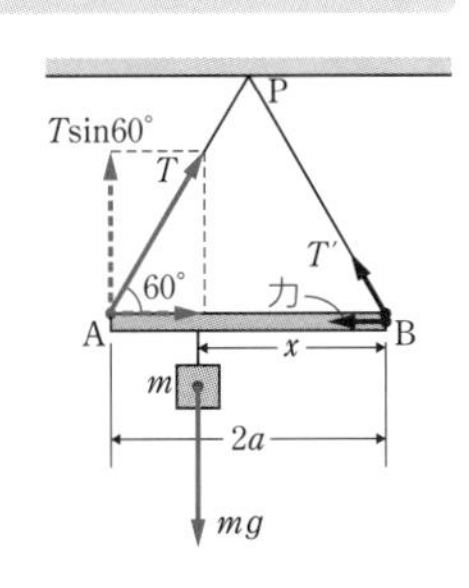

また，点 B についての力のモーメントのつりあいから

$$\frac{\sqrt{3}}{2}T \cdot 2a - mgx = 0$$

よって $T = \dfrac{x}{\sqrt{3}a}mg$

以上より，答えは②。

要点チェック 運動量の保存 （本冊 p.8）

ア $m\vec{v}$ イ $F\Delta t$ ウ $m\vec{v'} - m\vec{v}$ エ 向き

オ 内力 カ 外力 キ 運動量 ク $m_1\vec{v_1'} + m_2\vec{v_2'}$

ケ $-\dfrac{v_1' - v_2'}{v_1 - v_2}$ コ 弾性衝突 サ 非弾性衝突

シ 完全非弾性衝突 ス 0 セ 平行 ソ 垂直

007 ③

解説 非弾性衝突では衝突の際，物体が互いに変形することなどにより，力学的エネルギーの損失が起こる。また，衝突の際，物体間に作用する力は内力だけであるから，衝突の前後で運動量の和は保存される。よって，正解は③となる。

008 ④

解説 北向きを正の向きとして考える。

ボールがバットに衝突する直前，および直後のボールの速度は，それぞれ，v，0 であるから，ボールの運動量の変化を Δp とすると

$$\Delta p = m \times 0 - mv$$

衝突後の運動量 $mv' = m \times 0 = 0$
衝突前の運動量 mv
$\Delta p\ (=\overline{F}t)$
北 ⊕

バットがボールに及ぼした平均の力を $\overline{F}$，バットとボールの接触時間を t とすると，バットがボールに与えた力積は $\overline{F}t$ である。ボールの運動量の変化 Δp と力積 $\overline{F}t$ とは等しいから，次の式が成りたつ。

$$0 - mv = \overline{F}t$$

よって $\overline{F}t = -mv$

この式の − の符号は南向きであることを示すから，バットがボールに与えた力積(ボールがバットから受けた力積)は「南向きに mv」となる。

よって答えは④。

009 ④

解説 分裂の際，A，B にはたらく水平方向の力は内力だけである。

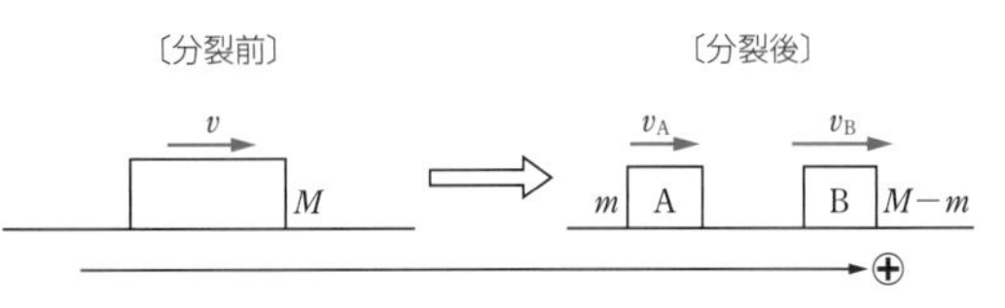

分裂後の B の質量は $M-m$ であるから，分裂前の物体の運動の向きを正の向きとして，運動量保存則より

$$Mv = mv_A + (M-m)v_B$$

よって $v_B = \dfrac{Mv - mv_A}{M-m}$

以上より，答えは④。

> **知識の確認 運動量保存則**
> 外力がはたらかない場合，運動量の和は一定に保たれる。

010 ③

解説 ボールを高さ h の所から自由落下させたとき，h' の高さまではね上がったとする。床と衝突する直前と直後の速さをそれぞれ v，v' とすると，力学的エネルギー保存則より

$$v = \sqrt{2gh}, \quad v' = \sqrt{2gh'}$$

が求まる。

したがって，反発係数の式は

$$e = \frac{v'}{v} = \frac{\sqrt{2gh'}}{\sqrt{2gh}} = \sqrt{\frac{h'}{h}}$$

これに数値を代入して $0.5 = \sqrt{\dfrac{h'}{8}}$

ゆえに $h' = 8 \times 0.5^2 = 2\,\text{m}$

よって，最も適当なものは③。

> **知識の確認 反発係数**
>
> $$e = -\frac{v_A' - v_B'}{v_A - v_B}$$
>
> e：物体 A と物体 B の間の反発係数
> v_A，v_B：衝突前の物体 A，B の速度
> v_A'，v_B'：衝突後の物体 A，B の速度

要点チェック 円運動と万有引力 （本冊 p.10～11）

ア ωt イ 接線 ウ $r\omega$ エ $r\omega^2$ $\left(\text{または}\dfrac{v^2}{r}\right)$

オ 向心力 カ $-m\vec{a}$ キ $mr\omega^2$ $\left(\text{または } m\dfrac{v^2}{r}\right)$

ク $-Kx$ ケ $\sqrt{\dfrac{K}{m}}$ コ $2\pi\sqrt{\dfrac{m}{K}}$ サ $2\pi\sqrt{\dfrac{m}{k}}$

シ 単振動 ス $2\pi\sqrt{\dfrac{l}{g}}$ セ 等時性 ソ 焦点

タ だ円 チ 面積 ツ 面積速度一定 テ $\dfrac{T^2}{a^3}$

ト $G\dfrac{m_1 m_2}{r^2}$ ナ 万有引力 ニ $-G\dfrac{Mm}{r}$

011　問1　②　問2　⑤　問3　⑥

解説　問1　等速円運動の周期の式「$T=\dfrac{2\pi r}{v}$」より

$$T=\frac{2\times3.14\times0.30}{1.0}\fallingdotseq1.9\,\mathrm{s}$$

よって，答えは②。

問2　等速円運動の加速度の式「$a=\dfrac{v^2}{r}$」を用いる。

$$a=\frac{v^2}{r}=\frac{1.0^2}{0.30}\fallingdotseq3.3\,\mathrm{m/s^2}$$

よって，答えは⑤。

問3　等速円運動の向心力の式「$F=m\dfrac{v^2}{r}$」より

$$F=m\frac{v^2}{r}=2.0\times\frac{1.0^2}{0.30}\fallingdotseq6.7\,\mathrm{N}$$

よって，答えは⑥。

知識の確認　等速円運動の式

周期 $T=\dfrac{2\pi r}{v}=\dfrac{2\pi}{\omega}$

速さ $v=r\omega$

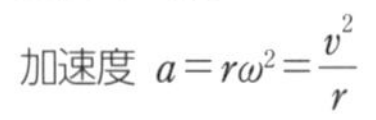

加速度 $a=r\omega^2=\dfrac{v^2}{r}$

運動方程式（中心方向）$mr\omega^2=F$

r：半径　ω：角速度　a：加速度　v：速さ　T：周期

m：質量　F：向心力

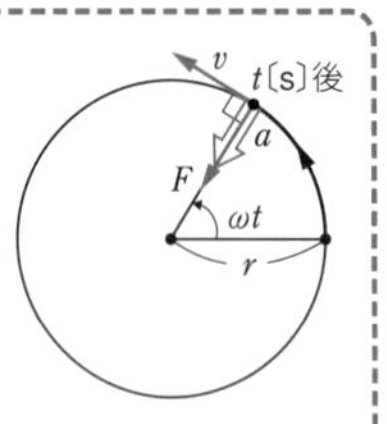

012　②

解説　エレベーター内で観察すると，物体は鉛直下向きの慣性力 Ma を受けるので，力のつりあいの式は

$$kx=Mg+Ma$$

ゆえに $x=\dfrac{M(g+a)}{k}$

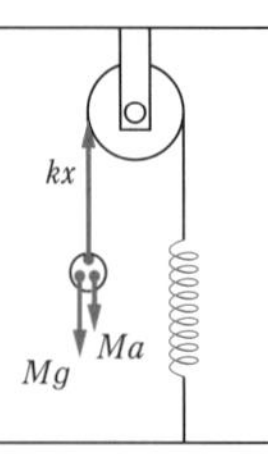

以上より，正しいものは②。

013　問1　①　問2　⑤

解説　問1　周期の式

「$T=2\pi\sqrt{\dfrac{m}{k}}$」より

$$T=2\times3.14\times\sqrt{\frac{0.25}{4.0}}$$

$$=1.57\fallingdotseq1.6$$

0.50 m　0.50 m

速さ ------- 0 ― 最大 ― 0

加速度の大きさ --- 最大 ― 0 ― 最大

よって，答えは①。

問2　単振動の加速度の式「$a=-A\omega^2\sin\omega t$」より，加速度の大きさの最大値 a_0 は「$a_0=A\omega^2$」である。したがって

$$a_0=A\omega^2=A\left(\frac{2\pi}{T}\right)^2=A\left(\sqrt{\frac{k}{m}}\right)^2=A\cdot\frac{k}{m}$$

$$=0.50\times\frac{4.0}{0.25}=8.0\,\mathrm{m/s^2}$$

よって，答えは⑤。

知識の確認　単振動

運動方程式 $ma=-Kx$　（K：正の定数）

変位 $x=A\sin\omega t$

速度 $v=A\omega\cos\omega t$

加速度 $a=-A\omega^2\sin\omega t=-\omega^2x$

m：質量　t：時間　A：振幅　x：変位　v：速度

ω：角振動数　a：加速度

014　④

解説　題意より $r=R$ のとき $f=mg$ であるので

$$mg=G\frac{mM}{R^2}\qquad ゆえに\ g=\frac{GM}{R^2}$$

よって，答えは④。

要点チェック　気体のエネルギーと状態変化（本冊 p.13）

ア pV　イ $\dfrac{V}{T}$　ウ $\dfrac{pV}{T}$　エ nRT

オ $\dfrac{3nRT}{2N}$　カ $\sqrt{\dfrac{3R}{M}T}$　キ 運動エネルギー

ク $\dfrac{3}{2}nRT$　ケ 0　コ $p\Delta V$　サ 0　シ 0

ス $nC\Delta T$　セ C_V+R　ソ $\dfrac{3}{2}R$　タ $\dfrac{5}{2}R$

チ $\dfrac{C_p}{C_V}$

015　問1　②　問2　⑥　問3　⑤

解説　問1　温度一定の条件下では，ボイルの法則「$pV=$ 一定」を用いる。

求める圧力を p〔Pa〕とおくと，ボイルの法則より

$$(5.0\times10^5)\times1.0=p\times2.0$$

よって $p=2.5\times10^5\,\mathrm{Pa}$

ゆえに，答えは②。

問2　圧力一定の条件下では，シャルルの法則「$\dfrac{V}{T}=$ 一定」を用いる。

求める体積を V〔m³〕とおくと，シャルルの法則より

$$\frac{6.0}{273+27}=\frac{V}{273+127}$$

よって $V=8.0\,\mathrm{m^3}$

ゆえに，答えは⑥。

問3　温度や圧力が一定でないときは，ボイル・シャルルの法則「$\dfrac{pV}{T}=$ 一定」を用いる。

求める圧力を p〔Pa〕とおくと，ボイル・シャルルの法則より

$$\frac{(2.8\times10^5)\times2.5}{273+77}=\frac{p\times1.0}{273+127}$$

よって $p=8.0\times10^5\,\mathrm{Pa}$

ゆえに，答えは⑤。

知識の確認　ボイル・シャルルの法則

$$\frac{pV}{T}=\text{一定}$$

p：圧力　V：体積　T：絶対温度

016　ア ①，イ ⑦，ウ ②

解説　理想気体の状態方程式「$pV=nRT$」より

$(6.0\times10^5)\times V=3.0\times8.3\times400$

よって　$V=1.66\cdots\times10^{-2}\fallingdotseq1.7\times10^{-2}\,\mathrm{m^3}$

ゆえに，正解は ア ①，イ ⑦，ウ ②。

知識の確認　理想気体の状態方程式

$$pV=nRT$$

p：圧力　V：体積　n：物質量

R：気体定数　T：絶対温度

017　⑦

解説　分子は z 軸方向に速さ v_z で運動し，壁Aに衝突してから再び壁Aに衝突するまでに進む距離は $2h$ であるから $t=\dfrac{2h}{v_z}$ である。よって

$$\frac{NI}{tS}=\frac{N\times2mv_z}{\dfrac{2h}{v_z}\times S}=\frac{Nmv_z^2}{Sh}$$

その平均値は $\dfrac{Nm\overline{v_z^2}}{Sh}=\dfrac{Nm\overline{v^2}}{3Sh}$

以上より，正しいものは⑦。

018　②

解説　① 体積が変化したときに気体は仕事をするので，仕事が必要であるが体積を一定に保つためには仕事は必要ではない。

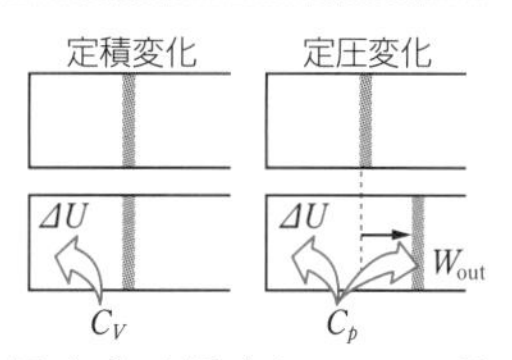

1molの気体が1Kの温度上昇をする場合について考える。定積変化では，気体に与えた熱量 C_V はすべて内部エネルギーの増加 ΔU になる。一方，定圧変化では外部に仕事 W_{out} をするので，気体に与えた熱量 C_p は，内部エネルギーの増加 ΔU と仕事 W_{out} の和になる。1Kの温度変化による ΔU は等しいので，定圧モル比熱 C_p は定積モル比熱 C_V より気体が外部にした仕事 W_{out} だけ大きい。以上より，正しくない。

② 正しい。

③ 定圧モル比熱 C_p は定積モル比熱 C_V より大きい。正しくない。

④ 定積モル比熱 C_V と定圧モル比熱 C_p の間には，マイヤーの関係

$$C_p=C_V+R$$

の関係があり，C_p は C_V より気体定数 R だけ大きいという定まった関係がある。正しくない。

以上より，正しいものは②。

019　問1 ④　問2 ②

解説　問1　過程 B→C は定圧変化であるから，気体の体積変化と温度変化は比例する（シャルルの法則）。体積は増加しているので温度も上昇しているはずだから

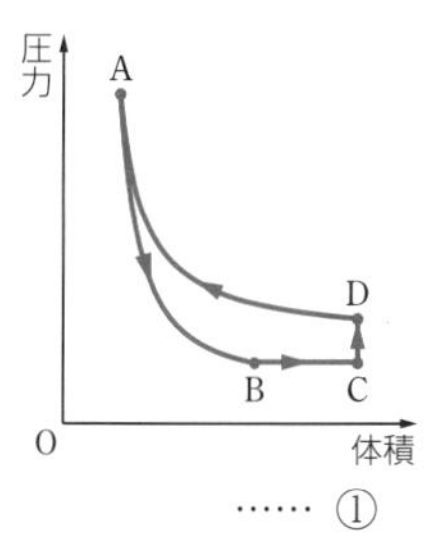

$T_B<T_C$　……①

過程 C→D は定積変化である。ボイル・シャルルの法則「$\dfrac{pV}{T}=$一定」より，体積 V が一定の条件下で圧力 p を増すと温度 T は上昇する。状態Dの温度を T_D とすれば

$T_C<T_D$　……②

また，過程 D→A は等温変化であるから

$T_D=T_A$　……③

①～③の関係をまとめると $T_B<T_C<T_A$ となる。したがって，正解は④。

参考　過程 A→B は断熱変化なので，気体に出入りする熱量 $Q=0$。また，体積は増加しているので，気体が外部に仕事をするから $W<0$ である。気体の内部エネルギーの増加を ΔU として，熱力学第一法則 $\Delta U=Q+W$ より $\Delta U=W<0$ となるので，内部エネルギーは減少し，状態Bの温度は下がるので $T_A>T_B$ である。

問2　気体がピストンにした仕事 W は，気体がピストンに及ぼす力 F がした仕事である。気体が膨張するときは力 F とピストンの移動する向きが同じなので $W>0$，気体が収縮するときは力 F とピストンの移動する向きが逆なので $W<0$，体積変化がないときはピストンが移動しないので $W=0$ である。

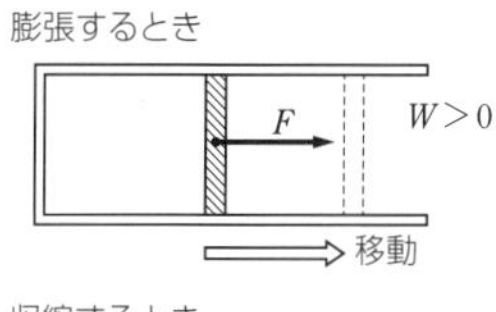

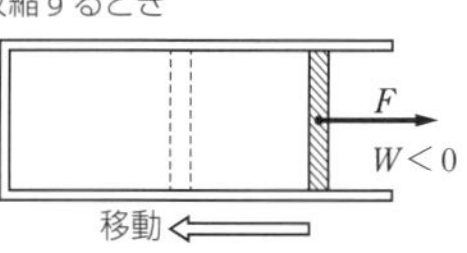

よって

過程 B→C は膨張しているので $W_{B\to C}>0$

過程 C→D は体積変化がないので $W_{C\to D}=0$

過程 D→A は収縮しているので $W_{D\to A}<0$

以上より，正解は②となる。

注意　求める量は，「気体がピストンにした仕事」であることに注意すること。
「気体がピストンからされた仕事（＝外部が気体に対してした仕事）」は，符号が逆になる。

要点チェック　波の伝わり方　(本冊 p.16)

ア 位相　イ 垂直　ウ 平面波　エ 球面波

オ $m\lambda$　カ $\left(m+\dfrac{1}{2}\right)\lambda$　キ 逆位相　ク j

ケ，コ，サ $\dfrac{\sin i}{\sin r}$，$\dfrac{v_1}{v_2}$，$\dfrac{\lambda_1}{\lambda_2}$(順不同)　シ 振動数

020　問1 ③　問2 ③

解説 問1　振動の周期を T[s]とおくと，この正弦波は次の式で表される。

$$y=A\sin 2\pi\left(\frac{t}{T}-\frac{x}{\lambda}\right)$$
$$=A\sin\left(\frac{2\pi}{T}t-\frac{2\pi}{\lambda}x\right)\quad\cdots\cdots①$$

問題の式 $y=A\sin(t-x)$ を①式と比較すると

$\dfrac{2\pi}{T}=1$　よって $T=2\pi$[s]

$\dfrac{2\pi}{\lambda}=1$　よって $\lambda=2\pi$[m]

振動数 f は　$f=\dfrac{1}{T}=\dfrac{1}{2\pi}$[Hz]

したがって，「$v=f\lambda$」の式を用いて

$$v=\frac{1}{2\pi}\times 2\pi=1\,\text{m/s}$$

以上より，正解は③となる。

問2　時刻 $t=0$s における波形を表す式は，問題の式に $t=0$s を代入することによって得られる。よって

$$y=A\sin(0-x)$$
$$=A\sin(-x)$$

三角関数の公式「$\sin(-\theta)=-\sin\theta$」を用いて

$$y=-A\sin x$$

この式が表す波形は③となる。

知識の確認　正弦波の式

正の向きに進む波　$y=A\sin 2\pi\left(\dfrac{t}{T}-\dfrac{x}{\lambda}\right)$

負の向きに進む波　$y=A\sin 2\pi\left(\dfrac{t}{T}+\dfrac{x}{\lambda}\right)$

021　問1 ②　問2 ②

解説 問1　波の式より，波の速さ v は

$$v=f\lambda$$

よって答えは②。

問2　P，Q から同位相で出た波面を，山を細実線，谷を細点線で表すと右図のようになる。山と谷(または谷と山)がぶつかる点をつなぐと太実線のようになり，この線上で波が弱めあうので，水面がほとんど振動しない。よって，答えは②。

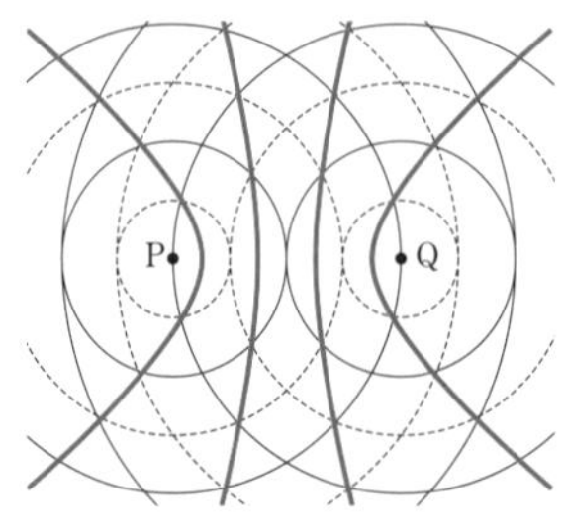

022　ア ①，イ ⑧，ウ ①

解説 屈折の法則「$\dfrac{\sin i}{\sin r}=\dfrac{v_1}{v_2}=\dfrac{\lambda_1}{\lambda_2}=n_{12}$」

「$\dfrac{\sin i}{\sin r}=n_{12}$」より

$$n_{12}=\frac{\sin 45^\circ}{\sin 30^\circ}=\sqrt{2}=1.4$$

よって，ア の答えは①。

「$\dfrac{v_1}{v_2}=n_{12}$」より　$\dfrac{4.0}{v_2}=\sqrt{2}$

$$v_2=\frac{4.0}{\sqrt{2}}=2\sqrt{2}=2.8\,\text{m/s}$$

よって，イ の答えは⑧。

媒質2における波の振動数 f_2 は屈折しても変化しないので

$$f_2=f_1=2.0\,\text{Hz}$$

よって「$v=f\lambda$」より　$v_2=f_2\lambda_2$

$$\lambda_2=\frac{v_2}{f_2}=\frac{2\sqrt{2}}{2.0}=\sqrt{2}=1.4\,\text{m}$$

よって，ウ の答えは①。

別解 媒質1における波長 λ_1 は，「$v=f\lambda$」より

$$\lambda_1=\frac{v_1}{f_1}=\frac{4.0}{2.0}=2.0\,\text{m}$$

「$\dfrac{\lambda_1}{\lambda_2}=n_{12}$」より　$\dfrac{2.0}{\lambda_2}=\sqrt{2}$

$$\lambda_2=\frac{2.0}{\sqrt{2}}=\sqrt{2}=1.4\,\text{m}$$

知識の確認　屈折の法則

$$\frac{\sin i}{\sin r}=\frac{v_1}{v_2}=\frac{\lambda_1}{\lambda_2}=n_{12}$$

i：入射角　r：屈折角

v_1，v_2：媒質1，媒質2での波の速さ

λ_1，λ_2：媒質1，媒質2での波の波長

n_{12}：媒質1に対する媒質2の屈折率

要点チェック　音の伝わり方　(本冊 p.18)

ア 反射　イ 温度　ウ 屈折　エ 回折

オ 干渉　カ 観測者　キ ドップラー効果

ク 短く　ケ 長く　コ $\dfrac{V-v_\text{O}}{V-v_\text{S}}$

023　ア ③，イ ①，ウ ⓪，エ ④

解説 音の高低は1秒当たりの振動の回数，すなわち振動数によって決まり，振動数が大きいほど高く聞こえる。Hz は1秒当たりの回数を表す単位である。よって，ア の答えは③。

音の強さは振動のエネルギーによって決まり，それは振幅と振動数によって決まる。同じ高さ(振動数)の音については振幅が大きいほど音は強くなる。よって，イ の答えは①。

音の速さは気温が高いほど速くなり，低いほど遅くなる。常温付近では気温 t〔℃〕のとき，音の速さ V〔m/s〕は

$V = 331.5 + 0.6t$

となる。よって，ウ の答えは⓪。

右図のように，地表付近のほうが上空に比べて音の速さが遅いため，波の波面の間隔（波長）が上空よりも狭い。したがって音波の進行方向が曲がっていく。波の速さの差によって波の進行方向が曲がる現象を屈折という。

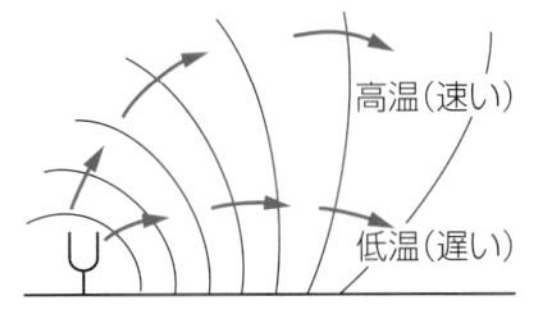

よって，エ の答えは④。

024 ②

解説 音源は1秒間に f 個の音波を出して，v 進む。一方，Sを出た音波は1秒間に V 進む。

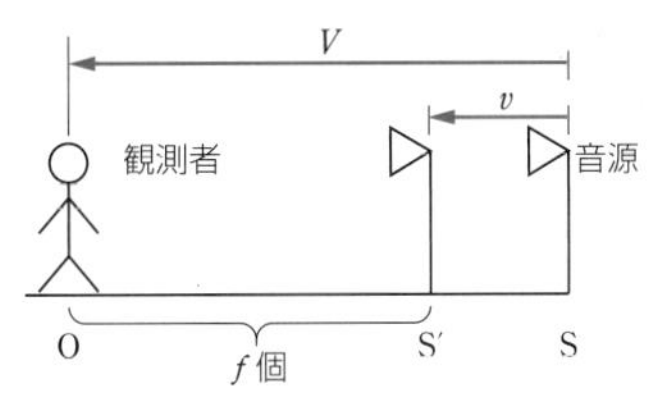

S′O の間に f 個の波が含まれるので，音源の前方の波長 λ は

$$\lambda = \frac{V - v}{f}$$

以上より，正しいものは②。

025 問1 ②　問2 ④

解説 問1　AとBからの距離の差が，波長 λ の整数倍のとき大きく聞こえる。点Oは距離の差が0のときだから，点Pでの距離の差は波長の1倍（$=\lambda$）と考えられる。

ゆえに

$$\lambda = \text{PB} - \text{PA} = \sqrt{3.0^2 + 4.0^2} - 4.0 = 1.0\,\text{m}$$

よって答えは②。

問2　右の図より

$$|(1.5 - d) - (1.5 + d)| = m\lambda$$

であるので

$$d = \frac{1}{2}m\lambda$$

よって答えは④。

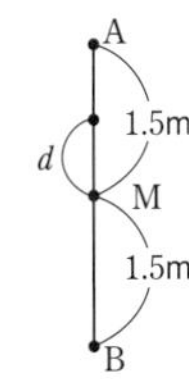

要点チェック　光　（本冊 p.20）

ア 臨界角　イ $\frac{n_2}{n_1}$　ウ 分散　エ スペクトル
オ 連続スペクトル　カ 線スペクトル
キ 散乱　ク 横波　ケ 実像　コ 虚像
サ 回折　シ 干渉　ス 格子定数
セ $d\sin\theta$　ソ $2d\cos r$　タ $2nd\cos r$
チ 変化しない　ツ π ずれる

026 ア ②，イ ④，ウ ①，エ ③

解説 波の速さ（波長）は媒質によって異なるが，振動数は媒質によって変化しない。波のこの性質によって，異なる媒質に入射するとき，境界面で屈折が起こる。光は波の性質をもつので，同様に境界面で屈折が起きる。よって，ア の答えは②。

水の屈折率が空気より大きいため，空気側の屈折角 ϕ は水側の入射角 θ より大きい（右図）。したがって θ がある角 θ_0 のとき $\phi = 90°$ となり，$\theta > \theta_0$ では屈折光は空中に出ずにすべて反射する。この現象を全反射といい，θ_0 を臨界角という。よって，イ の答えは④で，ウ の答えは①。

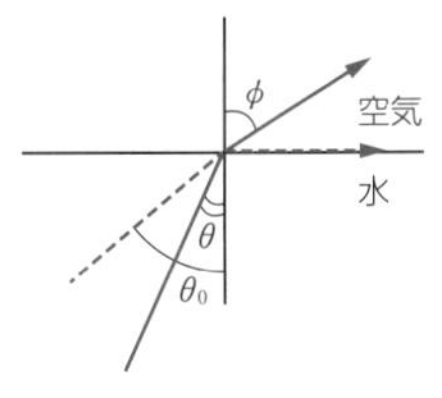

屈折角は光の波長によって異なるため，屈折の際に波長（すなわち色）によって異なる進路をとり，虹色の光となる。よって，エ の答えは③。

027 ③

解説 点Bを出た光軸に平行な光は，反対側の焦点 F_2 を通る。この線を物体AB側に延長した線とLMとが交わった点が，点Bの虚像の位置になる。よって，3倍の大きさになる。ゆえに，答えは③。

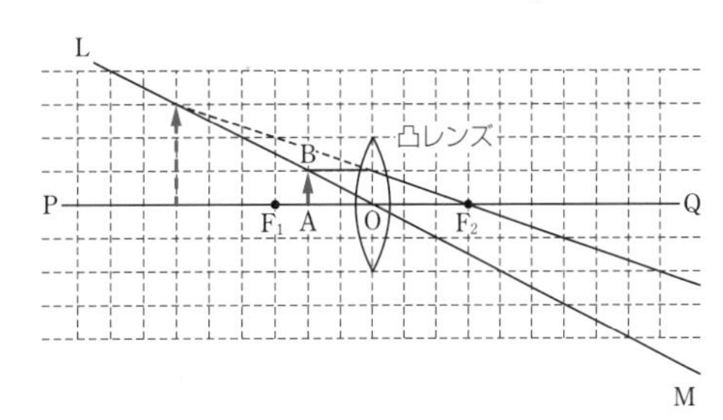

028 ③

解説 Aを通った光とBを通った光が干渉してスクリーン上で強めあったり，弱めあったりして明暗の縞模様ができる。このとき経路差が波長の整数倍のときに山と山が重なって光が強めあうので，明線条件は

$$|\text{AP} - \text{BP}| = m\lambda$$

ただし $m = 0, 1, 2, \cdots$

点Oが $m = 0$ の場合なので，Oに最も近い点Pは $m = 1$ の場合である。

すなわち

$$|\text{AP} - \text{BP}| = \lambda$$

よって答えは③。

要点チェック　電場　（本冊 $p.22$）

ア $k\dfrac{q_1q_2}{r^2}$　イ $q\vec{E}$　ウ $k\dfrac{Q}{r^2}$　エ 負

オ 密　カ $4\pi kQ$　キ qV　ク Ed

ケ $k\dfrac{Q}{r}$　コ 電位　サ 強　シ 直交

ス CV　セ $\varepsilon\dfrac{S}{d}$　ソ $\dfrac{1}{2}CV^2$ $\left(\text{または}\dfrac{1}{2}QV,\ \dfrac{Q^2}{2C}\right)$

タ $\dfrac{\varepsilon}{\varepsilon_0}$　チ C_1+C_2　ツ $\dfrac{1}{C_1}+\dfrac{1}{C_2}$

029　①

解説（ア）　図(a)のように，誘電分極により不導体の帯電体に近い側には負，遠い側には正の等しい大きさの電荷が現れる。帯電体から離れるほど電場は弱くなるので，正の電荷にはたらく斥力の大きさ F_1 は負の電荷にはたらく引力の大きさ F_2 より小さい。よって，不導体と棒の間にはたらく力は引力である。

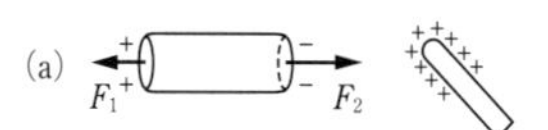

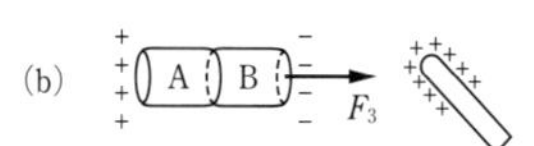

（イ）　図(b)のように，静電誘導により，導体の帯電体に近い側には負，遠い側には正の電荷が現れる。よって，B と棒の間には引力がはたらく。

（ウ）　棒と正の電荷には斥力，棒と負の電荷には引力がはたらいているので，A, B を離しても A は正，B は負に帯電している。十分遠ざけたときには，電気量保存より，図(d)のようにそれらの電荷は一様に分布し，B は負，A は正に帯電している。

以上より，最も適当なものは①。

030　⑧

解説 図のように正方形の一辺の長さを l，電気量 Q，Q，Q' の電荷を A, B, C，クーロンの法則の比例定数を k とする。電気量 q の電荷が A から受ける静電気力 $\vec{F_A}$ は左向きで，その大きさは

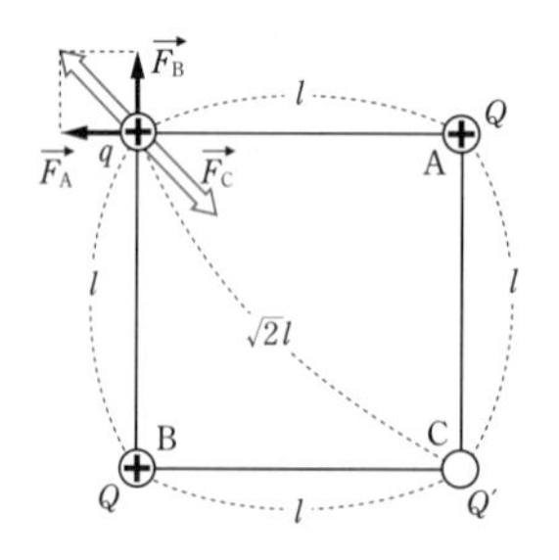

$$F_A=k\frac{qQ}{l^2}$$

B から受ける静電気力 $\vec{F_B}$ は上向きで，その大きさは

$$F_B=k\frac{qQ}{l^2}$$

となる。電気量 q の電荷にはたらく静電気力がつりあっているので，C から受ける静電気力 $\vec{F_C}$ は $\vec{F_A}$ と $\vec{F_B}$ の合力と大きさが同じで逆向きの力である。よって，図のように $\vec{F_C}$ は C との引力となり，$Q'<0$ である。また，図から，$\vec{F_C}$ の大きさは

$$F_C=F_A\times\sqrt{2}=k\frac{qQ}{l^2}\times\sqrt{2}$$

となる。ここで，クーロンの法則から，F_C は

$$F_C=k\frac{q|Q'|}{(\sqrt{2}l)^2}$$

である。よって，$Q'<0$ であることから

$$k\frac{qQ}{l^2}\times\sqrt{2}=k\frac{q|Q'|}{(\sqrt{2}l)^2}$$

ゆえに　$Q'=-2\sqrt{2}Q$

以上より，正しいものは⑧。

> **知識の確認　クーロンの法則**
>
> $$F=k\frac{q_1q_2}{r^2}$$
>
> F：静電気力の大きさ　k：クーロンの法則の比例定数
>
> q_1，q_2：2 つの点電荷の電気量の大きさ
>
> r：点電荷間の距離

031　⑥

解説 誘電体を入れると，誘電体が入っていない部分のコンデンサーと，入っている部分のコンデンサーが直列接続していることと同じになる。極板の面積を S，誘電体が入っていない部分の誘電率を ε_0 として，誘電体を入れる前のコンデンサーの電気容量を $C=\varepsilon_0\dfrac{S}{d}$ とする。

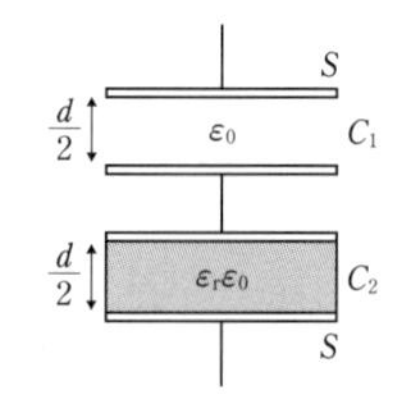

誘電体を入れた後の，誘電体が入っていない部分の電気容量は

$$C_1=\varepsilon_0\frac{S}{\frac{d}{2}}=2\varepsilon_0\frac{S}{d}=2C$$

誘電体が入っている部分の電気容量は

$$C_2=\varepsilon_r\varepsilon_0\frac{S}{\frac{d}{2}}=2\varepsilon_r\varepsilon_0\frac{S}{d}=2\varepsilon_rC$$

C_1，C_2 を直列接続したときの合成容量を C' とすると

$$\frac{1}{C'}=\frac{1}{C_1}+\frac{1}{C_2}=\frac{1}{2C}+\frac{1}{2\varepsilon_rC}=\frac{\varepsilon_r+1}{2\varepsilon_rC}$$

よって　$\dfrac{C'}{C}=\dfrac{2\varepsilon_r}{\varepsilon_r+1}$

したがって，正しいものは⑥。

> **知識の確認　コンデンサーの電気容量**
>
> $$C=\varepsilon\frac{S}{d}$$
>
> C：コンデンサーの電気容量　ε：誘電率
>
> S：極板の面積　d：極板の間隔

要点チェック　電流　（本冊 p.24）

ア $\rho\dfrac{l}{S}$　イ $\rho_0(1+\alpha t)$　ウ $nvtS$　エ $envS$

オ 直列　カ 小さい　キ 並列　ク 大きい

ケ 並列　コ $\dfrac{r_A}{n-1}$　サ 直列　シ $(n-1)r_V$

ス $E-rI$　セ $\dfrac{R_3}{R_x}$　ソ 整流

032　問1　④　問2　⑤

解説 問1　図のように，3つの抵抗を流れる電流を I_1，I_2，I_3 とすると，点A，点B，点Cについてキルヒホッフの法則Ⅰより

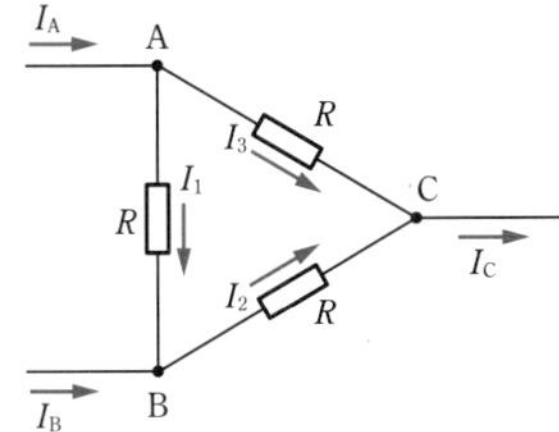

$$I_A=I_1+I_3 \quad \cdots\cdots ①$$
$$I_B+I_1=I_2 \quad \cdots\cdots ②$$
$$I_3+I_2=I_C \quad \cdots\cdots ③$$

①＋②＋③ 式より

$$I_A+I_B=I_C$$

ゆえに $I_A+I_B-I_C=0$

以上より，正しいものは④。

問2　閉回路ABCについて，キルヒホッフの法則Ⅱより

$$0=RI_1+RI_2-RI_3$$

よって

$$I_1+I_2-I_3=0 \quad \cdots\cdots ④$$

ここで

①式より $I_3=I_A-I_1$

②式より $I_2=I_B+I_1$

これらを④式に代入すると

$$I_1+I_B+I_1-(I_A-I_1)=0$$

ゆえに $I_1=\dfrac{I_A-I_B}{3}$

よって，点Bに対する点Aの電位は，AB間の抵抗 R での電圧降下

$$RI_1=\frac{R}{3}(I_A-I_B)$$

だけ高くなる。

以上より，正しいものは⑤。

> **知識の確認　キルヒホッフの法則**
> キルヒホッフの法則Ⅰ
> 　回路中の交点について
> 　　流れこむ電流の和＝流れ出る電流の和
> キルヒホッフの法則Ⅱ
> 　回路中の一回りの閉じた経路について
> 　　起電力の和＝電圧降下の和

033　問1　⑦　問2　⑤

解説 問1　電流計の内部抵抗 r に流れる電流が I であるから，電圧降下は rI で，これは R_1 による電圧降下に等しい。よって R_1 に流れる電流を I_1 とすると

$$rI=R_1I_1 \text{ より } I_1=\frac{rI}{R_1}$$

キルヒホッフの法則より，抵抗Aを流れる電流は

$$I+I_1=\frac{r+R_1}{R_1}I$$

以上より，正しいものは⑦。

問2　電流計と抵抗値 R_2 の抵抗は直列接続なので R_2 を流れる電流も I である。R_2 と内部抵抗 r の電圧降下の和は抵抗Bの両端に加わる電圧に等しいので

$$R_2I+rI=(r+R_2)I$$

以上より，正しいものは⑤。

要点チェック　電流と磁場　（本冊 p.26）

ア $k_m\dfrac{m_1m_2}{r^2}$　イ N　ウ S　エ 磁場

オ 密　カ $\dfrac{I}{2\pi r}$　キ $\dfrac{I}{2r}$　ク nI

ケ フレミングの左手の法則　コ $\mu\vec{H}$

サ BS　シ $IBl\sin\theta$　ス 引力　セ 斥力

ソ $\dfrac{\mu I_1I_2}{2\pi r}l$　タ qvB　チ $qvB\sin\theta$

034　ア ③，イ ①，ウ ③，エ ⓪，オ ③

解説 問1　直線電流がつくる磁場の式「$H=\dfrac{I}{2\pi r}$」より

$$H=\frac{3.0}{2\times\pi\times0.15}=3.18\cdots\fallingdotseq3.2\,\text{A/m}$$

よって，［ア］の正解は③。

問2　円形電流がつくる磁場の式「$H=\dfrac{I}{2r}$」より

$$H=\frac{0.28}{2\times0.14}=1.0\,\text{A/m}$$

よって，［イ］の正解は①。

問3　1m当たりの巻数

$$n=\frac{300}{0.20}=1.5\times10^3/\text{m}$$

ソレノイドを流れる電流がつくる磁場の式「$H=nI$」より

$$H=(1.5\times10^3)\times2.0=3.0\times10^3\,\text{A/m}$$

よって，［ウ］，［エ］，［オ］の正解はそれぞれ，③，⓪，③。

> **知識の確認　電流がつくる磁場**
> ①直線電流の周囲の磁場：$H=\dfrac{I}{2\pi r}$
> ②円形電流の中心の磁場：$H=\dfrac{I}{2r}$
> ③ソレノイドの内部の磁場：$H=nI$

035　ア ①，イ ②

解説 (ア) 直線電流の周囲には，電流に垂直な平面内で同心円状の磁力線が生じている。その向きは，電流の流れる向きに進む右ねじの回る向きに等しい。よって，電線Aを流れる電流が，電線Bの位置につくる磁場の向きは①である。

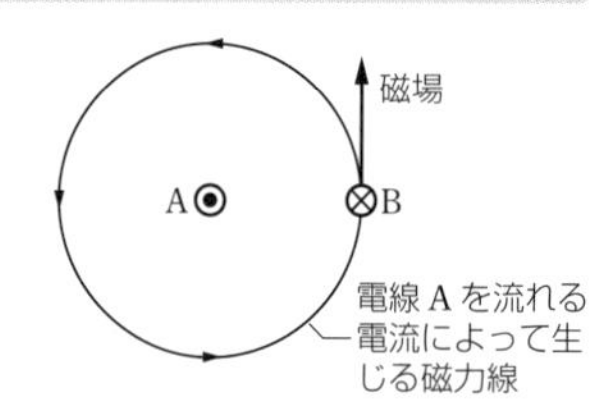

〔注〕 ⊙は紙面の裏から表へ，⊗は表から裏への向きを示す。

(イ) 電線Bを流れる電流は，この磁場から力を受ける。力の向きは，フレミングの左手の法則より，電線Aから遠ざかる向きとなる。

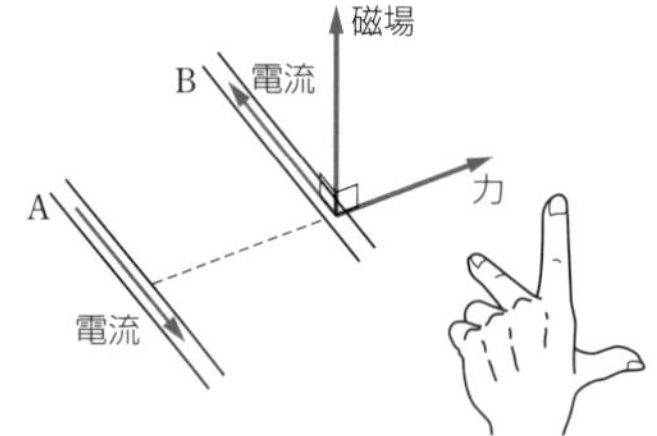

したがって，②が正解となる。

036　③

解説 磁場中で，ローレンツ力が等速円運動の向心力となるから

$$m\frac{v^2}{R}=qvB \qquad \text{よって} \quad R=\frac{mv}{qB}$$

以上より，正しいものは③。

> **知識の確認 ローレンツ力**
>
> $f=qvB$
>
> f：力の大きさ　q：電気量の大きさ　v：速さ
>
> B：磁束密度の大きさ

要点チェック　電磁誘導と電磁波　(本冊 *p*.28)

ア 誘導起電力　イ 誘導電流　ウ $-N\frac{\Delta\Phi}{\Delta t}$

エ vBl　オ $-L\frac{\Delta I}{\Delta t}$　カ $\frac{1}{2}LI^2$　キ $-M\frac{\Delta I_1}{\Delta t}$

ク $\frac{1}{\sqrt{2}}V_0$　ケ $\frac{1}{\sqrt{2}}I_0$　コ $\frac{1}{2}I_0V_0$　サ ωL

シ 進む　ス $\frac{1}{\omega C}$　セ 遅れる　ソ 抵抗

タ 赤外線　チ 紫外線　ツ X線　テ 熱放射

037　⑥

解説 導体棒の速さが v のとき，誘導起電力の大きさ V は $V=vBd$ である。導体棒中の自由電子はP→Qの向きのローレンツ力を受けるため，起電力の向きはQ→Pの向きとなる。求める電流を I とおき，図aの経路について，キルヒホッフの法則IIを適用して

$$E-vBd=rI \qquad \text{よって} \quad I=\frac{E-vBd}{r}$$

以上より答えは⑥。

補足 導体棒に生じる誘導起電力の向きは，レンツの法則からも求められる。回路を貫く鉛直上向きの磁束が増加しているので，鉛直下向きに磁場を生じさせる誘導電流を流そうとする向きに，誘導起電力が生じる。よって，その向きはQ→Pである。

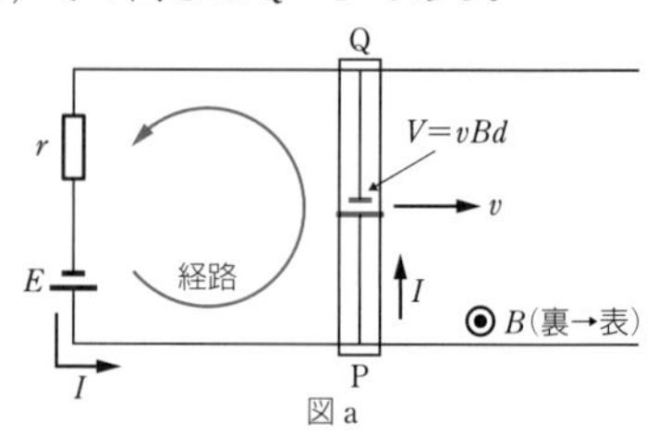

図a

038　①

解説 抵抗，コイル(自己インダクタンス L)，コンデンサー(電気容量 C)を直列接続した回路は共振回路とよばれ，交流電源の周波数を変えていくと，共振周波数と一致したときに，回路を流れる電流が最大となる。

共振周波数 f_0 は

$$f_0=\frac{1}{2\pi\sqrt{LC}}$$

と表される。

両辺を2乗して　$f_0^2=\frac{1}{4\pi^2LC}$

これを C について解くと　$C=\frac{1}{4\pi^2Lf_0^2}$

問題文の数値を代入して

$$C=\frac{1}{4\times3.14^2\times0.40\times250^2}=\frac{1}{3.14^2\times10^5}$$
$$=0.101\cdots\times10^{-5}$$
$$\fallingdotseq 1.0\times10^{-6}\,\text{F}=1.0\,\mu\text{F}$$

以上より答えは①。

039　③

解説 ① 誤り。電磁波は横波であり，電場と磁場は進行方向に対して垂直な方向に振動する。

② 誤り。真空中の電磁波は，その波長によらず同じ速さで伝わる。したがって，真空中では赤外線の伝わる速さと紫外線の伝わる速さは等しい。

③ 正しい。高温の物体は電磁波を放射し，その強度の波長分布は物体の温度によって定まる。この現象を熱放射とよぶ。

④ 誤り。電波はビルなどの障害物の背後にもまわりこむが，これは電波が回折するためである。

以上より，正解は③である。

要点チェック　電子と光　(本冊 *p*.30)

ア 負　イ 電気素量　ウ 光子(光量子)

エ，オ $h\nu$，$\dfrac{hc}{\lambda}$(順不同)　カ 限界振動数
キ 限界波長　ク 仕事関数　ケ $h\nu-W$
コ 阻止電圧　サ 熱電子　シ 連続X線
ス 固有X線(特性X線)　セ ブラッグの条件
ソ 物質波　タ $\dfrac{h}{mv}$

040 問1 ④　問2 ①

解説 問1 陰極線の実体は電子である。このことは，陰極線が物体にさえぎられたり，電場や磁場によって曲がることなどから確かめられた。
よって，正解は④となる。
問2 電子は負電荷をもっているので，問題文のように電場を加えると，上に曲がる。
よって，正解は①となる。

041 ア ④，イ ⓑ
ウ・エ ⑦，⓪(順不同)

解説 (ア) アインシュタインは，光量子仮説を提唱し，光を光子(光量子)と名づけた粒子の集まりの流れであるとした。よって ア の正解は④。
(イ) 光子1個当たりのエネルギーは$h\nu$である。よって イ の正解はⓑ。
(ウ)，(エ) 光の粒子性を証明する現象として，光電効果，コンプトン効果などがあげられる。ドップラー効果，ニュートンリング，ヤングの干渉は，いずれも波動性に関係した現象である。よって ウ，エ の正解は⑦，⓪(順不同)。

042 ②

解説 光電効果において，ある値(仕事関数とよばれる)以上のエネルギーをもった電磁波を当てないと，電子は飛び出てこない。電磁波のエネルギーは電磁波の振動数νに比例するので，振動数も一定値より大きい必要がある。この最小の振動数のことを限界振動数という。よって，正解は②となる。

知識の確認 光電効果
$K_0=h\nu-W$
K_0：電子の運動エネルギーの最大値　h：プランク定数
ν：光の振動数　W：仕事関数

043 (a) ④　(b) ⑥　(c) ⑤

解説 (a) 金属の表面に光を当てたとき，電子が金属から飛び出てくる現象を光電効果という。よって正解は④。
(b) X線を物質に当てると，物質中の電子がX線のエネルギーの一部を得てはね飛ばされる。この現象をコンプトン効果といい，X線の粒子性を表す一例である。よって正解は⑥。
(c) X線を原子が規則正しく並んだ結晶に入射させると，多くの原子によってX線は散乱されるが，結晶内の隣りあう格子面で反射したX線が干渉して強めあうことがある。この現象をブラッグ反射とよび，X線の波動性の代表例である。よって正解は⑤。

要点チェック 原子と原子核 (本冊 p.32)

ア 原子核　イ 電子　ウ $R\left(\dfrac{1}{n'^2}-\dfrac{1}{n^2}\right)$
エ リュードベリ定数　オ $n\cdot\dfrac{h}{mv}$
カ エネルギー準位　キ 基底状態
ク 励起状態　ケ 核子　コ 陽子
サ 4　シ 2　ス 同じ　セ 1
ソ $\left(\dfrac{1}{2}\right)^{\frac{t}{T}}$　タ mc^2　チ 結合エネルギー

044 ④

解説 原子の中心には，原子の質量の大部分と正電荷が集中している部分があり，これを原子核とよぶ。α粒子は正電荷をもっているので，同じ正電荷をもつ原子核から斥力を受けて曲げられる。このとき，原子核はα粒子に比べて非常に重いので，α粒子は大きく向きを変える。また，電子はα粒子に比べて非常に軽いので，原子核以外の電子が分布する部分では，α粒子はほとんど向きを変えずに直進する。
以上より，正解は④となる。

045 ア ①，イ ⑥
ウ ③，エ ④

解説 原子核は正電荷をもち，電子は負電荷をもつため，これらの間には引力(クーロン力，または静電気力)がはたらき，互いに結合している。原子核は正電荷をもつ陽子と，電荷をもたない中性子からなる。
よって正解は ア ①，イ ⑥，ウ ③，エ ④。

046 ア ②，イ ④，ウ ⑥

解説 (ア) ウラン235($^{235}_{92}U$)は中性子を吸収すると不安定になり，ほぼ半分の質量の2つの原子核に壊れる。この際2～3個の速い中性子が出る。よって正解は②となる。
(イ) 質量の大きい原子核が分裂して大きなエネルギーが解放される現象を核分裂という。よって正解は④となる。
(ウ) 核分裂で飛び出した中性子が，また別の原子核を核分裂させて，核分裂が次々に広がっていく現象を，核分裂の連鎖反応という。よって正解は⑥となる。

知識確認の問題

Ⅱ 考察問題

047 問1 ア ⑤，イ ④　問2 ①

解説 問1　筒にはたらく重力は mg である。筒の重心をGとし，点AおよびCにはたらく鉛直上向きの力の大きさを N_A，N_C とすると，はたらく力は図aのようになっている。

この状態では筒は回転しないでつりあっているので，鉛直方向の力のつりあいは，上向きを正として

$$N_A + N_C - mg = 0 \quad \cdots\cdots ①$$

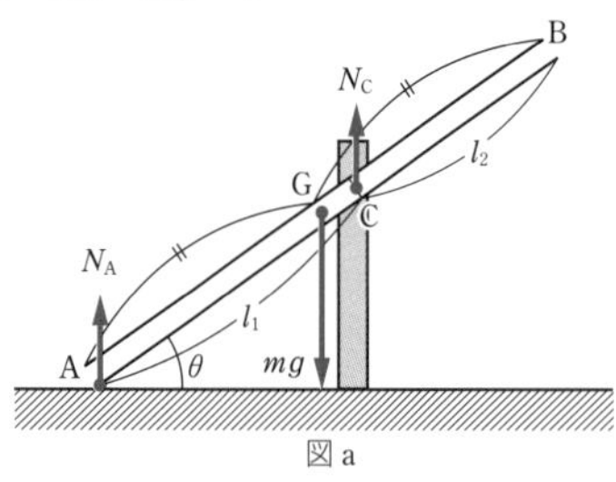

図a

筒は一様なので，重心Gは筒ABの中点にある。筒と床とのなす角を θ とおいて，点Aのまわりの力のモーメントのつりあいより

$$N_C \cdot l_1 \cos\theta - mg \cdot \frac{l_1 + l_2}{2} \cos\theta = 0 \quad \cdots\cdots ②$$

②式より

$$N_C = mg \cdot \frac{l_1 + l_2}{2l_1} = \frac{1}{2} mg\left(1 + \frac{l_2}{l_1}\right)$$

よって，正解は④。　… イ の答え

①式より

$$N_A = mg - N_C = mg - \frac{1}{2} mg\left(1 + \frac{l_2}{l_1}\right)$$

$$= \frac{1}{2} mg\left(1 - \frac{l_2}{l_1}\right)$$

よって，正解は⑤。　… ア の答え

問2　筒CBの部分の水の体積は Sl_2 であるから，その質量は ρSl_2 である。したがって，水にはたらく重力の大きさは $\rho Sl_2 g$ となる。筒が回転を始めるのは，支点Cのまわりの力のモーメントがつりあったときである。水の重心の位置を G_W とすると，筒と水にはたらく力は図bのようになっている。

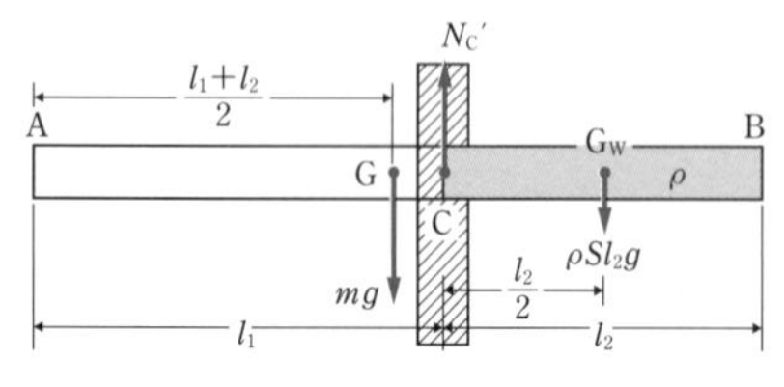

図b

点Cのまわりの力のモーメントのつりあいより

$$mg\left(l_1 - \frac{l_1 + l_2}{2}\right) - \rho Sl_2 g \cdot \frac{l_2}{2} = 0$$

$$m \cdot \frac{l_1 - l_2}{2} = \frac{\rho S l_2^2}{2}$$

よって $l_1 = l_2 + \dfrac{1}{m}\rho S l_2^2$

したがって，正解は①。

048 問1 ⑤　問2 ③

解説 問1　図aのように三角形の板Aと長方形の板Bに分けて考える。

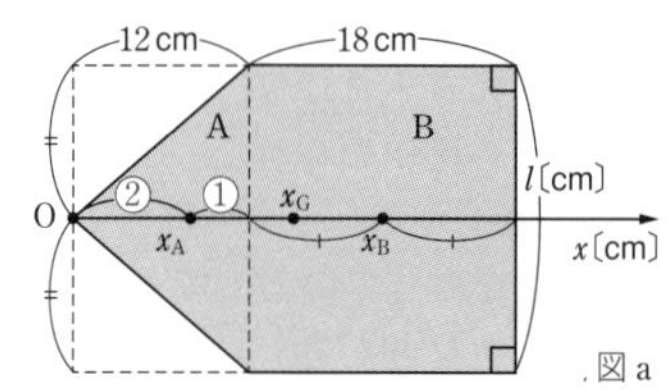

図a

Bの縦の長さを l〔cm〕とすると，Aの面積 S_A とBの面積 S_B の比は

$$S_A : S_B = l \times 12 \times \frac{1}{2} : l \times 18 = 1 : 3$$

よって，Aの質量を m〔kg〕とすると，Bの質量は $3m$〔kg〕である。AとBの重心の x 座標をそれぞれ x_A〔cm〕，x_B〔cm〕とおくと

$$x_A = 12 \times \frac{2}{3} = 8.0\,\text{cm}$$

$$x_B = 12 + 18 \times \frac{1}{2} = 21\,\text{cm}$$

重心の公式より，重心の位置 x_G〔cm〕は

$$x_G = \frac{m \times 8.0 + 3m \times 21}{m + 3m} = \frac{8.0 + 63}{4} = \frac{71}{4}$$

$$= 17.75 \fallingdotseq 18\,\text{cm}$$

よって，正解は⑤。

問2　図bのようにAの重心の x 座標を x_A〔cm〕，Bの重心の x 座標を x_B〔cm〕，A＋Bの重心の位置を x_G〔cm〕とする。

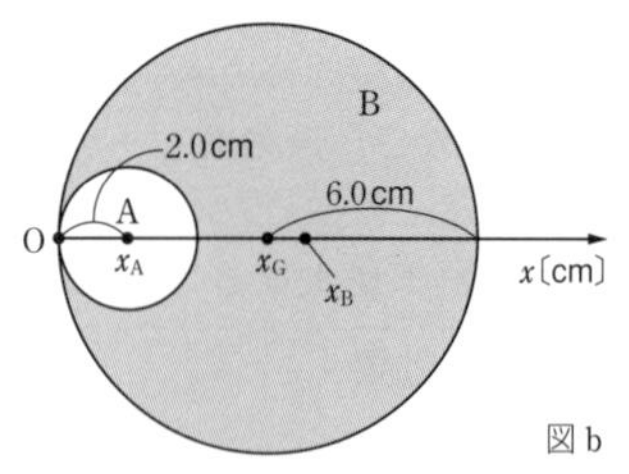

図b

Aの面積 S_A と，A＋B の面積 S の比は

$$S_A : S = \pi \times 2.0^2 : \pi \times 6.0^2 = 2.0^2 : 6.0^2 = 1 : 9$$

よって，Aの質量を m〔kg〕とすると，Bの質量は

$$9m - m = 8m\,\text{〔kg〕}$$

A＋B の重心の位置は $x_G = 6.0\,\text{cm}$ で，Aの重心の位置は $x_A = 2.0\,\text{cm}$ である。Bの重心の位置を x_B〔cm〕とすると，重心の公式より

$$x_G = \frac{m \times x_A + 8m \times x_B}{m + 8m}$$

数値を代入して整理すると $6.0 = \dfrac{2.0 + 8x_B}{9}$

よって　$52=8x_{\mathrm{B}}$　　ゆえに　$x_{\mathrm{B}}=6.5\,\mathrm{cm}$
したがって，正解は③。

049　問1　①　　問2　④　　問3　④

解説 問1「ロケットに対するガスの速さ v」は，ロケットから見た相対速度のことで，地上から見たガスの速度 $v_{ガ}$ からロケットの速度を引いたものである。すなわち，速度 V のロケットから見て後方に v（相対速度 $-v$）の速度なので，相対速度の式「$\overrightarrow{v_{\mathrm{AB}}}=\overrightarrow{v_{\mathrm{B}}}-\overrightarrow{v_{\mathrm{A}}}$」より

$-v=v_{ガ}-V$　　よって　$v_{ガ}=V-v$

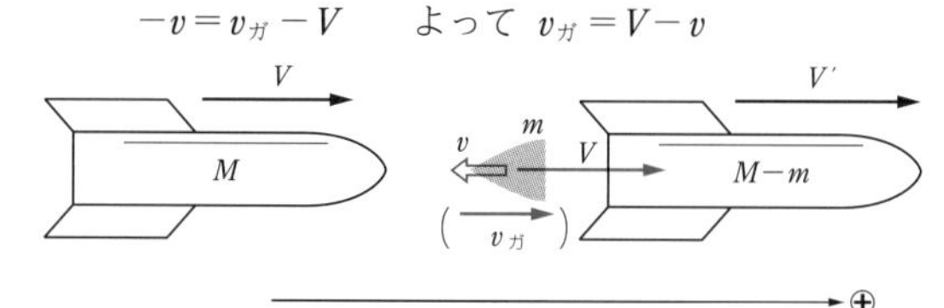

このとき，ガスの運動量の変化は

$m(V-v)-mV=-mv$

この値は，ロケットがガスに与えた力積であり，その大きさはガスがロケットに与えた力積に等しい。したがって，ロケットが受けた力積の大きさは mv である。
以上より，正解は①。

問2　ガスの噴射はロケットから及ぼされる内力によって起こるので，噴射の前後で運動量が保存される。

$MV=(M-m)V'+m(V-v)$　　…… ①

以上より，正解は④。

問3　①式より

$MV=(M-m)V'+mV-mv$
$(M-m)V'=(M-m)V+mv$

ゆえに　$V'=V+\dfrac{m}{M-m}v$

以上より，正解は④。

注意 運動量保存則は，静止した観測者から見た速度を用いて式を立てる。ロケットに対するガスの相対速度をそのまま代入してはいけない。

050　問1　③　　問2　②
問3　ア ②，イ ③，ウ ①

解説 問1　地球の半径を2物体間の距離と考えてよいので，万有引力の大きさは　$G\dfrac{Mm}{R^2}$

よって，正解は③。

問2

思考の過程▶ この物体は地球の自転とともに円運動している。円運動の半径はいくらだろうか。

図aのように，物体と回転軸の距離 $R\cos\theta$ が物体の円運動の半径であるから，物体とともに円運動する観測者から見ると，物体には，大きさ $m(R\cos\theta)\omega^2$ の遠心力がはたらく。以上より，正解は②。

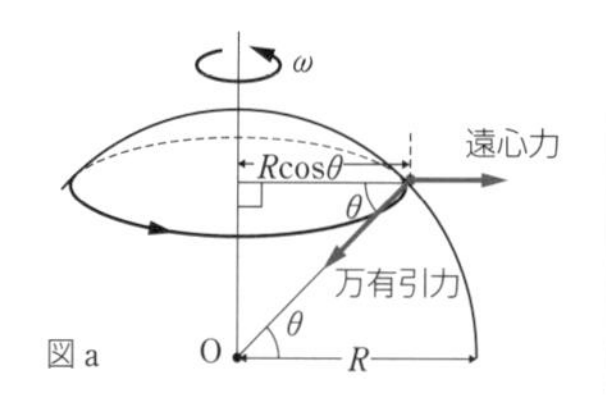

図a

知識の確認
半径 r，角速度 ω で等速円運動する質量 m の物体を，物体とともに円運動しながら観測したときに物体にはたらく遠心力の大きさは　$f=mr\omega^2$　である。

問3　$\theta=90^\circ$ のとき，$\cos\theta=0$ であるから，問2より遠心力の大きさは0である。
よって ア は②。

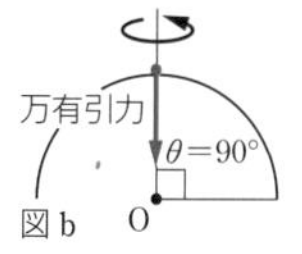

図b

$\theta=0^\circ$ のとき，物体の円運動の中心が点Oに一致するので，万有引力は物体から点Oに向かう向き，遠心力は点Oから遠ざかる向きとなる。よって，イ は③。
$\theta=90^\circ$ のときは，重力の大きさは万有引力に等しく，$\theta=0^\circ$ のときは，遠心力の分だけ万有引力よりも小さくなる。よって ウ は①。

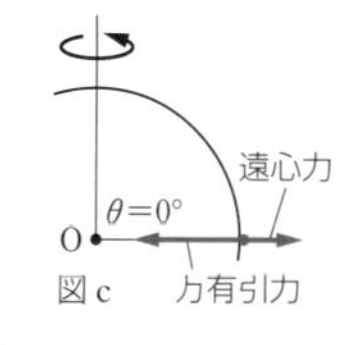

図c

051　ア ①，イ ②，ウ ②

解説

思考の過程▶ 単振り子の周期の式 $T=2\pi\sqrt{\dfrac{L}{g}}$ の右辺において変化するのは L のみである。
L を大きくすれば T は大きく，L を小さくすれば T は小さくなる。

（ア）　L が小さいときと大きいときを比べているので，周期は前者のほうが短い。よって，正解は①。
（イ）　座って乗るよりも立って乗ったほうが重心の位置が上がり，支点から重心までの距離が短くなる。これはひもがより短くなったような状態と考えられるので周期は後者のほうが短いと考えられる。よって，正解は②。
（ウ）　板を重くしても式(1)より周期は変化しない。よって，正解は②。

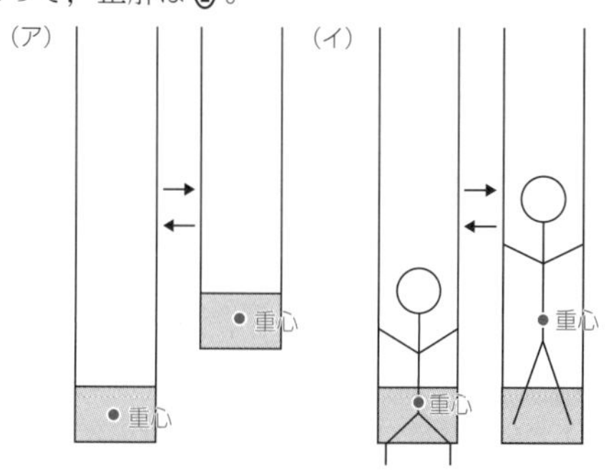

052　④

解説 斜面の傾きの角度を θ とすると，(a)は $\theta=0°$，(b)は $\theta=30°$，(c)は $\theta=90°$ の場合とみなすことができる。

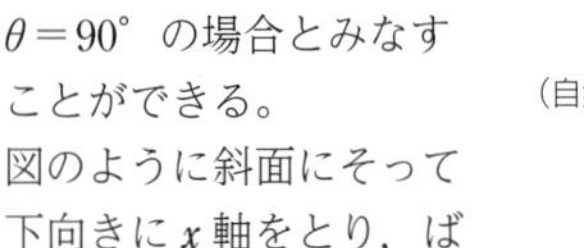

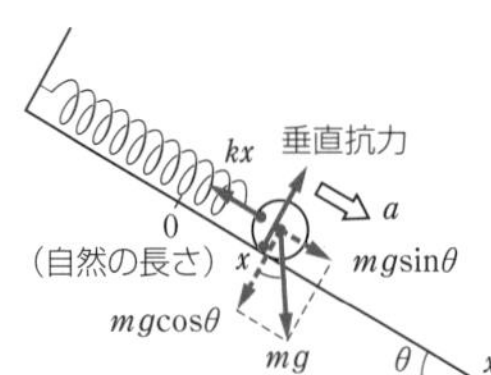

図のように斜面にそって下向きに x 軸をとり，ばねが自然の長さのときの小球の位置を $x=0$ とする。また，小球が座標 x にあるときの小球の加速度を a，重力加速度の大きさを g とすると，小球の運動方程式は

$$ma=mg\sin\theta-kx$$

よって

$$a=-\frac{k}{m}\left(x-\frac{mg\sin\theta}{k}\right)$$

となり，小球は，$x=\dfrac{mg\sin\theta}{k}$ を振動の中心とし，角振動数が $\omega=\sqrt{\dfrac{k}{m}}$ の単振動を行うと考えられる。ゆえに，単振動の周期は $\dfrac{2\pi}{\omega}=2\pi\sqrt{\dfrac{m}{k}}$ となり，θ によらないので，$T_a=T_b=T_c$ と考えられる。

したがって，正しいものは④。

053　⑥

解説 気体分子の運動エネルギーの平均値は，気体の絶対温度を T，分子の速度の 2 乗の平均を $\overline{v^2}$，分子の質量を m，ボルツマン定数を k とすると

$$\frac{1}{2}m\overline{v^2}=\frac{3}{2}kT$$

である。よって，分子の二乗平均速度は

$$\sqrt{\overline{v^2}}=\sqrt{\frac{3kT}{m}}$$

と表される。

したがって，$\sqrt{\overline{v^2}}$ は分子の質量が小さいほど大きくなり，気体の温度が高いほど大きくなる。また，気体の圧力を変化させても，温度 T が一定に保たれていれば，$\sqrt{\overline{v^2}}$ は変化しない。

以上より，最も適当なものは⑥。

054

問1　［ア］④，［イ］③，［ウ］②，［エ］④
問2　［オ］③，［カ］②，［キ］④

解説 問 1

> **思考の過程▶** 気体の状態変化の問題である。
> ある 1 つの状態については，理想気体の状態方程式を立てる。
> ある 1 つの状態から別の状態への変化については，熱力学第一法則を用いる。

（ア）　定積変化では気体は仕事をしない。よって，正解は④。

（イ）　気体の物質量を n〔mol〕とすれば，状態 A についての状態方程式は（気体定数を R として）

$$p_0V_0=nRT_0$$

状態 A→状態 B は定積変化なので V_0 は一定であり，nR も変化しないので，圧力が α 倍になれば温度も α 倍である。つまり，状態 B の温度は αT_0 である。

単原子分子理想気体で，温度変化が αT_0-T_0 なので気体の内部エネルギーの変化 $\varDelta U_{AB}$ は

$$\varDelta U_{AB}=\frac{3}{2}nR(\alpha T_0-T_0)$$
$$=\frac{3}{2}(\alpha-1)nRT_0$$
$$=\frac{3}{2}(\alpha-1)p_0V_0$$

よって，正解は③。

（ウ）　状態 B→状態 C は定圧変化なので気体のした仕事 W_{BC} は

$$W_{BC}=\alpha p_0(\beta V_0-V_0)=\alpha(\beta-1)p_0V_0$$

よって，正解は②。

（エ）　状態 C→状態 A は断熱変化であり，外部との熱のやりとりがない。よって，正解は④。

> **知識の確認　気体の内部エネルギーの変化と仕事**
> 　圧力 p，体積 V，物質量 n，温度 T の理想気体について気体定数を R とすると
> $$pV=nRT$$
> が成りたつ。単原子分子理想気体の内部エネルギーの変化 $\varDelta U$ は，温度変化を $\varDelta T$ として
> $$\varDelta U=\frac{3}{2}nR\varDelta T$$
> 定圧変化で気体が外部にした仕事 W' は，体積変化を $\varDelta V$ とすると
> $$W'=p\varDelta V$$

問 2

> **思考の過程▶** 断熱変化では，気体の圧力が変化するので気体がした仕事を直接計算するのは難しい。
> →熱力学第一法則を用いて間接的に求めることを考えてみる。

（オ）　状態 C の温度を T_C とすると状態方程式より

$$\alpha p_0\cdot\beta V_0=nRT_C$$

一方，$p_0V_0=nRT_0$ であったから

$$T_C=\alpha\beta T_0$$

したがって，状態 C→状態 A における内部エネルギーの変化 $\varDelta U_{CA}$ は

$$\varDelta U_{CA}=\frac{3}{2}nR(T_0-\alpha\beta T_0)=\frac{3}{2}(1-\alpha\beta)nRT_0$$
$$=\frac{3}{2}(1-\alpha\beta)p_0V_0$$

したがって，状態 C →状態 A において気体がした仕事を W_{CA} とすれば，熱力学第一法則「$\Delta U=Q+W$」より

$$\Delta U_{CA}=0+(-W_{CA})$$

よって　$W_{CA}=-\Delta U_{CA}=\frac{3}{2}(\alpha\beta-1)p_0V_0$

となり，A → B → C → A のサイクルで気体がした仕事 W' は

$$W'=0+\alpha(\beta-1)p_0V_0+\frac{3}{2}(\alpha\beta-1)p_0V_0$$
$$=\frac{5\alpha\beta-2\alpha-3}{2}p_0V_0$$

以上より，正解は③。

知識の確認 熱力学第一法則
物体が受け取った熱量を Q，物体がされた仕事を W とすると，内部エネルギーの変化 ΔU は
$$\Delta U=Q+W$$

(カ)，(キ)

思考の過程▶ 気体がする仕事の符号について，膨張するとき正，収縮するとき負である。
→熱サイクルでは，p-V 図において反時計回りのサイクルは，負の仕事をしているときのほうが圧力は大きいので，仕事の大きさが大きくなる。つまり，熱サイクル全体で負の仕事をすることになる。

A → B → C → A の熱サイクルは p-V 図が反時計回りなので，負の仕事をする。よって，(カ)の正解は②。

また，熱サイクルでは，結局，同じ温度にもどるので，内部エネルギーの変化は 0 である。よって，(キ)の正解は④。

055　[1] ②，[2] ④，[3] ①

解説

思考の過程▶ ピストンは静止している。
→ピストンにはたらく重力と気体の圧力による力がつりあっている。

図 1 において，気体の圧力を p，ピストンの断面積を S とする。
気体の状態方程式より

$$p\cdot Sh=nRT \quad \cdots\cdots ①$$

また，ピストンにおける力のつりあいより

$$pS=mg \quad \cdots\cdots ②$$

①，②式より

$$mgh=nRT$$

よって，[1] の答えは②。

思考の過程▶ 外部と熱のやりとりを行う機構がないため，気体が吸収する(または放出する)熱量は 0 である。
→シリンダー内のエネルギーが保存され，ピストンが失った位置エネルギーは，最終的に気体の内部エネルギーに移動する。

図 2 において，ピストンは気体を押しながら落下するので，気体はピストンから押されることで正の仕事をされる。
よって，[2] の答えは④。

思考の過程▶ 理想気体の内部エネルギーの変化は理想気体の温度変化に比例する。

気体が吸収する熱量 Q，ピストンからされる仕事 W，内部エネルギーの変化 ΔU の関係は，熱力学第一法則より　$\Delta U=Q+W$
ここで，$Q=0$，$W>0$ なので，$\Delta U>0$ となる。つまり，気体の温度は上がる。
よって，[3] の答えは①。

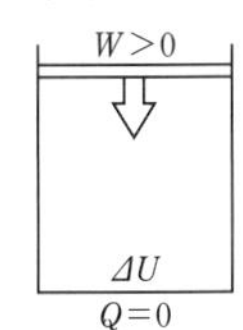

056　問 1 ④　問 2 ④　問 3 ④

解説 問 1　屈折の前後で水面波の振動数は 3.0 Hz のままであるから，波の基本式 ($v=f\lambda$) より，波の伝わる速さが速いほうが波長は長い。したがって，波長が長いのは深い部分である。その波長を λ[m] とすれば

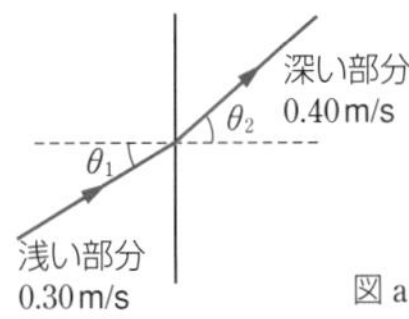

図 a

$$0.40=3.0\lambda$$

よって　$\lambda=\frac{0.40}{3.0}=0.133\cdots\fallingdotseq 0.13\,\mathrm{m}$

以上より，正解は④。

問 2　屈折の法則より

$$\frac{\sin\theta_1}{\sin\theta_2}=\frac{0.30}{0.40}$$

$$\sin\theta_2=\frac{4}{3}\sin 30^\circ=\frac{2}{3}=0.66\cdots$$

なお

$$\sin 45^\circ=\frac{\sqrt{2}}{2}=\frac{1.414\cdots}{2}=0.707\cdots$$

$$\sin 30^\circ=0.5$$

であり，鋭角の範囲では角度 θ が大きくなると $\sin\theta$ も大きくなる。したがって $30^\circ<\theta_2<45^\circ$ である。
以上より，正解は④。

問 3

思考の過程▶ 波の屈折と関係のあるものは，境界面があるなどの媒質の変化があり，そこで波の進む向きが変化しているはずである。

① 問1，2にあるように，海岸線に近づき，水深が浅くなることで波の進む向きが変化することによる。

② レンズと空気の境界面で光が屈折することで光を集めている。

③ 浴槽の底から来る光が，お湯と空気の境界面で屈折し，より浅い所から来たような向きに変わることによる(図b)。

④ 風が吹いても，風の向きと平行に進む音波は，進む向きは変わらない。それ以外の向きに進む音波は風下のほうへ進む向きを変えるが，これは媒質(空気)自体が移動することによるのであり，境界面で進む向きが変わるわけではない(図c)。

⑤ 冬の晴れた夜は，地面の近くのほうが温度が低くなり，音が伝わる速さが遅くなる。これは，地面からの距離により波の伝わる速さが変化すること，すなわち屈折が起こりうることを意味する。

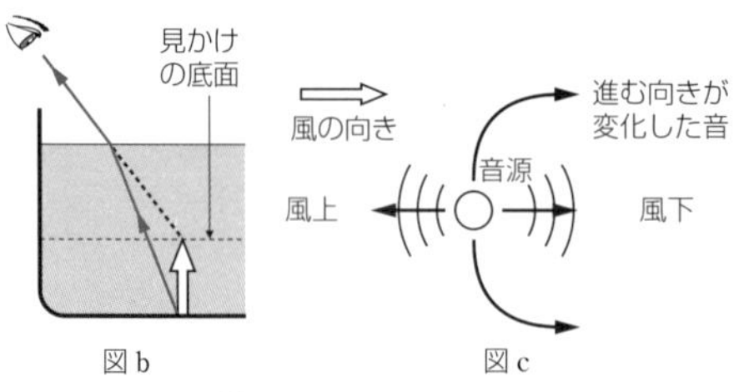

図b　図c

以上より，答えは④。

057　問1 ア ②，イ ⑤　問2 ③
問3 ウ ②，エ ②

解説 問1

思考の過程▶ 波源から遠ざかるほど(極端にいうと無限に遠ざかれば)2波源の違いはなくなるであろうから，波源に近いほうが2波源からの距離の差は大きいと考えられる。

S_1X 上の点Pについて S_2P-S_1P が最大となるのは $P=S_1$ のときで，5.0×10^{-2}m

2つのスリットからの波が干渉して弱めあう条件は

$$S_2P-S_1P=\left(m+\frac{1}{2}\right)\lambda \quad (m=0,\ 1,\ 2,\ \cdots)$$

S_1X 上に弱めあう点は2点しかないので

$P=P_1$ のとき

$$S_2P_1-S_1P_1=\frac{1}{2}\lambda \quad \cdots \text{ア の答え}$$

$P=P_2$ のとき

$$S_2P_2-S_1P_2=\frac{3}{2}\lambda \quad \cdots \text{イ の答え}$$

$\frac{5}{2}\lambda$ は 5.0×10^{-2}m をこえてしまうので，弱めあう点は2点しか現れないと考えられる。

以上より，ア は②，イ は⑤。

問2　S_1S_2 の垂直二等分線上の媒質の振動数

$$\frac{1}{0.10}=1.0\times10\text{Hz}$$

これは，もとの波の振動数に等しい。

よって，正解は③。

問3　図aの直角三角形から $S_2P_1=0.13$m であることがわかる。

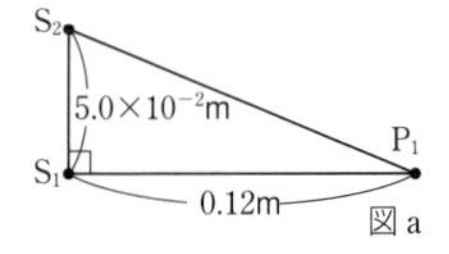

図a

$$S_2P_1-S_1P_1=\frac{1}{2}\lambda$$

なので

$$0.13-0.12=\frac{1}{2}\lambda$$

よって $\lambda=0.02=2\times10^{-2}$m

以上より，ウ ②，エ ②。

058　問1 ア ④，イ ①
問2 ①　問3 ⑦

解説 問1　ドップラー効果の式から

$$F_2=\frac{c+x}{c}F \quad \cdots \text{ア の答え}$$

反射波については，ボールを振動数 F_2 の波源と考え，これが観測者に速さ x で近づくので

$$F_1=\frac{c}{c-x}F_2 \quad \cdots \text{イ の答え}$$

$$=\frac{c}{c-x}\times\frac{c+x}{c}F$$

$$=\frac{c+x}{c-x}F$$

以上より，ア は④，イ は①。

問2　うなりの1秒間当たりの回数は，2つの波の振動数の差に等しいので $|F-F_1|$

よって，正解は①。

問3　うなりの1秒間当たりの回数は

$$|F-F_1|=\frac{c+x}{c-x}F-F$$

$$=\frac{2x}{c-x}F$$

$$=2\times\frac{x}{1-\frac{x}{c}}\times\frac{F}{c}$$

$$\fallingdotseq\frac{2xF}{c}$$

また，$\frac{c}{F}$ が波長 3.00×10^{-2}m なので

$$3.00\times10^3=\frac{2x}{3.00\times10^{-2}}$$

よって $x=4.50\times10$m/s

つまり，1秒当たり45.0m進むので，1時間当たりでは $45.0\times60\times60$m 進む。したがって

$$45.0\times60\times60\times10^{-3}=162\text{km/h}$$

以上より，正解は⑦。

知識の確認 ドップラー効果

図の状況で観測される振動数は

$$f'=\frac{V-v_O}{V-v_S}f$$

059 問1 ⑤ 問2 ④

解説 問1 $r > r_0$ のとき，ファイバー中を進む光は図aのようになる。ファイバー中の光の経路OABCは図のOAB′C′に等しいから，その光学距離は $n_1 \times \dfrac{L}{\sin r}$ で，

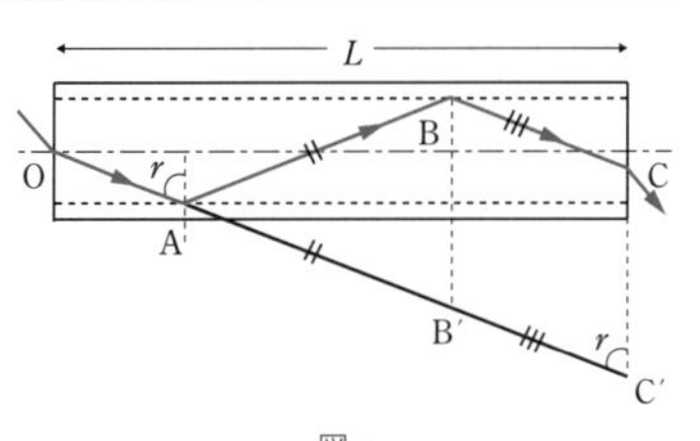

図a

ファイバー中を光が通過するのにかかる時間は

$$\frac{n_1 L}{\sin r} \div c = \frac{n_1 L}{c \sin r}$$

よって，正解は⑤。

問2 端面への入射角が i_0 のとき，ファイバー内の境界面への入射角が r_0 である。図bから，端面での屈折の法則を考えると

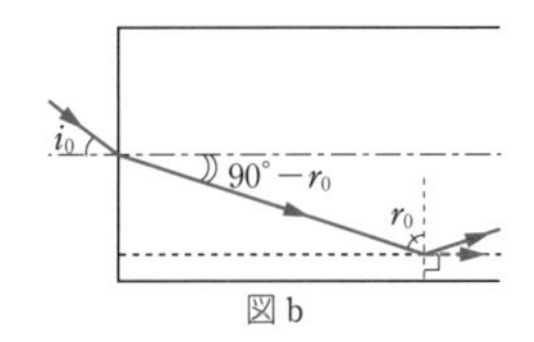

図b

$$\frac{\sin i_0}{\sin(90° - r_0)} = n_1$$

よって $\sin i_0 = n_1 \cos r_0$ …… ①

また，境界面では r_0 が臨界角であるから，屈折の法則より

$$\frac{\sin r_0}{\sin 90°} = \frac{n_2}{n_1} \qquad \text{ゆえに} \quad \sin r_0 = \frac{n_2}{n_1} \quad \cdots\cdots ②$$

ここで，三角関数の公式 $\sin^2 r_0 + \cos^2 r_0 = 1$ を用いて $\cos r_0 = \sqrt{1 - \sin^2 r_0}$ であるから，①，②式より

$$\sin i_0 = n_1 \sqrt{1 - \sin^2 r_0}$$
$$= n_1 \sqrt{1 - \frac{{n_2}^2}{{n_1}^2}} = \sqrt{{n_1}^2 - {n_2}^2}$$

以上より，正解は④。

060 ア ①，イ ③

解説

思考の過程▶ 反射を伴う光の干渉である。
→経路差がどの物質中で生じているのかを確かめ，光路差を求める。また，反射による位相のずれがあるかどうかを確かめる。

図aの場合，薄膜の厚さを d[nm] とすれば，経路差 $2d$ は屈折率1.5の薄膜中で生じるので光路差は

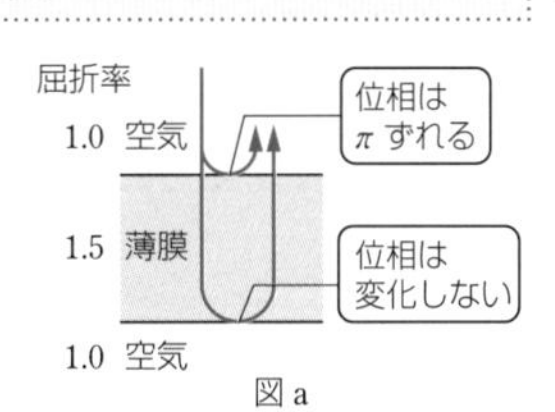

図a

$$1.5 \times 2d = 3.0d$$

また，反射により，2光線の間に位相 π のずれが生じるので，光路差が最小で強めあうのは，光路差が半波長のときだから

$$3.0d = \frac{1}{2} \times 600 \qquad \text{よって} \quad d = 100\,\text{nm}$$

つまり，ア の正解は①。

図bの場合，光路差は上と同様に $3.0d$，一方，反射により，2光線とも位相が π ずれるので，2光線間での位相のずれは生じない。よって，

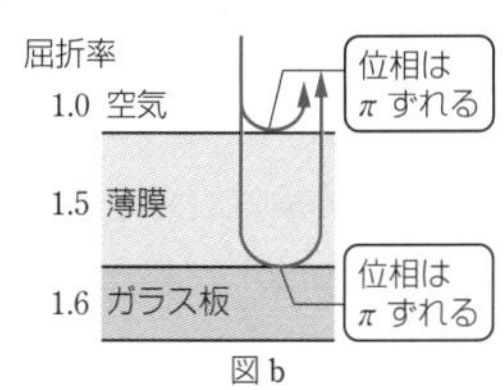

図b

光路差が最小で強めあうのは，光路差が1波長のときであり

$$3.0d = 1 \times 600$$

ゆえに $d = 200\,\text{nm}$

したがって，イ の正解は③。

知識の確認 光路長
光の通過する時間が同一であることから，屈折率 n の物質中における距離 l は，真空中での距離 nl にあたる。

061 問1 ① 問2 ⑥

解説 問1

思考の過程▶ 電気力線のようすを問われている。以下のポイントを念頭におき，考える。
・電気量 Q の電荷から出る(負のときは入る)電気力線の本数は $4\pi k_0 Q$ 本である。
・電場の強い所では電気力線は密になり，一方，電気力線どうしは交差しない。

Aから出る電気力線の本数は，Bに入る電気力線の本数の2倍である。よって，正解は①。

問2

思考の過程▶ 空間に複数の点電荷があるときの，電位の計算が求められている。
→それぞれの点電荷が1個だけで存在するときの，電位を計算し，それらを足しあわせる。
→電位はスカラーであるから，単純に値を足しあわせる。

点Aの電気量 $2q$ の点電荷による点Dの電位 V_1 は，$\text{AD} = \sqrt{2}a$ より

$$V_1 = k_0 \frac{2q}{\sqrt{2}a}$$

点Bの電気量 $-q$ の点電荷による点Dの電位 V_2 は $\text{BD} = \sqrt{2}a$ より

$$V_2 = k_0 \frac{-q}{\sqrt{2}a}$$

したがって

$$V_1 + V_2 = k_0 \frac{q}{\sqrt{2}a} = \frac{\sqrt{2}k_0 q}{2a}$$
$$= \frac{1.41 \times 9.0 \times 10^9 \times 1.0 \times 10^{-6}}{2 \times 0.20}$$
$$= 3.17\cdots \times 10^4\,\text{V} \fallingdotseq 3.2 \times 10^4\,\text{V}$$

よって，正解は⑥。

知識の確認　電場と電位

電気量 q の点電荷からの距離が r の位置における電場の強さ E，電位 V（無限遠点を基準とする）はクーロンの法則の比例定数を k とすると

$$E=k\frac{q}{r^2}$$

$$V=k\frac{q}{r}$$

062　問1　②　　問2　①

解説　問1　空気の誘電率を ε_0，極板の面積を S とすると，それぞれのコンデンサーの電気容量 C_1，C_2，C_3 は次のように表される。

$$C_1=\varepsilon_0\frac{S}{d}$$

$$C_2=3.0\varepsilon_0\frac{S}{d}(=3.0C_1)$$

$$C_3=\varepsilon_0\frac{S}{\frac{d}{2}}=2\varepsilon_0\frac{S}{d}(=2C_1)$$

したがって，電気容量の大きいものから順に並べると C_2，C_3，C_1 となる。以上より，正解は②。

問2　C_1 に蓄えられる電気量を $Q_1=C_1V=9.0C_1$ とする。スイッチをb側に切りかえると，C_1 に蓄えられた電荷が C_2，C_3 へ移動して3つのコンデンサーの電位差が等しくなる。このときの電位差を V' とし，C_1，C_2，C_3 に蓄えられた電気量をそれぞれ Q_1'，Q_2，Q_3 とすると

$$Q_1'=C_1V' \qquad Q_2=C_2V'=3.0C_1V'$$

$$Q_3=C_3V'=2C_1V'$$

電気量保存の法則より　$Q_1=Q_1'+Q_2+Q_3$

よって　$9.0C_1=C_1V'+3.0C_1V'+2C_1V'$

ゆえに　$V'=\frac{3}{2}=1.5\text{V}$

以上より，正解は①。

〈スイッチをb側に切りかえた直後〉

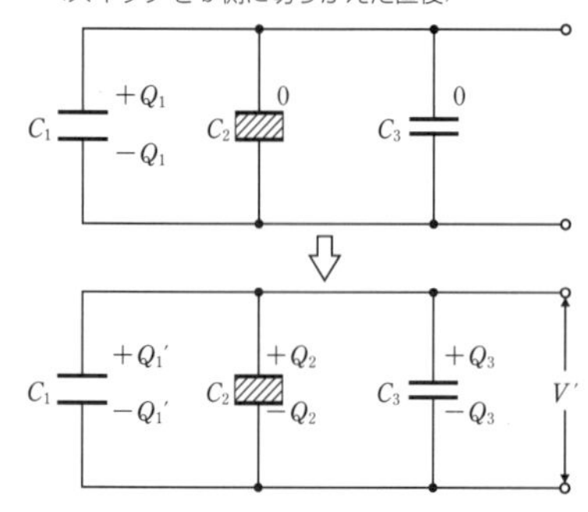

063　ア　①，イ　⑤

解説

思考の過程▶ 磁場の合成をする問題である。
→磁場はベクトルである。
→L_1 を流れる電流が点Oにつくる磁場，L_2 を流れる電流が点Oにつくる磁場，地磁気による磁場の3つをベクトルとして合成する。

L_1 と点Oの距離は a であるから，L_1 を流れる直線電流が点Oにつくる磁束密度の大きさ B_1 は

$$B_1=\frac{\mu_0\times I}{2\pi a}\text{〔T〕}$$

向きは右ねじの法則より西向きである。

一方，L_2 と点Oの距離は $\sqrt{2}a$ であるから，L_2 を流れる直線電流が点Oにつくる磁束密度の大きさ B_2 は

$$B_2=\frac{\mu_0\times I}{2\pi\times\sqrt{2}a}=\frac{B_1}{\sqrt{2}}\text{〔T〕}$$

向きは右ねじの法則より南西向きである。

この2つを図示すると図のようになる。これに北向きの地磁気による磁束密度 B_0 を加えたとき，必ず西向きの成分は

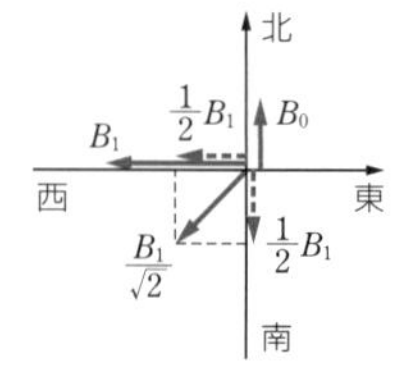

$$B_1+\frac{1}{2}B_1=\frac{3}{2}B_1$$

のまま残る。したがって選択肢の中でありうるものは「西」か「南西」であるが，南西向きとなるには，南向きの成分 $\frac{1}{2}B_1$ に北向きの B_0 を加えて南向きに $\frac{3}{2}B_1$ としなければならず，適当ではない。

したがって $B_0=\frac{1}{2}B_1$ で南北方向の成分が打ち消しあった結果，西向きとなる場合のみありうる。このとき，点Oにおける磁束密度は西向きに $\frac{3}{2}B_1=3B_0$ である。

以上より，ア は①，イ は⑤。

知識の確認　直線電流がつくる磁場

十分に長い直線電流 I が，直線からの距離 r の点につくる磁場の強さは

$$H=\frac{I}{2\pi r}$$

064 ア ③，イ ②

解説 Lに流れる電流がコイル上の各位置につくる磁場は，右ねじの法則により，x 軸の負の向きである。したがって，コイルPQRSの各辺にはたらく力は，フレミングの左手の法則を適用することにより，図のようになる。

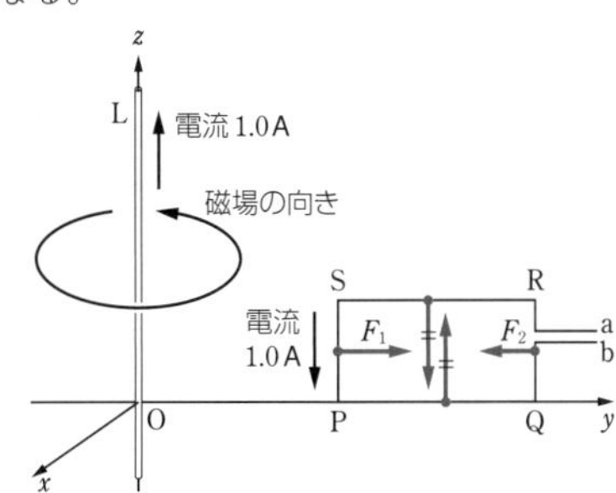

ここで，コイルの辺PQと辺RSにはたらく力は，大きさが同じで向きが逆であるから合力は0である。次に，Lに流れる電流1.0Aが辺PS，辺QRの位置につくる磁場の強さ H_1，H_2 は，「$H=\frac{I}{2\pi r}$」より

$$H_1=\frac{1.0}{2\pi\times0.20},\ H_2=\frac{1.0}{2\pi\times0.40}$$

辺PS(長さ0.10m，流れる電流1.0A)が，磁場 H_1 から受ける力の大きさ F_1 は，「$F=\mu_0 IHl$」より

$$F_1=(4\pi\times10^{-7})\times1.0\times\frac{1.0}{2\pi\times0.20}\times0.10$$
$$=1.0\times10^{-7}\,\mathrm{N}\ (y\text{軸の正の向き})$$

同様にして，辺QRが，磁場 H_2 から受ける力の大きさ F_2 は

$$F_2=(4\pi\times10^{-7})\times1.0\times\frac{1.0}{2\pi\times0.40}\times0.10$$
$$=5.0\times10^{-8}\,\mathrm{N}\ (y\text{軸の負の向き})$$

したがって，コイル全体にはたらく力の大きさ F は

$$F=F_1-F_2$$
$$=(1.0\times10^{-7})-(5.0\times10^{-8})$$
$$=5.0\times10^{-8}\,\mathrm{N}$$ …ア の答えは③。

力の向きは y 軸の正の向き …イ の答えは②。

参考 F_1 と F_2 は，平行電流が及ぼしあう力の式「$F=\frac{\mu_0 I_1 I_2}{2\pi r}l$」を用いても求めることができる。

065 問1 ③ 問2 ④

解説 問1 空気の抵抗力は kv_1 と表される。油滴にはたらく重力と空気の抵抗力がつりあって，一定の速さで落下する。

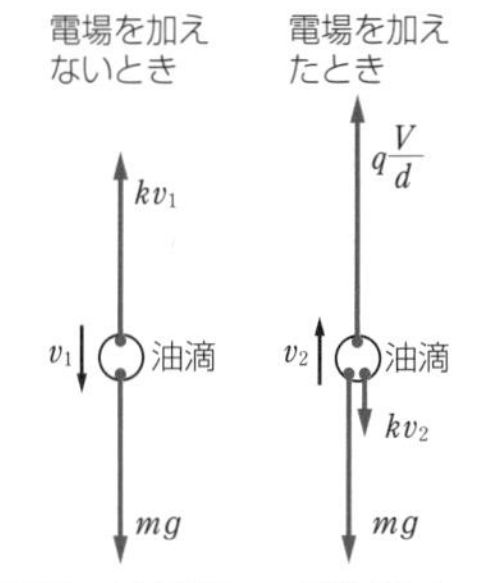

$$kv_1-mg=0$$

よって $v_1=\frac{mg}{k}$

ゆえに，正解は③。

問2 スイッチを入れると，極板間には電場 E が生じる。$E=\frac{V}{d}$ で表される。空気の抵抗力は kv_2 と表される。油滴にはたらく重力，空気の抵抗力，静電気力(qE)がつりあって，一定の速さで上昇する。

$$q\frac{V}{d}-mg-kv_2=0$$

したがって $q=\frac{d(mg+kv_2)}{V}$

$mg=kv_1$ より $q=\frac{kd(v_1+v_2)}{V}$

ゆえに，正解は④。

066 問1 ア ②，イ ③ 問2 ウ ②，エ ②

解説 問1 質量とエネルギーは等価である。したがって，核分裂反応でエネルギーが放出されるということは，その分だけ質量が減少する。これを質量欠損という。

核分裂反応による生成物が，さらに次の核分裂を引き起こすとき，核分裂が連鎖的に起こることになる。これを連鎖反応という。

以上より，ア は②，イ は③。

参考 化学反応などと比べ，核分裂反応において放出されるエネルギーは非常に大きいので，エネルギーの放出により失われる質量が(化学反応などと比べて)非常に大きくなる。すなわち，核分裂の前後における質量の減少が比較的顕著になる。

問2 235gのウラン235がすべて核分裂するということは，6.0×10^{23} 個のウラン235原子核がすべて核分裂するということである。よって，このとき放出されるエネルギーは

$$3.2\times10^{-11}\times6.0\times10^{23}=19.2\times10^{12}$$
$$\fallingdotseq1.9\times10^{13}\,\mathrm{J}$$

ゆえに，ウ の正解は②。

100℃の水1kgは 2.3×10^6 Jのエネルギーにより，100℃の水蒸気となるから，ウ のエネルギーにより水蒸気となる水の質量は

$$\frac{19.2\times10^{12}}{2.3\times10^6}=8.34\cdots\times10^6\,\mathrm{kg}$$

以上より，エ の正解は②。

Ⅱ 考察問題

Ⅲ　グラフ・図・資料を読み解く問題

067　問1　ア　①，イ　②　問2　ウ　⑤，エ　⑥，オ　④

グラフ・図・資料の読み取り方

（本冊 *p*.51）

図1に示すように，テニスコートでサーブをする。AB間をd〔m〕，BF間を$2l$〔m〕，BD間をL〔m〕とする。点Bの真上の点Cから地面に水平に初速度の大きさv_0〔m/s〕で球を打ち出した。球は点Bから点Dの向きにまっすぐに進む。この球は点Eでネットをこえ，点Dに着地した。球の質量をm〔kg〕，重力加速度の大きさはg〔m/s²〕とし，空気抵抗は無視できる。

図1：真上から見た図

図2：真横から見た図

問1　図2（真横から見た図）より，鉛直方向をy軸，水平方向をx軸とする直交座標を考える。このとき，球のx軸方向，y軸方向の速度成分は球を打ち出してから経過した時間に対してどのような変化を示すか。最も適当なものを解答群の中からそれぞれ1つずつ選べ。　x軸方向：［ア］　y軸方向：［イ］

解答群

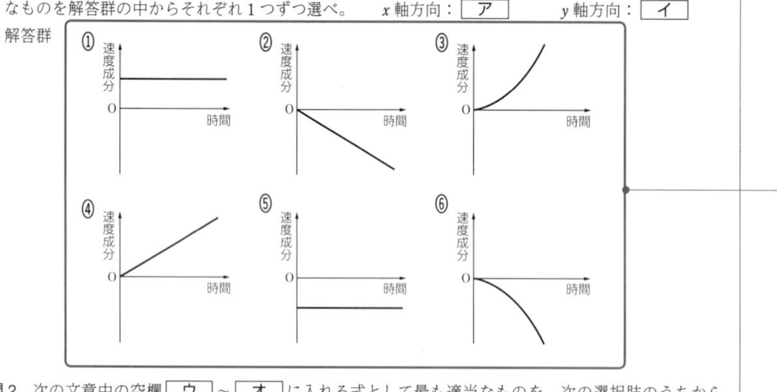

問2　次の文章中の空欄［ウ］～［オ］に入れる式として最も適当なものを，次の選択肢のうちからそれぞれ1つずつ選べ。

図1（真上から見た図）より，球の初速度の大きさv_0の点Bから点Fへの向きの成分は［ウ］〔m/s〕である。点Eに到達する時間は［エ］秒である。球を打ち出す高さ（BC）をH〔m〕とすると，ネットをこえるためには点Eでの球の高さ［オ］〔m〕がネットの高さより大きければよい。

❶ 球にはたらく力は重力しかない。球は点Cを最高点として水平投射の軌道をえがく。

❷ グラフの以下の点に注目する。
- 縦軸の切片の値は初速度に相当する。水平投射なので，x軸方向は正の値，y軸方向は0である。
- v-t図なので，グラフの傾きが加速度に対応する。水平投射なので，x軸方向は加速度が0（等速直線運動），y軸方向は$-g$（等加速度運動）である。

解説

問1　❶より，球の運動は水平投射であり，水平方向には等速直線運動，鉛直方向には自由落下と同様の運動をしている。❷の特徴を考慮すると，グラフが定まる。正解は，x軸方向が①，y軸方向が②。

問2　球の初速度を分解すればよい。求める成分をv_{0x}〔m/s〕とすると，図aのように表せる。図aより

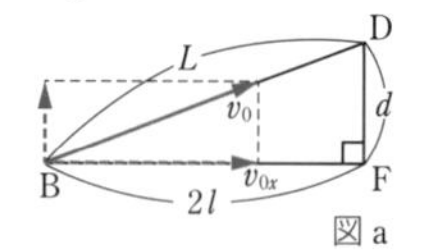

図a

$$v_0 : v_{0x} = L : 2l$$

よって　$v_{0x} = v_0 \times \dfrac{2l}{L} = \dfrac{2l}{L}v_0$

したがって，［ウ］の正解は⑤。

また，点Eに到達する時間t_0は，水平方向には等速度であることから「$x = vt$」より

$$\mathrm{BE} = v_0 \times t_0$$

$$\frac{L}{2} = v_0 t_0 \qquad よって \quad t_0 = \frac{L}{2v_0}$$

したがって，［エ］の正解は⑥。

求めた時間t_0の間に，球が落下した距離が求められる。鉛直方向は自由落下とみなせるから，

「$y = \dfrac{1}{2}gt^2$」より，求める距離をh〔m〕とすれば

$$h = \frac{1}{2}g{t_0}^2$$

点Eに到達したときの高さは

$$H - h = H - \frac{1}{2}g{t_0}^2$$

なので，この値がネットの高さよりも大きければよい。

したがって，［オ］の正解は④。

068 問1 ③　問2 ③　問3 ⑤

グラフ・図・資料の読み取り方　（本冊 p.52）

次の文章を読み，下の問い（問1～3）に答えよ。

ある階に静止しているエレベーターに，はかりを置き，その上に2.0kgの物体をのせた。その後，エレベーターは鉛直方向に動きだし，違う階で再び静止した。この間，はかりの指針が示す値を観測したところ，動きだしてから1.0秒間は図1，その後の4.0秒間は図2，それから静止するまでの2.0秒間は図3のようであった。エレベーターが動きだした瞬間の時刻を $t=0$，鉛直上向きを正の向き，重力加速度の大きさを $10\,\mathrm{m/s^2}$ とする。

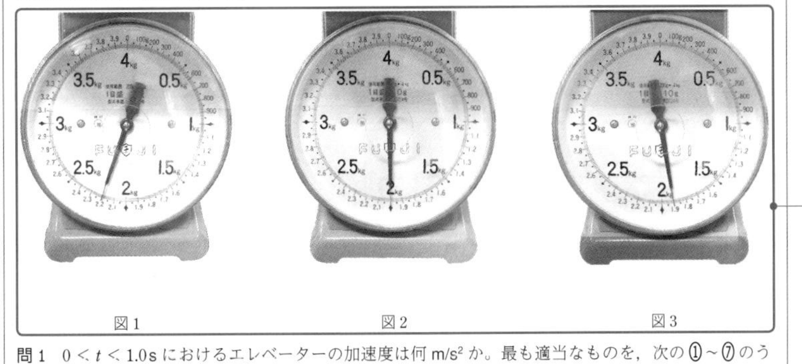

図1　図2　図3

問1　$0<t<1.0\,\mathrm{s}$ におけるエレベーターの加速度は何 $\mathrm{m/s^2}$ か。最も適当なものを，次の①～⑦のうちから1つ選べ。

①　0　②　0.50　③　1.0　④　2.0　⑤　−0.50　⑥　−1.0　⑦　−2.0

❶　はかりの指針が示す値は，はかりの上皿が押される力の大きさを表す。作用反作用の法則から，この値は物体がはかりの上皿から受ける垂直抗力の大きさと同値になる。

❷　それぞれ2.2kg, 2.0kg, 1.9kgを示している。物体にはたらく慣性力の向きは，エレベーターの加速度に対して逆向きである。
$0\,\mathrm{s}<t<1.0\,\mathrm{s}$ では，図1より2.2kgを示しており，下向きの慣性力がはたらいているので，加速度は上向きである。

解説

問1

思考の過程▶ 加速度運動しているエレベーターに対する物体の運動を考えるには，慣性力を考慮する必要がある。この慣性力の分だけ，物体にはたらくみかけの重力が変化する。みかけの重力と実際の重力との差が慣性力に相当するので，3つの場合を比較して，慣性力，エレベーターの加速度を求める。

❶より，はかりの指針が示す値は，物体がはかりの上皿から及ぼされる垂直抗力の大きさを表す。エレベーターの加速度を $a\,[\mathrm{m/s^2}]$ とすると，エレベーター内で物体の運動を観測したときに，物体は慣性力を受けることになる。

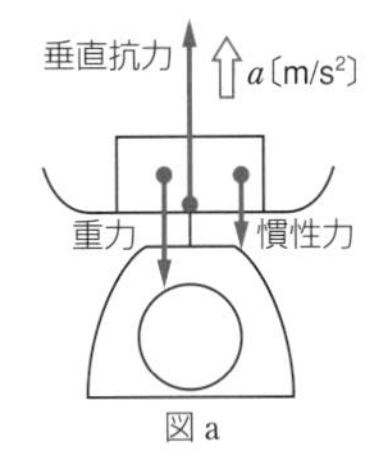

図a

物体にはたらく垂直抗力を N とし，❷をふまえて力のつりあいの式を立てると

$$N-2.0a-2.0\times10=0$$

図1より，$0\,\mathrm{s}<t<1.0\,\mathrm{s}$ で垂直抗力の大きさは

$$N=2.2\,\mathrm{kg}\times10\,\mathrm{m/s^2}$$

なので

$$22-2.0a-20=0$$

よって $a=1.0\,\mathrm{m/s^2}$

したがって，正解は③。

問2　図2より $1.0\,\mathrm{s}<t<5.0\,\mathrm{s}$ では，垂直抗力の大きさは

$$N=2.0\,\mathrm{kg}\times10\,\mathrm{m/s^2}$$

なので

$$20-2.0a-20=0\qquad よって\quad a=0\,\mathrm{m/s^2}$$

図3より $5.0\,\mathrm{s}<t<7.0\,\mathrm{s}$ では，垂直抗力の大きさは

$$N=1.9\,\mathrm{kg}\times10\,\mathrm{m/s^2}$$

なので

$$19-2.0a-20=0\qquad よって\quad a=-0.50\,\mathrm{m/s^2}$$

加速度は v-t 図の傾きで表されるので v-t 図は図bのようになる。

よって，正解は③。

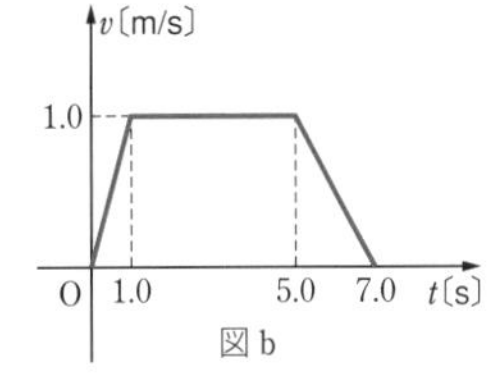

図b

問3

思考の過程▶ 等加速度直線運動の公式を用いて移動距離を求めることもできるが，時刻により運動の様子が変化する場合，時刻のおき方を間違えやすいので，v-t 図を利用するほうがよい。

v-t 図と t 軸が囲む面積が移動距離を表すことになるので，図bの台形の面積を計算する。

$0\,\mathrm{s}<t<1.0\,\mathrm{s}$ において

$$v=0+at=1.0\times t$$

なので，$t=1.0\,\mathrm{s}$ において $v=1.0\,\mathrm{m/s}$

したがって移動距離は

$$\frac{1}{2}(4.0+7.0)\times1.0=5.5\,\mathrm{m}$$

よって，正解は⑤。

69　問1　③　問2　②　問3　①

グラフ・図・資料の読み取り方

（本冊 $p.53$）

図のように，水平な床の点Aから，垂直に立てられた壁に向かって角度 θ で質量 m の小球が打ち出された。小球は最高点に達した後，壁面上の点Bではね返り，床の点Cに落ちて角度 θ' の方向にはね上がった。ただし，床，壁はともになめらかで，小球に対する反発係数（はねかえり係数）の大きさをともに e とする。また，壁がないときの小球の到達位置Dと壁との間の距離を L とする。

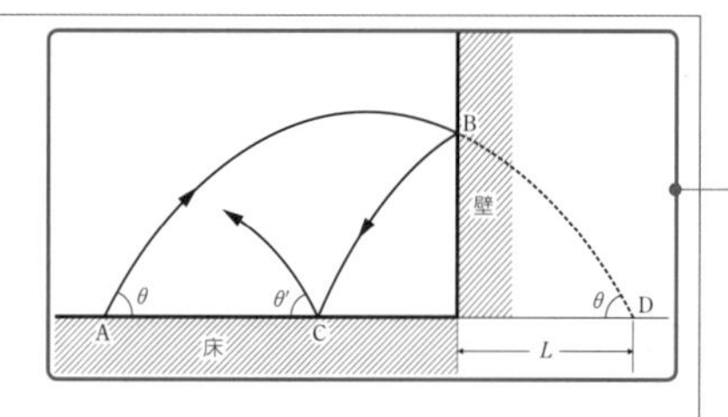

❶ なめらかな平面との衝突による運動量の変化は衝突面に対して垂直な方向にのみ起こる。
よって，運動量の変化は，壁との衝突では水平方向，床との衝突では鉛直方向である。

問1　壁に衝突する直前の小球の運動量ベクトルを $m\vec{v}$ とすると，衝突直後の小球の運動量ベクトル $m\vec{v'}$ と壁が小球に加えた力積 $\vec{P}$ の関係はどうなるか。最も適当なものを，次の①～④のうちから1つ選べ。

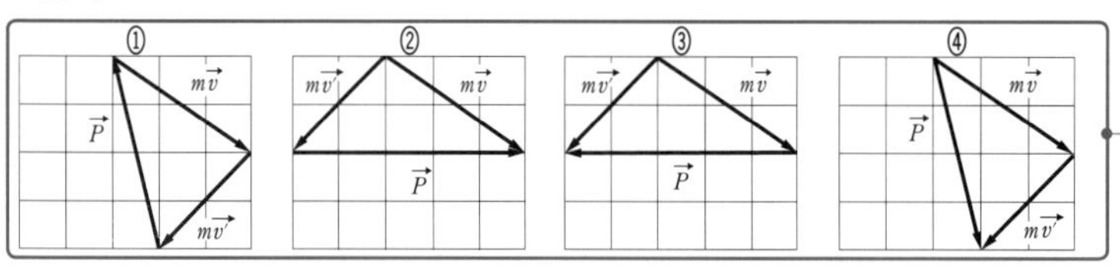

❷ 運動量の変化と力積の関係式をベクトルで表している。

問2　点Cから壁までの水平距離はいくらか。正しいものを，次の①～④のうちから1つ選べ。

①　L　　②　eL　　③　e^2L　　④　$(1-e)L$

問3　$\tan\theta'$ は $\tan\theta$ の何倍か。正しいものを，次の①～④のうちから1つ選べ。

①　1　　②　e　　③　$1-e$　　④　$1-e^2$

〔2004 センター追試〕

❸ $\tan\theta'$ は床と衝突した直後における小球の速さの水平方向成分と鉛直方向成分の比から求まる。

解説

問1　❶より，運動量の変化は水平方向である。また❷より，運動量の変化と力積の関係式は $\vec{P}=m\vec{v'}-m\vec{v}$
よって，正解は③。

問2　点Bでの衝突の直前直後の速度とその x，y 成分を

直前：$\vec{v_B}=(v_{Bx},\ v_{By})$

直後：$\vec{v_B'}=(v_{Bx}',\ v_{By}')$

とすると $v_{Bx}'=-ev_{Bx}$，$v_{By}'=v_{By}$ ※A

BからDへの移動時間を t とすると，BからCへの移動時間も t ※B。

よって，点Cから壁までの水平距離を L' とすると

$L=v_{Bx}t$，$L'=|v_{Bx}'|t=ev_{Bx}t$ ※C

以上より，$L'=eL$ となり　正解は②。

問3　なめらかな床や壁ではね返るとき，面に平行な成分の速さは変化せず，面に垂直な成分の速さは e 倍となる（e は反発係数）。

点Aでの速度を $\vec{v_A}=(v_{Ax},\ v_{Ay})$ とすると

$$\tan\theta=\left|\frac{v_{Ay}}{v_{Ax}}\right|$$

また，点Cでの衝突直後の速度は

鉛直成分 ev_{Ay} ※D，水平成分 $-ev_{Ax}$ ※E

よって❸より

$$\tan\theta'=\left|\frac{ev_{Ay}}{-ev_{Ax}}\right|=\left|\frac{v_{Ay}}{v_{Ax}}\right|=1\times\tan\theta$$

したがって，正解は①。

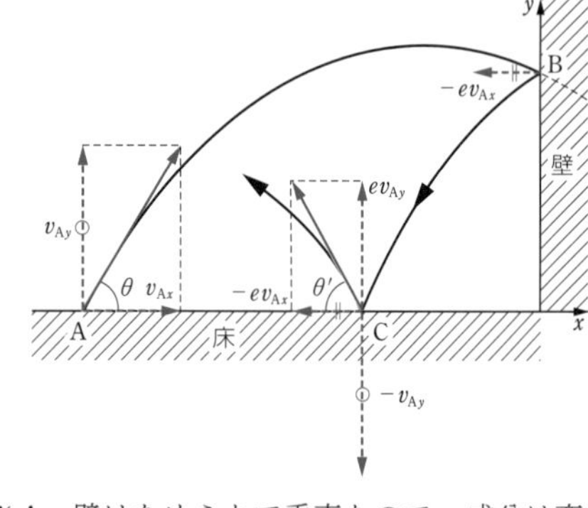

※A　壁はなめらかで垂直なので，y 成分は変化しない。

※B　$v_{By}'=v_{By}$ による。

※C　水平方向には等速直線運動。

※D　鉛直投げ上げ運動と同様に考え，v_{Ay} と同じ速さで床に衝突する。

※E　等速直線運動する球がBで衝突し，そのままの速さでCを通過する。

070　問1　⑥　　問2　①

グラフ・図・資料の読み取り方　　(本冊 *p*.54)

次の問いで述べられているグラフを，下の①～⑥のうちから1つずつ選べ。

問1　水平面から，ある角度に一定の速さで小石を投げ上げた。この角度を横軸，小石の到達する水平距離を縦軸として表すグラフ。

問2　なめらかな床に置かれた，一端を固定した軽いばねにおもりをつけ，単振動をさせた。このおもりの運動エネルギーを横軸，弾性力による位置エネルギーを縦軸として表すグラフ。

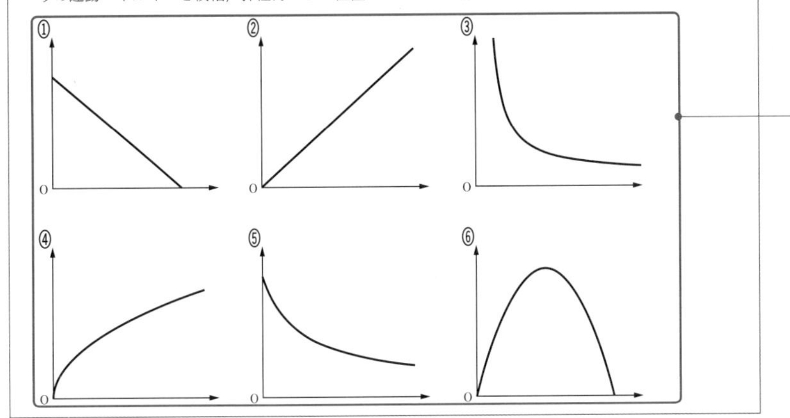

❶　問1，2それぞれについて，式を立ててみよう。立てた式をグラフにしたとき，選択肢を勘案すると縦軸は次の①～⑥のいずれかになると予測できる。
① 傾きが負の1次関数
② 傾きが正の比例関係
③ 反比例の関係
④ 単調増加するが，接線の傾きが徐々に小さくなる関数
⑤ 単調減少する指数関数
⑥ 2次の係数が負となる2次関数，または三角関数

解説

問1　図のように x 軸，y 軸を定め，小石を水平面と角度 θ をなす向きに，初速度の大きさ v_0 で投げたとする。また，重力加速度の大きさを g とする。

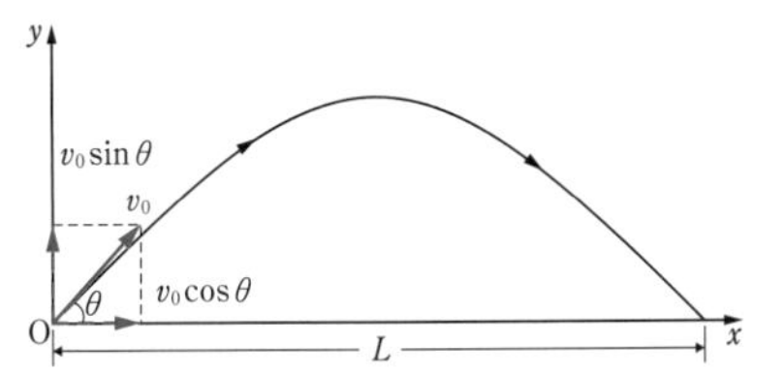

x 軸方向の運動は等速直線運動である。小石の速度の x 成分は $v_0\cos\theta$ だから，投げてから時間 t 後に，距離 L 離れた水平面に到達したとすると，「$x=vt$」より

$$L=v_0\cos\theta\cdot t \quad \cdots\cdots①$$

また，t は，鉛直投げ上げの式

「$y=v_0t-\dfrac{1}{2}gt^2$」より，$y=0$，v_0 を $v_0\sin\theta$ として

$$0=v_0\sin\theta\cdot t-\frac{1}{2}gt^2$$

再び水平面に到達するのは $t\neq0$ だから

$$t=\frac{2v_0\sin\theta}{g}$$

これを①式に代入して

$$L=v_0\cos\theta\cdot\frac{2v_0\sin\theta}{g}=\frac{2{v_0}^2\sin\theta\cos\theta}{g}$$

ここで，三角関数の公式 $2\sin\theta\cos\theta=\sin2\theta$ を用いて

$$L=\frac{{v_0}^2\sin2\theta}{g}$$

これは，$2\theta=90°$ すなわち $\theta=45°$ のときに最大値をとるような正弦曲線を表している。よって，❶より，最も適当なグラフは⑥である。

問2　おもりが単振動するときの運動エネルギーを K，弾性力による位置エネルギーを U とすると，力学的エネルギー保存則より

$$K+U=E \quad (E\text{ は定数})$$

よって　$U=-K+E$

グラフは負の傾きをもつ直線となるので，❶より，①が正解となる。

071　問1　ア ①，イ ②，ウ ①，エ ①，オ ⑥　問2　②

グラフ・図・資料の読み取り方

（本冊 p.55）

問1　鉄球の質量 m〔g〕，糸の長さ l〔m〕，最大の振れの角度 θ〔°〕を変えて実験した結果の一部を，表に示す。下の文章中の ア ～ オ に入れるのに最も適当なものを，それぞれの選択肢のうちから1つずつ選べ。ただし，表での振り子の長さは支点から鉄球の中心までの距離である。

	m〔g〕	l〔m〕	θ〔°〕	T〔s〕
実験1	200	0.25	5	1.0
実験2	400	0.25	5	1.0
実験3	600	0.25	5	1.0
実験4	200	1	5	2.0
実験5	400	1	5	2.0
実験6	600	1	5	2.0

	m〔g〕	l〔m〕	θ〔°〕	T〔s〕
実験7	200	0.25	10	1.0
実験8	400	0.25	10	1.0
実験9	600	0.25	10	1.0
実験10	200	3	5	3.5
実験11	400	3	5	3.5
実験12	600	3	5	3.5

この表の実験結果から，m，l，θ のうちの1つだけを変化させたときを考えると，次のようなことがわかる。m を大きくしたとき，T は ア 。l を大きくしたとき，T は イ 。θ を大きくしたとき，T は ウ 。

横軸に l，縦軸に T をとり，m と θ が同じ振り子で得られた数値からグラフを描いてみると，図のようになり，実験から得られた点は直線上にのっていない。今度は，横軸に l，縦軸に エ をとってグラフを描くと，原点を通る一直線上にほぼ並んだ。このことから，T は オ ことが推測できる。

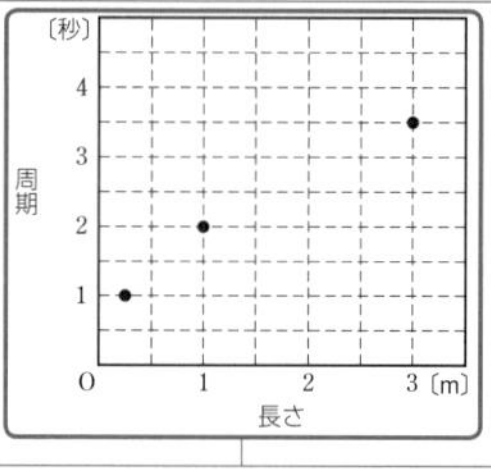

ア ～ ウ の選択肢　① 変わらない　② 長くなる　③ 短くなる

エ の選択肢　① T^2　② $\frac{1}{T}$　③ $\sqrt{T}$　④ lT　⑤ l^2T

オ の選択肢　① l に反比例する　② l に比例する　③ l^2 に反比例する　④ l^2 に比例する　⑤ $\sqrt{l}$ に反比例する　⑥ $\sqrt{l}$ に比例する

問2　上の実験結果から，早く進みすぎる振り子時計を調整する方法が推測できる。その方法として最も適当なものを，次の①～④のうちから1つ選べ。

① おもりを軽いものにかえる。　② おもりの位置を下にずらす。
③ 振れの角度を小さくする。　④ 時計を真空容器中に入れる。

❶ m の値だけが異なる実験どうしを比較して考える。

❷ l の値だけが異なる実験どうしを比較して考える。

❸ θ の値だけが異なる実験どうしを比較して考える。

❹ 縦軸の値が，より大きな値をとらなければ，3点が1つの直線上にのらない。

❺ 早く進みすぎる振り子時計は，振り子の周期が短すぎるので，T が大きくなるように l を大きくすればよい。

解説

思考の過程▶

$T=2\pi\sqrt{\frac{l}{g}}$ を念頭におきつつ，実験結果がこの式の成立をうらづけていることを確認しながら読み進めていけばよい。

問1　❶～❸より，m，l，θ のうち，m だけを変化させた場合，T は変化していない。l だけを変化させたときには，l を大きくすると T も大きくなっている。θ だけを変化させた場合，T は変化していない。

❹より，縦軸の値を大きくするべく，T^2 を計算すると

$1.0^2=1.0$，$2.0^2=4.0$，$3.5^2=12.25\fallingdotseq 12$

となる。そうすると $\frac{T^2\text{の変化}}{l\text{の変化}}$ の値は

$$\frac{4.0-1.0}{1-0.25}=\frac{3.0}{0.75}=4$$

$$\frac{12-1.0}{3-0.25}=\frac{11}{2.75}=4$$

となり，縦軸を T^2 にすれば傾きが等しくなり，図のように3つの点が1つの直線上にのることがわかる。

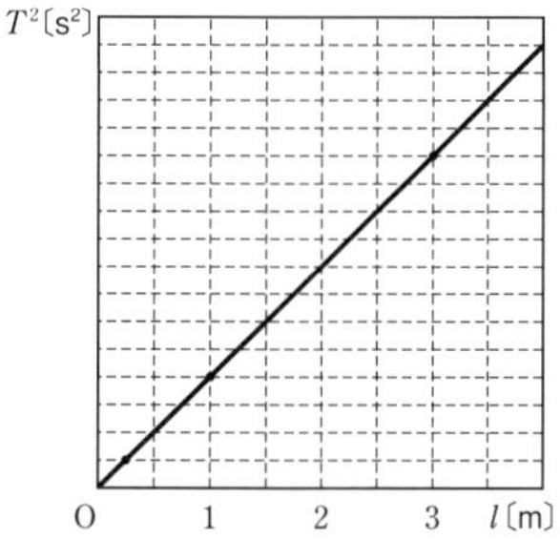

グラフが原点を通ることから，T^2 が l に比例していることがわかり，T が $\sqrt{l}$ に比例していることがわかった。

以上より，ア は①，イ は②，ウ は①，エ は①，オ は⑥。

知識の確認　単振り子の周期

振れの角度が十分に小さい単振り子の周期 T は

$$T=2\pi\sqrt{\frac{l}{g}}$$

問2　❺より，l を大きくすることが必要であるため，正解は②。

072　問1　④　　問2　④　　問3　④

グラフ・図・資料の読み取り方　（本冊 $p.58$）

次の文章を読み，下の問い（問1〜3）に答えよ。

温度一定の条件のもとで，一定量の空気の圧力と体積の間の関係を調べる実験を行った。実験の内容は以下のとおりである。重力加速度の大きさ g を $10\,\mathrm{m/s^2}$ とする。

【実験器具】

上皿はかり，なめらかに動くピストンがついた注射器（10mL），ゴムせん，定規，気圧計

【実験方法】

(1)　図1のように，注射器の0から10mLまでの目盛りの長さ h を測定し，ピストンの断面積 S を求める。

(2)　図2のように，注射器の外側の部分（シリンダー）とゴムせんを合わせた質量 A をはかる。

(3)　注射器に空気を入れてゴムせんで密閉し，図3のようにピストンを押して，はかりが示す値 B と注射器中の空気の体積 V を測定する。

(4)　(3)において押す力をいくつか変えて，くり返す。

(5)　気圧計で大気圧 p_0 を測定する。

図1　図2　図3

❶ $Sh=10\,\mathrm{mL}$ であるから，h を測定すれば S の値がわかる。

❷ シリンダー内の圧力による力は内力なので，ピストン，シリンダー，ゴムせんを1つの系とみなせる。

❸ 図2と図3の違いは，ピストンを押す力とピストン自体の重さである。

【実験結果】

(1)　注射器の0から10mLまでの目盛りの長さ　$h=55\,\mathrm{mm}$

(2)　注射器の外側の部分（シリンダー）とゴムせんを合わせた質量　$A=0.05\,\mathrm{kg}$

(3)　注射器中の空気の体積とはかりが示した値

	1回目	2回目	3回目	4回目	5回目
注射器中の空気の体積 V〔mL〕	7.6	6.4	5.0	3.8	2.5
はかりが示す値 B〔kg〕	0.37	0.77	1.48	2.51	4.73

(4)　大気圧 $p_0=1.0\times10^5\,\mathrm{Pa}=1.0\times10^5\,\mathrm{N/m^2}$

解説

思考の過程▶「温度一定，一定量の空気について，圧力と体積の間の関係」を調べているので，ボイルの法則 $pV=$ 一定 を確かめる実験である。
実験作業がそれぞれ何を目的に，何を測定しているのかを探っていこう。
実験(1)：❶より，ピストン（円柱）の断面積 S を測定している。
実験(2)，(3)：❸より，ピストンの重さと上皿を押す力の大きさの合力を測定している。
手とピストンが押す力を S でわれば，手とピストンが押している分の圧力が得られ，これと実験(5)で測定した大気圧を合わせたものが，シリンダー内の空気の圧力を与えることになる。

問1　図aのように，ピストンを手が押す力とピストンにはたらく重力との合力の大きさを F とすると，ピストンにはたらく力のつりあいより

$$pS=p_0S+F$$

よって　$F=(p-p_0)S$　……①

また，❷より，図bのように，ゴムせん，シリンダー，ピストンを1つの系として考えると，この系にはたらく力のつりあいより

$$F+Ag=Bg$$

①式を代入して整理すると

$$p=p_0+\frac{(B-A)g}{S}$$

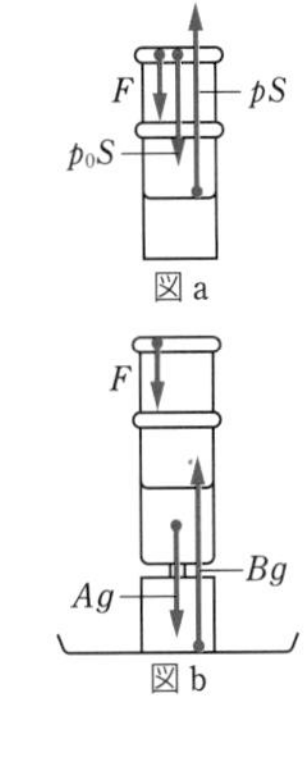

図a
図b

したがって，正解は④。

問2　実験結果(1)において

$$10\,\mathrm{mL}=10\times1\,\mathrm{cm}\times1\,\mathrm{cm}\times1\,\mathrm{cm}$$
$$=10\times(10^{-2})^3\,\mathrm{m^3}=10^{-5}\,\mathrm{m^3}$$

より　$S\times55\times10^{-3}=10^{-5}$

したがって　$S=\dfrac{1}{55}\times10^{-2}\,\mathrm{m^2}$

問1の考察，実験結果などから

$$\frac{(B-A)g}{S}=\frac{(B-0.05)\times10}{\frac{1}{55}\times10^{-2}}$$
$$=(B-0.05)\times55\times10^3\,\text{〔Pa〕}$$

実験結果(3)および $p_0=1.0\times10^5\,\mathrm{Pa}$ から，V と p の関係は下の表のようになる。

V〔$\mathrm{m^3}$〕	p〔Pa〕	pV〔J〕
7.6×10^{-6}	$1.17\cdots\times10^5$	$0.889\cdots$
6.4×10^{-6}	$1.39\cdots\times10^5$	$0.889\cdots$
5.0×10^{-6}	$1.78\cdots\times10^5$	$0.890\cdots$
3.8×10^{-6}	$2.35\cdots\times10^5$	$0.893\cdots$
2.5×10^{-6}	$3.57\cdots\times10^5$	$0.892\cdots$

したがって，$pV=$ 一定 と考えられるので，p と V は反比例する。よって，正解は④。

問3　問2の計算結果の表から

$$\frac{p_5}{p_3}\times\frac{V_5}{V_3}=\frac{p_5V_5}{p_3V_3}=\frac{0.892}{0.890}=1.00\cdots$$

よって正解は④。

知識の確認　ボイルの法則
等温変化の場合，ボイルの法則 $pV=$ 一定 が成立する。

073　問1　③　　問2　③，⑥　　問3　③

グラフ・図・資料の読み取り方　　　　(本冊 p.59)

次の文章を読み，下の問い(問1～3)に答えよ。

なめらかに動くピストンがついた容器に，1mol の単原子分子理想気体を閉じ込めた。初め，気体は圧力 p_0，体積 V_0，温度 T_0 の状態Aであり，その後，図のようにA→B→C→D→Aの順に状態を変化させた。気体定数を R，定積モル比熱を C_V とする。

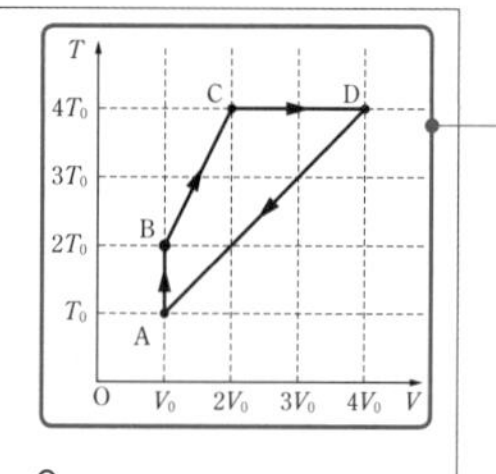

問1　A→B→C→D→Aの状態変化を，横軸 V，縦軸 p の p-V 図に表したときのグラフとして最も適当なものを，次の①～④のうちから1つ選べ。

① 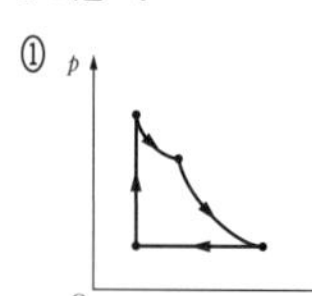

② 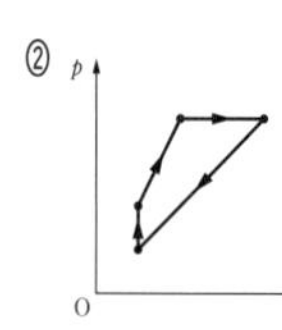

③ 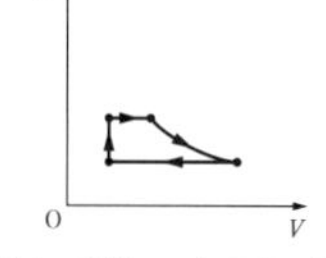

④ 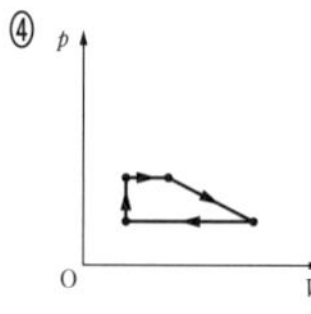

問2　A→Bの過程で気体が吸収する熱量を表す式として正しいものを，次の①～⑥のうちから2つ選べ。

①　RT_0　②　$\dfrac{5}{2}RT_0$　③　C_VT_0　④　$(C_V+R)T_0$　⑤　p_0V_0　⑥　$\dfrac{3}{2}p_0V_0$

問3　A→B，B→C，C→D，D→Aの各過程で気体が吸収する熱量を，それぞれ Q_1，Q_2，Q_3，Q_4 とする。A→B→C→D→Aの熱サイクルの熱効率を表す式として正しいものを，次の①～⑥のうちから1つ選べ。

①　$\dfrac{Q_1+Q_2+Q_3+Q_4}{Q_1}$　②　$\dfrac{Q_1+Q_2+Q_3+Q_4}{Q_1+Q_2}$　③　$\dfrac{Q_1+Q_2+Q_3+Q_4}{Q_1+Q_2+Q_3}$

④　$\dfrac{Q_1}{Q_1+Q_2+Q_3+Q_4}$　⑤　$\dfrac{Q_1+Q_2}{Q_1+Q_2+Q_3+Q_4}$　⑥　$\dfrac{Q_1+Q_2+Q_3}{Q_1+Q_2+Q_3+Q_4}$

〔2019 電気通信大 改〕

❶ B→C，D→Aの T-V 図は直線であり，かつ，延長すれば原点を通るので，V と T が比例している。したがって，定圧変化である。

❷ 熱機関は，高温熱源から吸収した熱量 Q_{in} のうち，仕事として利用できなかった熱量 Q_{out} を低温熱源に放出している。よって，熱機関のする仕事は，$Q_{in}-Q_{out}$ である。ゆえに，熱効率 e は $e=\dfrac{Q_{in}-Q_{out}}{Q_{in}}$ と表せる。

解説

問1

思考の過程▶ T-V 図より，T の大小，V の大小は容易に読み取ることができる。一方，p の大小など，圧力の情報は，$pV=nRT$ より

$$T=\frac{p}{nR}V$$

であり，p は T-V 図において，原点と点$(V,\ T)$を結ぶ直線の傾きを決めている。

状態Aの状態方程式は $p_0V_0=RT_0$ である。A→Bは定積変化であり，温度が $T_0\to2T_0$ と2倍になっているので，圧力も $p_0\to2p_0$ と2倍になる。

B→Cは V と T が比例しているので，❶より，圧力が $2p_0$ で一定の定圧変化である。

C→Dは $T=4T_0$ で一定の等温変化である。体積が $2V_0\to4V_0$ で2倍になっているので，圧力は体積に反比例して $2p_0\to p_0$ となる。

D→Aは V と T が比例しているので，❶より，圧力が p_0 で一定の定圧変化である。

以上より p-V 図をかいてみると，図のようになる。よって，正解は③。

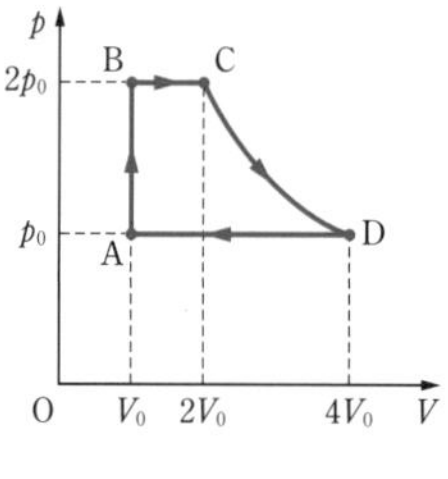

問2　A→Bは定積変化なので，気体が吸収する熱量は定積モル比熱を用いて

$$Q_1=1\times C_V\times(2T_0-T_0)=C_VT_0$$

一方，気体は単原子分子理想気体なので

$$C_V=\frac{3}{2}R\ \text{であるから}\ Q_1=\frac{3}{2}RT_0=\frac{3}{2}p_0V_0$$

以上より，正解は③，⑥。

問3　A→Bは問2でみたとおり，気体が吸収する熱量は正である。

B→Cは定圧変化であり，温度変化 $\varDelta T$ が

$$\varDelta T=4T_0-2T_0>0$$

なので，定圧モル比熱を C_p として

$$Q_2=C_p\varDelta T>0$$

C→Dは等温変化なので，内部エネルギーの変化が0である。また，C→Dでは気体は膨張しており，気体が外部にする仕事は正となる。よって，熱力学第一法則より

$$Q_3=(\text{C→Dで気体がする仕事})>0$$

D→Aは定圧変化であり

$$\varDelta T=T_0-4T_0<0\ \text{なので}\ Q_4=C_p\varDelta T<0$$

つまり，熱を放出する過程である。

したがって，高温熱源から吸収した熱量が

$$Q_1+Q_2+Q_3$$

低温熱源へ放出した熱量が $|Q_4|=-Q_4$

したがって❷より，熱効率は

$$e=\frac{Q_1+Q_2+Q_3-(-Q_4)}{Q_1+Q_2+Q_3}=\frac{Q_1+Q_2+Q_3+Q_4}{Q_1+Q_2+Q_3}$$

よって，正解は③。

074　問1　⑥　　問2　②

グラフ・図・資料の読み取り方

（本冊 p.61）

正弦波とその重ねあわせについて考える。

問1　x 軸の正の向きに正弦波が進行している。図1は，時刻 t〔s〕が 0s と 0.1s のときの，位置 x〔m〕と媒質の変位 y〔m〕の関係を表している。時刻 t（$t \geqq 0$）における $x=0$m での媒質の変位が

$$y=0.1\sin\left(2\pi\frac{t}{T}+\alpha\right)$$

と表されるとき，T〔s〕と α〔rad〕の数値の組合せとして最も適当なものを，下の①～⑧のうちから1つ選べ。

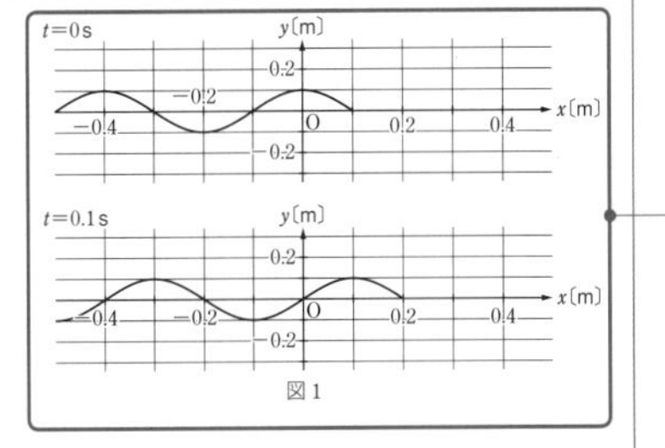

図1

	①	②	③	④	⑤	⑥	⑦	⑧
T	0.2	0.2	0.2	0.2	0.4	0.4	0.4	0.4
α	0	$\frac{\pi}{2}$	π	$\frac{3\pi}{2}$	0	$\frac{\pi}{2}$	π	$\frac{3\pi}{2}$

❶ 横軸が位置 x なので，波長が直接読みとれる。周期は，1波長分進むのに要する時間を求めればよい。また，波の速さが容易に求まるため，波の基本式「$v=f\lambda=\frac{\lambda}{T}$」から求めてもよい。

問2　次の文章中の空欄［ア］，［イ］に入れる数値と語の組合せとして最も適当なものを，下の①～⑥のうちから1つ選べ。

x 軸の正の向きに進行してきた波（入射波）は，$x=1.0$m の位置で反射して逆向きに進み，入射波と反射波の合成波は定在波（定常波）となる。図2は，ある時刻における入射波の波形を実線で，反射波の波形を破線で表している。

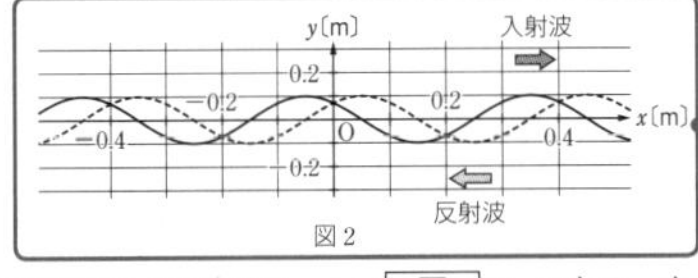

図2

$-0.2\text{m} \leqq x \leqq 0.2\text{m}$ における定在波（定常波）の節の位置をすべて表すと，$x=$［ア］m である。また，入射波は $x=1.0$m の位置で［イ］反射している。

	ア	イ
①	−0.1，0.1	固定端
②	−0.1，0.1	自由端
③	−0.2，0，0.2	固定端
④	−0.2，0，0.2	自由端
⑤	−0.2，−0.1，0，0.1，0.2	固定端
⑥	−0.2，−0.1，0，0.1，0.2	自由端

❷ 時間によらず合成波の変位が0となる点が節である。さらに，隣りあう節と節（または腹と腹）の間の距離は，入射波（または反射波）の半波長分の長さとなる。また，以上を踏まえたうえで $x=1.0$m の点が腹と節のどちらであるかをもって，固定端反射か自由端反射かを判断できる。

解説

問1　図1の横軸は位置 x〔m〕を表すので，波長が 0.4m であることが読み取れる。また 0.1s 間で波が $\frac{1}{4}$ 波長分進んでいるので，❶より，周期は 0.4s である。ここで $x=0$m での媒質の変位 y〔m〕に着目すると，$t=0$s に $y=0.1$m で最大になり，$t=0.1$s に $y=0$m となっているので，横軸を t〔s〕として変位 y〔m〕のグラフは図aのようになり，その式は

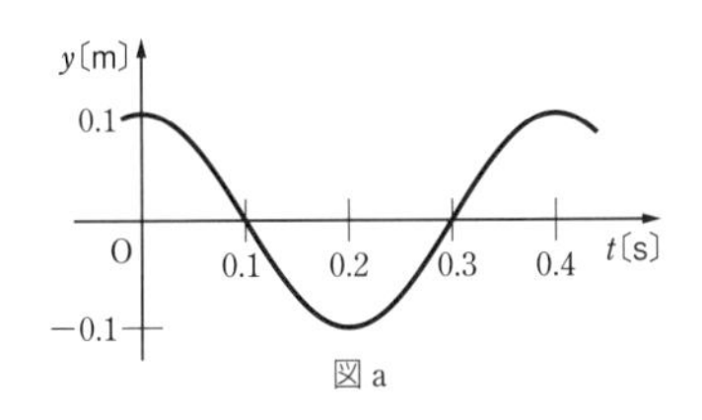

図a

$$y=0.1\cos\left(\frac{2\pi t}{0.4}\right)=0.1\sin\left(\frac{2\pi t}{0.4}+\frac{\pi}{2}\right)$$

と表すことができる。

以上より，最も適当なものは⑥。

補足　$t=0$s のとき，図1より

$$0.1=0.1\sin(0+\alpha)$$

となるので，$\alpha=\frac{\pi}{2}$ は容易に求まる。

問2　図2の入射波と反射波を重ねあわせてみると $-0.2\text{m} \leqq x \leqq 0.2$m における合成波の波形は図bのようになり $x=-0.2$m，0m，0.2m で腹，$x=-0.1$m，0.1m で節になっていることがわかる。隣りあう腹と腹の間隔は，もとの波の半波長の 0.2m であるから $x=0$m，0.2m，0.4m，…，1.0m の位置が腹となる。反射する位置の $x=1.0$m が腹であるから，波は自由端反射している。

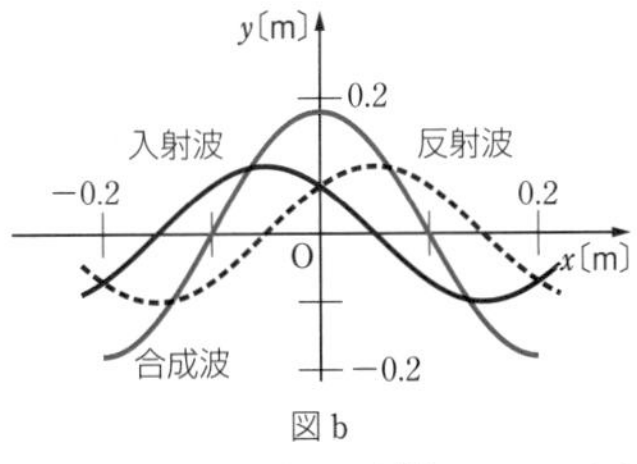

図b

以上より，最も適当なものは②。

075 問1 ③ 問2 ①

グラフ・図・資料の読み取り方 (本冊 p.62)

問1 この測定結果から船の速さを求めると何 m/s になるか。最も適当なものを，次の①～⑤のうちから1つ選べ。

① 1 ② 3 ③ 5 ④ 7 ⑤ 9

問2 船が途中で速さを変えたため，船と港の間の距離は，図2のように変化した。このとき，港で一定時間おきに測定した霧笛の振動数はどのように変化したか。振動数と時間の関係を表した次の①～④のグラフのうちから，最も適当なものを1つ選べ。

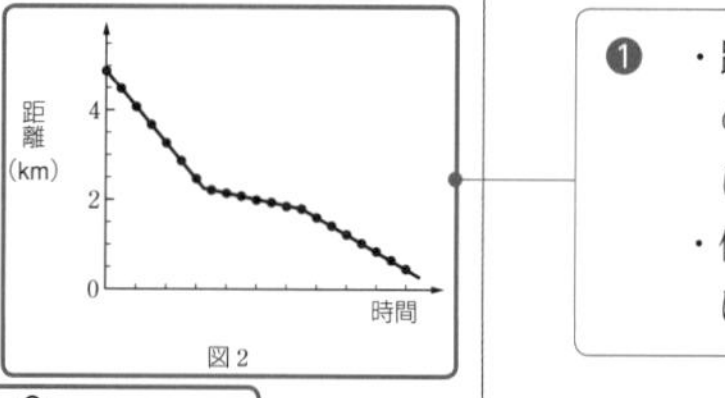

図2

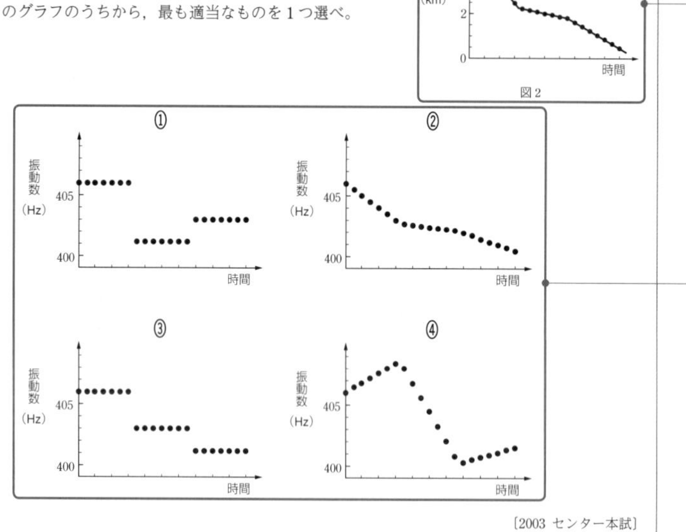

〔2003 センター本試〕

❶ ・距離の時間変化のグラフの傾きの大きさは，速さに相当する。
・傾きが一定の場合，速さは変わらない。

❷ ドップラー効果の式
「$f' = \dfrac{V - v_{\mathrm{O}}}{V - v_{\mathrm{S}}} f$」
の v_{S} 以外は一定。
v_{S} が大きいほど分母が小さくなるので，f' は大きくなる。

解説

思考の過程▶ 図2のグラフの傾きは速さを表す。傾きが一定のときの速さは変わらない。また，傾きの大小で速さの大小を判別する。選択肢の振動数と時間変化のグラフは，ドップラー効果の式から音源の速さが大きいほど振動数が大きくなるものを選ぶ。

問1 ドップラー効果の式「$f' = \dfrac{V - v_{\mathrm{O}}}{V - v_{\mathrm{S}}} f$」に

$f' = 406\,\mathrm{Hz}$，$f = 400\,\mathrm{Hz}$，$V = 338\,\mathrm{m/s}$，$v_{\mathrm{O}} = 0\,\mathrm{m/s}$ を代入し，船の速さ v_{S} を求める。

$$406 = \frac{338 - 0}{338 - v_{\mathrm{S}}} \times 400 \quad より$$

$$338 - v_{\mathrm{S}} = 338 \times \frac{400}{406}$$

よって $v_{\mathrm{S}} = 338\left(1 - \dfrac{400}{406}\right) \fallingdotseq 5\,\mathrm{m/s}$

以上より，正解は③。

問2 問題文の図2のグラフは，3つの区間 A,B,C に分けられる。

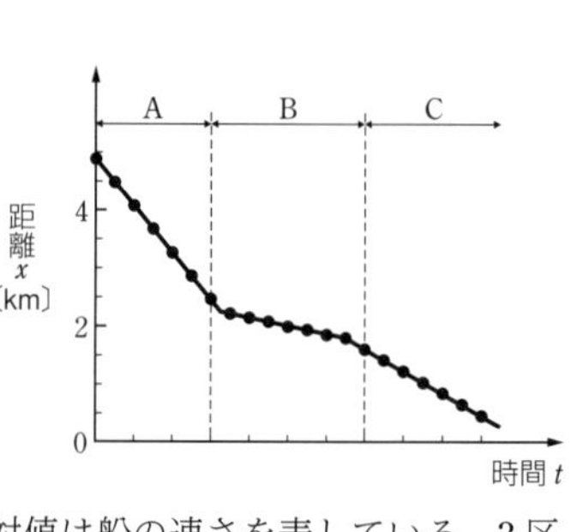

このグラフの x の減少分が，その間の船の移動距離になるから，グラフの傾きの絶対値は船の速さを表している。3区間とも直線になっているので，❶より，それぞれ一定の速さで港に向かっていることがわかる。一定の速さである限り，その間に観測される振動数も一定になる。❷より，音源の速度 v_{S} が大きいほど，振動数 f' は大きくなる。3区間の傾きの絶対値は，A > C > B の順なので，それぞれの区間の振動数の大きさも，A > C > B の順になる。よって，①が正解となる。

076　問1 ④　問2 ④　問3 ③　問4 ③

グラフ・図・資料の読み取り方

（本冊 $p.63$）

　表面がなめらかな平面ガラス板（厚さ T）が2枚ある。これらを重ね合わせて一端を密着し，そこから L の位置に厚さ $D(\ll T)$ のアルミ箔をはさむと，図1のように間にくさび形の空気の層ができる。いま，波長 λ の単色光の下で，上から図2のような縞模様（しまもよう）が観察された。

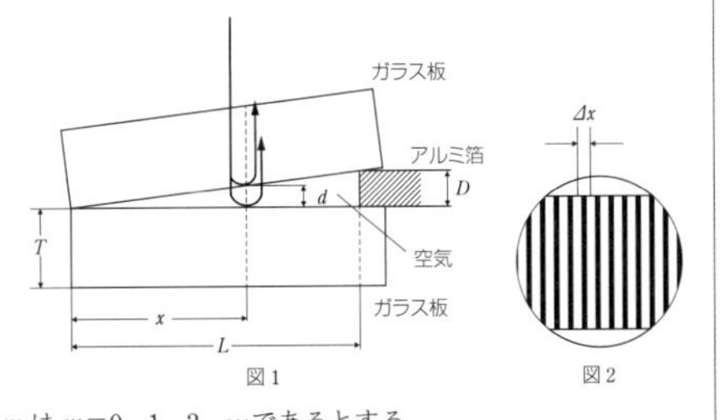

図1　図2

問1　明るい縞が観測される条件を表す式として正しいものを，次の①～④のうちから1つ選べ。ただし，選択肢中の m は $m=0,\ 1,\ 2,\ \cdots$ であるとする。

①　$d=m\lambda$　②　$2d=m\lambda$　③　$d=\left(m+\frac{1}{2}\right)\lambda$　④　$2d=\left(m+\frac{1}{2}\right)\lambda$

問2　明るい縞の位置を表す式として正しいものを，次の①～④のうちから1つ選べ。m は $m=0,\ 1,\ 2,\ \cdots$ であるとする。

①　$\frac{L\lambda}{D}m$　②　$\frac{L\lambda}{2D}m$　③　$\frac{L\lambda}{D}\left(m+\frac{1}{2}\right)$　④　$\frac{L\lambda}{2D}\left(m+\frac{1}{2}\right)$

問3　赤（$\lambda=650\,\text{nm}$），緑（$\lambda=540\,\text{nm}$），紫（$\lambda=410\,\text{nm}$）の光の下で現れる縞の間隔 Δx を知るために，2.00 cm 中に含まれる明るい縞の本数を10回ずつ測定したところ，右表のような結果を得た。ここで，$L=20.0\,\text{cm}$ としてこれらの結果から，箔の厚さ D〔m〕として最も適当な数値を，次の①～⑥のうちから1つずつ選べ。

測定回	明るい縞の本数（2.00 cm 中）		
	赤	緑	紫
1	9	12	18
2	8	13	17
3	10	12	16
4	11	11	15
5	12	12	16
6	10	14	14
7	9	10	16
8	10	12	16
9	11	11	17
10	10	13	15

①　3.3×10^{-4}　②　6.5×10^{-4}　③　3.3×10^{-5}
④　6.5×10^{-5}　⑤　3.3×10^{-6}　⑥　6.5×10^{-6}

問4　同じアルミ箔を重ねて同様の実験を行ったところ，重ねる枚数を増やしていくにつれ，縞模様はどのようになるか，正しいものを，次の選択肢①～⑤のうちから1つ選べ。

❶　データにばらつきがあるので，明るい縞の本数を利用する計算は，10回の測定結果の平均から導く必要がある。

❷　アルミ箔を重ねる枚数を増やすということは，厚さ D が大きくなることに等しい。

解説

問1　図1において，上のガラス板の下面と，下のガラス板の上面で反射される光の経路差は $2d$ である。また，上のガラスの下面では自由端反射，下のガラスの上面では固定端反射をするのでこれらの光の位相は π だけずれる。よって，明るい縞が観測される条件は次式で示される。

$$2d=\left(m+\frac{1}{2}\right)\lambda$$

以上より，正解は④。

問2　下図は図1のくさび形空気層を示した図である。図の三角形の相似を考えると

$$x:L=d:D$$

よって $d=\dfrac{D}{L}\cdot x$

ここで，問1を用いると

$$2\times\frac{D}{L}\times x=\left(m+\frac{1}{2}\right)\lambda$$

ゆえに $x=\dfrac{L\lambda}{2D}\left(m+\dfrac{1}{2}\right)$

以上より，正解は④。

問3　表の結果について，赤の光に注目すると10回の測定で 2.00 cm 中に平均で約10本の明るい縞が現れた。❶より，明るい縞の間隔 Δx_{R} は

$$\Delta x_{\text{R}}=\frac{2.00}{10}=2.0\times10^{-1}\,\text{cm}=2.0\times10^{-3}\,\text{m}$$

また，問2の明るい縞の位置 $x=\dfrac{L\lambda}{2D}\left(m+\dfrac{1}{2}\right)$ において，明るい縞の間隔 Δx は

$$\Delta x=\frac{L\lambda}{2D}\left\{(m+1)+\frac{1}{2}\right\}-\frac{L\lambda}{2D}\left(m+\frac{1}{2}\right)=\frac{L\lambda}{2D}\quad\cdots\cdots①$$

よって，箔の厚さ D は

$$D=\frac{L\lambda}{2\Delta x_{\text{R}}}=\frac{20.0\times10^{-2}\times650\times10^{-9}}{2\times2.0\times10^{-3}}=3.25\times10^{-5}\fallingdotseq3.3\times10^{-5}\,\text{m}$$

以上より，正解は③。

問4　問3の①式より，$\Delta x=\dfrac{L\lambda}{2D}$ である。❷より，厚さ D が大きくなるので，縞模様の間隔がせまくなる。よって，正解は③。

077　問1 ア ②，イ ⑤　問2 ④　問3 ④

グラフ・図・資料の読み取り方

（本冊 p.65）

図1に示すように，2枚の広い導体板P，Qを平行に0.10m離しておき，Pを接地して，PQ間に5.0Vの電圧を加えてある。導体板PとQの間に，点Aを始点とし，点B，C，Dを経て点Eを終点とする経路を考える。点Aから点Eまでの経路上の各点での電位と，点Aからたどった経路の長さとの関係をグラフに表すと，図2のようになった。ただし，図1には始点Aおよび終点Eのみが示してある。

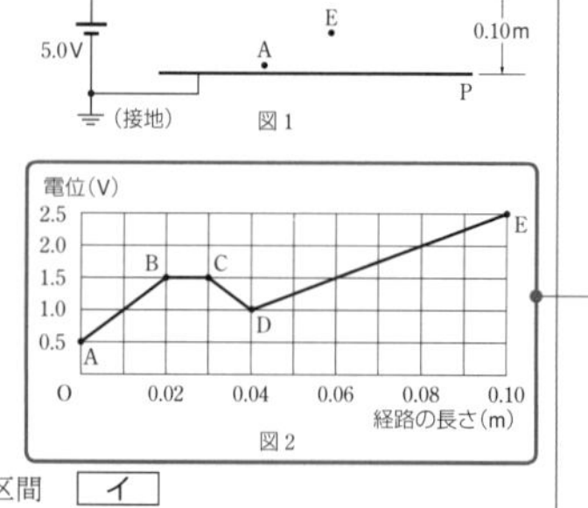

図1
図2

問1　図2において，経路が電場の方向に垂直になっている区間はどれか。また，経路が電場の方向に対して斜めになっている区間はどれか。正しいものを，次の①～⑥のうちから1つ選べ。

垂直になっている区間 ア　　斜めになっている区間 イ

① AB間　② BC間　③ CD間　④ AB間とCD間　⑤ DE間
⑥ AB間とCD間とDE間

問2　ある正の点電荷を，点Aから点Eまで運ぶのに必要な仕事は，同じ点電荷を導体板Pから導体板Qまで運ぶのに必要な仕事の何倍か。正しいものを，次の①～⓪のうちから1つ選べ。ただし，重力の影響は無視できるものとする。

① 0.1　② 0.2　③ 0.3　④ 0.4　⑤ 0.5　⑥ 0.6　⑦ 0.7　⑧ 0.8
⑨ 0.9　⓪ 1.0

問3　図1において，導体板PとQはPを下にして，地面と平行に置かれているとする。電気量 q〔C〕に帯電した質量 m〔kg〕の小球をPとQの間に入れたところ，この小球にはたらく力はつりあった。このとき，q と m の比 $\frac{q}{m}$〔C/kg〕の値として正しいものを，次の①～⑥のうちから1つ選べ。ただし，重力加速度の大きさを g〔m/s²〕とする。

① $0.02g$　② $0.2g$　③ $2g$　④ $-0.02g$　⑤ $-0.2g$　⑥ $-2g$

〔2002 センター追試〕

❶ 平行導体板間の電場は一様であるため，電位は導体板Pからの距離に比例する。

❷ 小球にはたらく力がつりあうので，鉛直下向きの重力に対して，静電気力は鉛直上向きにはたらく。電場は鉛直下向きに加わっているので，小球は負に帯電している。

解説

問1　❶より，経路が電場の方向に垂直になっている区間は，等電位面上であるから，BC間になる。よって正解は②となる。　……ア の答

問題の図1より，導体板間0.10mで5.0Vの電位差があることがわかる。したがって，電場(導体板に垂直)の方向に0.01m移動するごとに0.5V変化する。つまり，AB，CD間は電場の方向に移動したことを示している。よって，DE間は斜め方向に移動した(経路が電場の方向に対して斜めになっている)ことがわかる。ゆえに，正解は⑤となる。　……イ の答

問2

思考の過程▶ 静電気力がする仕事は途中の経路に関係なく，同じ点電荷を用いるので，2点間の電位差だけで決まる。

ある正の点電荷の電気量を Q とする。

AE間の電位差は $2.5-0.5=2.0$V

PQ間の電位差は 5.0V

よって，AからEまで運ぶ仕事

$W_1=Q\times2.0$〔J〕

これはAB間とDE間の仕事を正，CD間の仕事を負として，これらの総和をとったものに等しい。

PからQまで運ぶ仕事 $W_2=Q\times5.0$〔J〕

ゆえに $\frac{W_1}{W_2}=\frac{2.0}{5.0}=0.4$

以上より，正解は④。

問3

思考の過程▶ ❷より，小球には重力と静電気力がはたらいている。これら2力がつりあうことから，力のつりあいの式を考える。

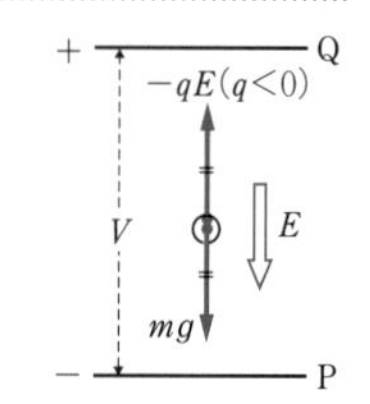

電場 E は下向きである。小球にはたらく重力 mg は下向きであるから，小球にはたらく静電気力は上向きである(小球は負に帯電している)。PQの間隔を d とすると

$$E=\frac{V}{d}$$

よって $mg=-qE=-\frac{qV}{d}$

ゆえに $\frac{q}{m}=-\frac{dg}{V}=-\frac{0.10}{5.0}g$

$=-0.02g$〔C/kg〕

以上より，正解は④。

078　②

グラフ・図・資料の読み取り方

（本冊 p.66）

図1のように，AB間に半導体ダイオードを置き，Bに対するAの電位をVとしたとき，Aから Bに流れる電流IとVの関係は図2のように与えられる。AB間に図3のように時間変化する電圧V〔V〕を加えたとき，ダイオードに流れる電流I〔mA〕と時間t〔s〕との関係を表すグラフはどれか。最も適当なものを，下の①～④のうちから1つ選べ。

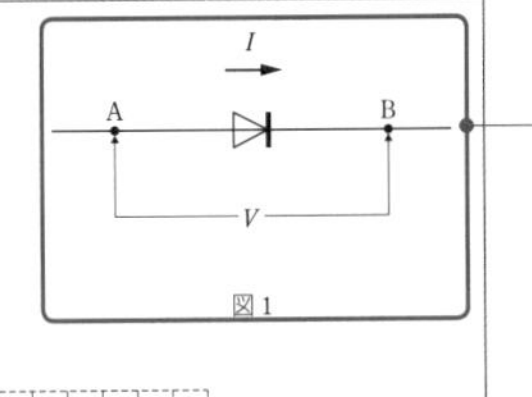

図1

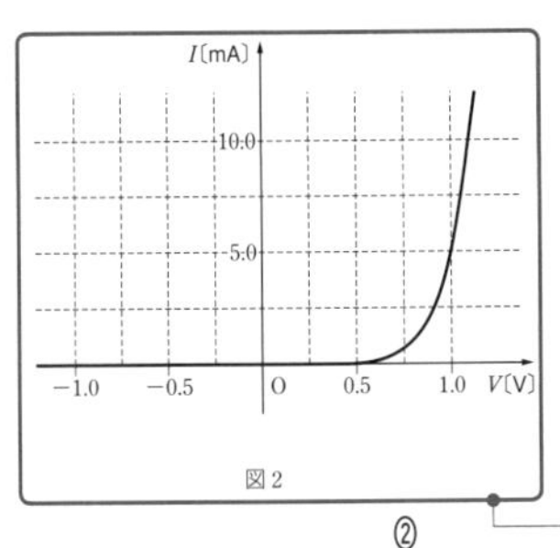

図2

図3

①

②

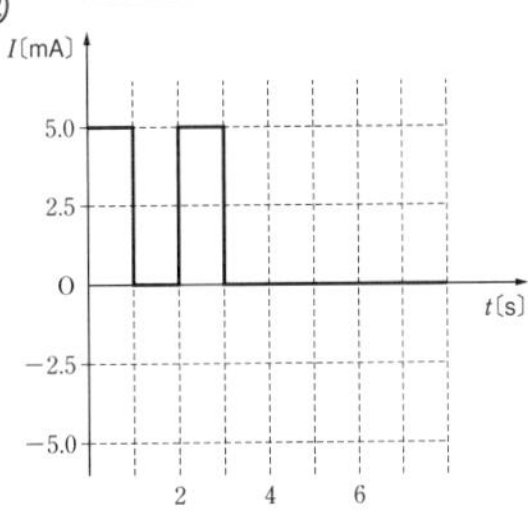

③

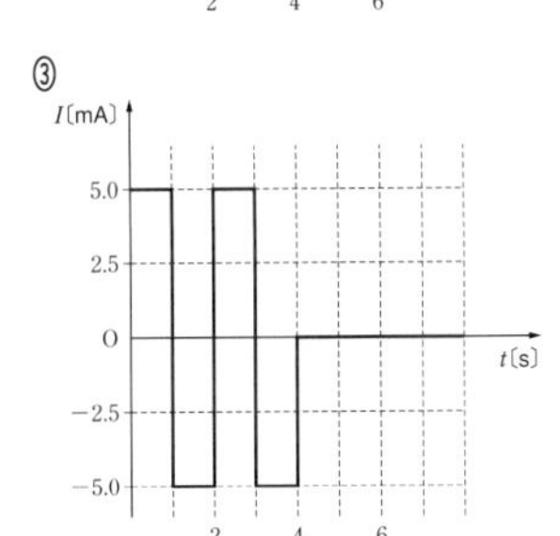

④

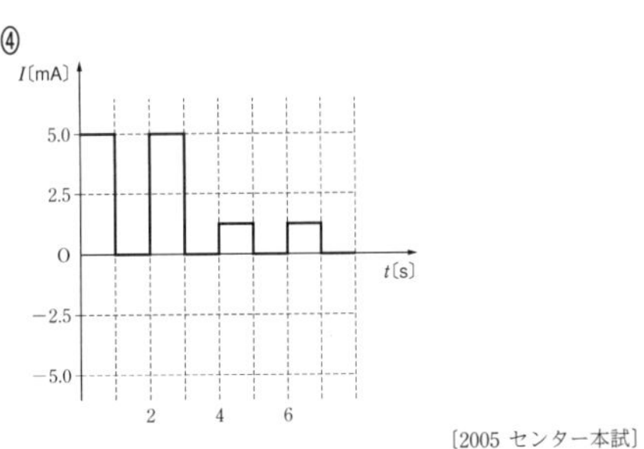

〔2005 センター本試〕

❶ ダイオードなので，順方向に電圧を加えなければ，電流は流れない。

❷ 電圧を順方向に加えた場合であっても，0.5Vまでは電流が流れないことに注意が必要である。

解説

思考の過程▶ ❶，❷をもとに，ダイオードに加わる電圧から，ダイオードに電流が流れる時間帯を考える。

図aのようなダイオードの電流－電圧特性曲線なので

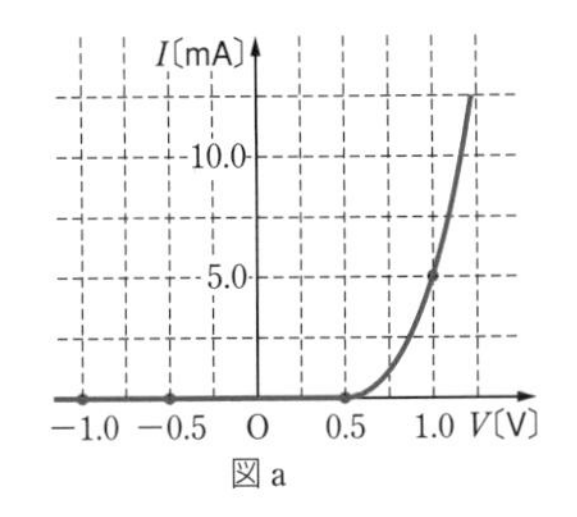

図a

$V=1.0$Vのとき，$I=5.0$mA

$V=0.5$V以下のとき，$I=0$mA

となる。したがって，図bのように電圧Vが変化するときに流れる電流Iは，図cのようになる。

以上より，最も適当なものは②。

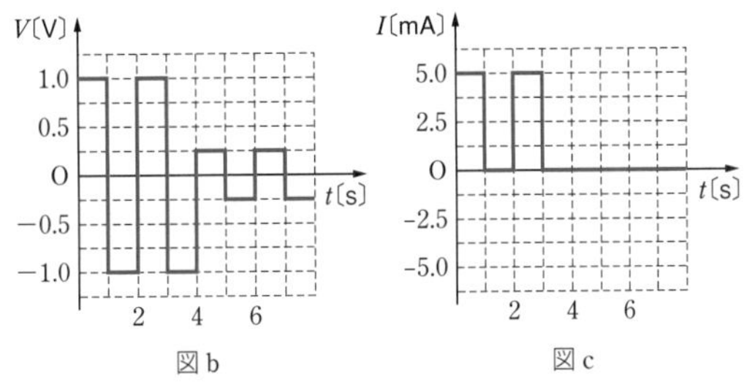

図b　図c

079　問1　ア　⑥，イ　②　問2　ウ　⑤，エ　⓪，オ　②

グラフ・図・資料の読み取り方

（本冊 *p*.67）

図のように，不導体（絶縁体）の円板と，円板に固定された巻数1のコイルが，中心の回転軸のまわりに角速度 $\frac{50}{3}\pi$ rad/s で回転している。コイルの直線部分のなす角は90°である。回転軸を中心とした中心角120°の扇形の範囲には磁束密度 B の一様な磁場（磁界）が紙面に垂直に，裏から表の向きにかかっている。

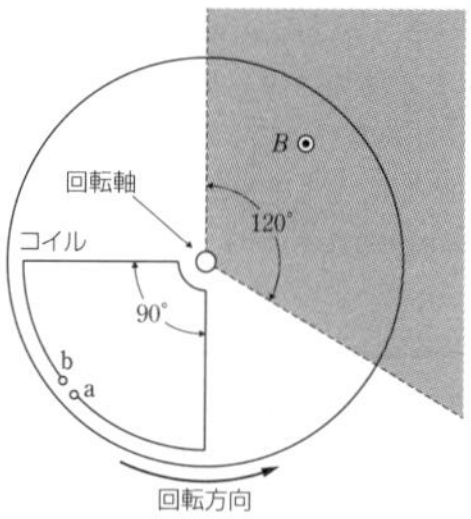

問1　端子aを基準とした端子bの電位の時間変化を表すと，どのようなグラフになるか。また，そのグラフの横軸の1目盛りの大きさは何秒か。最も適当なものを，次の解答群のうちから1つずつ選べ。　グラフ：［ア］　1目盛り：［イ］s

［ア］の選択肢

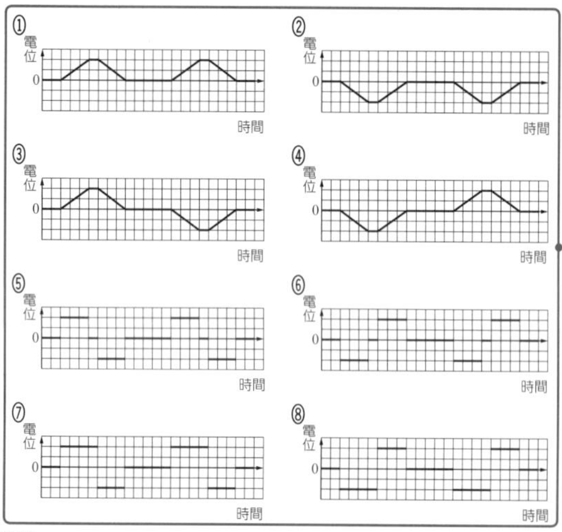

［イ］の選択肢

① 0.0010　② 0.010　③ 0.10　④ 1.0　⑤ 0.00050　⑥ 0.0050　⑦ 0.050　⑧ 0.50

❶ レンツの法則より，コイルを貫く磁束の変化を打ち消すように誘導起電力が生じる。磁束に変化がなければ誘導起電力は生じない。

❷ どのグラフも12マスで1周期となっている。

解説

問1　図aのように，磁場の範囲にコイルが入っていく場合を考える。❶より，誘導電流による磁場は紙面に垂直で表から裏への向きになる。よって，コイルに生じる誘導起電力は図aのようになり，端子aのほうが高電位になる。ここで，角速度を ω とし，コイルが時刻 t から $t+\Delta t$ の間に磁場の範囲に入っていき，コイルを貫く磁束が $B\Delta S$ 変化したものとする。このとき誘導起電力の大きさ V はファラデーの電磁誘導の法則より

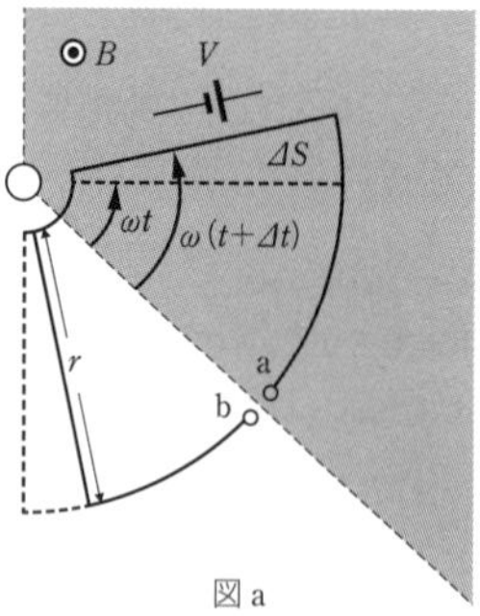

図a

$$V=\left|\frac{\Delta\Phi}{\Delta t}\right|=\frac{B\Delta S}{\Delta t}$$
$$=\frac{B}{\Delta t}\left\{\frac{1}{2}r^2\omega(t+\Delta t)-\frac{1}{2}r^2\omega t\right\}=\frac{Br^2\omega}{2}\quad\cdots①$$

となり，コイル全体が磁場の範囲におさまるまで，誘導起電力は時刻 t によらず一定となる。また，磁場の範囲からコイルが出ていくときは，端子bのほうが高電位となり，誘導起電力の大きさは同じとなる。コイル全体が磁場の範囲におさまっているときと磁場の外にあるときでは，両方とも端子a，bの間に電位差はなく，後者のほうが時間が長い。以上より，正しいグラフは⑥。　……［ア］の答

また，❷より，1目盛り当たりの時間 t_0 は

$$t_0=\frac{1}{12}\cdot\frac{2\pi}{\omega}=\frac{1}{12}\cdot\frac{2\pi}{\frac{50}{3}\pi}=0.010\,\mathrm{s}$$

以上より，正解は②。　……［イ］の答

問2　$\frac{\pi r^2}{4}=5\times10^{-3}\,\mathrm{m^2}$ を変形すると

$$r^2=\frac{4\times5\times10^{-3}}{\pi}=\frac{2\times10^{-2}}{\pi}\quad\cdots\cdots②$$

①式に，$B=0.30\,\mathrm{T}$，$\omega=\frac{50}{3}\pi$ rad/s，②式を代入すると

$$V=\frac{0.30\times\frac{2\times10^{-2}}{\pi}\times\frac{50}{3}\pi}{2}=5.0\times10^{-2}\,\mathrm{V}$$

……［ウ］～［オ］の答

080　問1　①　　問2　④　　問3　②

グラフ・図・資料の読み取り方　　　　（本冊 *p*.68）

永久磁石のN極とS極が互いに向かい合って配置されている。その間の空間には一様な磁場（磁束密度 B）が存在している。以下の問いに答えよ。

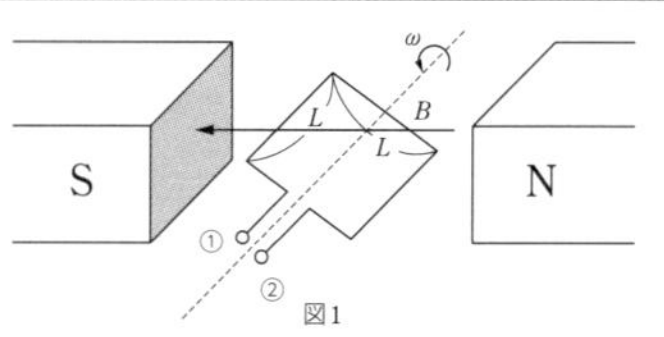

図1

問1　図1のように，N極とS極の間に1巻きの1辺の長さ L の正方形のコイルが，磁場に垂直な軸を中心にして一定の角速度 ω で回転している。ただし，時刻 $t=0$ において，コイル面は磁場と垂直である。このとき，時刻 t における端子②を基準とした端子①の電位 V と，端子①と②の間に抵抗値 R の抵抗を接続した場合の時刻 t における抵抗で消費される電力 P を表す数式の組合せとして正しいものを，次の①～⑥より1つ選べ。

$V=$ ア　　$P=$ イ

	ア	イ
①	$BL^2\omega\sin\omega t$	$\dfrac{(BL^2\omega)^2\sin^2\omega t}{R}$
②	$BL^2\omega\sin\omega t$	$\dfrac{(BL^2\omega)^2\cos^2\omega t}{R}$
③	$BL^2\omega\sin\omega t$	$\dfrac{(BL^2\omega)^2\sin\omega t\cos\omega t}{R}$

	ア	イ
④	$BL^2\omega\cos\omega t$	$\dfrac{(BL^2\omega)^2\sin^2\omega t}{R}$
⑤	$BL^2\omega\cos\omega t$	$\dfrac{(BL^2\omega)^2\cos^2\omega t}{R}$
⑥	$BL^2\omega\cos\omega t$	$\dfrac{(BL^2\omega)^2\sin\omega t\cos\omega t}{R}$

問2　次に，図2のように問1で用いたコイルの両端を半円筒状の整流子 A_1 と A_2 につなぐ。整流子は，ブラシに接触しながらコイルといっしょに回転しており，180°回転するごとにブラシとの接続が瞬間的に切りかわる。1つの整流子は2つのブラシと同時に接続することはない。端子①と②の間に誘導される電圧の時間変化は図3のようになった。図3のPにおいて，整流子はブラシと図4のように接続している。Qの場合に該当するものを，次の①～④より1つ選べ。

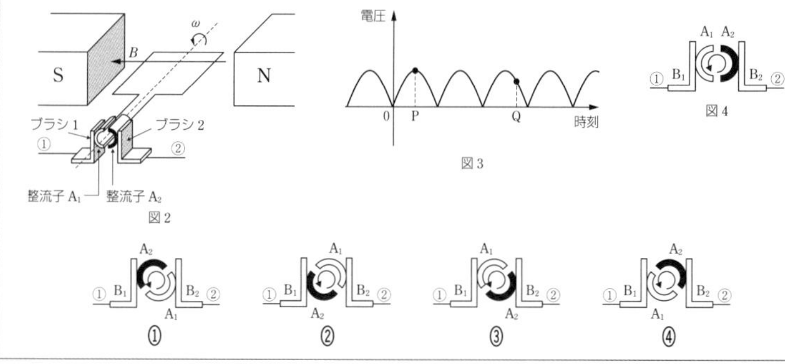

❶ 正方形のコイルでは，磁場に垂直な回転軸に対して平行な辺で誘導起電力が生じる。

❷ コイルの回転によって交流電圧が生じ，整流子により負の電圧が正の電圧に変換される。

❸ コイル面が磁場に対して平行なとき，端子①，②の間に最大の電圧が生じる。一方で，コイル面が磁場に対して垂直になったとき，端子①と②の間に電圧は生じない。

解説

問1　図aは，回転する正方形コイルを端子側から見たときのようすを示している。誘導起電力を生じる正方形コイルの辺の回転半径は $\dfrac{L}{2}$，角速度が ω であるため，その速さは $\dfrac{L}{2}\omega$ であり，鉛直線と正方形コイルが角度 ωt をなすとき，磁場に垂直な速度成分は $\dfrac{L}{2}\omega\sin\omega t$ となる。

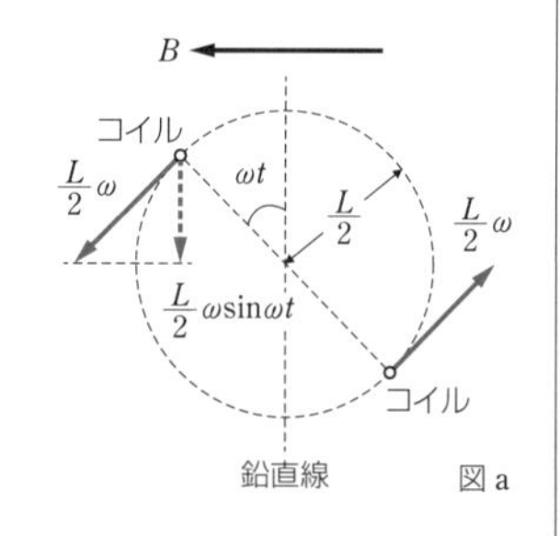

図a

❶より，誘導起電力は回転軸に平行な2辺で生じ，各々の辺でコイルに流れる誘導電流の向きが一致するため，端子間の電位差 V は

$$V=\frac{L}{2}\omega\sin\omega t\cdot BL\times 2=BL^2\omega\sin\omega t$$

また，この端子間に抵抗値 R の抵抗を接続したとき，抵抗で消費される電力 P は

$$P=\frac{V^2}{R}=\frac{(BL^2\omega)^2\sin^2\omega t}{R}$$

以上より，正しい組合せは①。

問2　Pの状態は，端子①と②の間に最大の電圧が生じているので，❸より，これはコイル面が水平になったときである。また，Qの状態は，コイル面が水平なPの状態から一回転した後に，初めてコイル面が垂直になって電圧が0となる少し前の状態である。以上より正解は④。

問3　コイルの回転周期 T は

$$T=\frac{2\pi}{\omega}=\frac{2\pi}{40\pi}=\frac{1}{20}\,\text{s}$$

❷より，図3のグラフの山と山の間の周期は T の $\dfrac{1}{2}$ に相当するので，求める周期を T' とすると

$$T'=\frac{1}{2}T=\frac{1}{40}=2.5\times10^{-2}\,\text{s}$$

よって，正解は②。

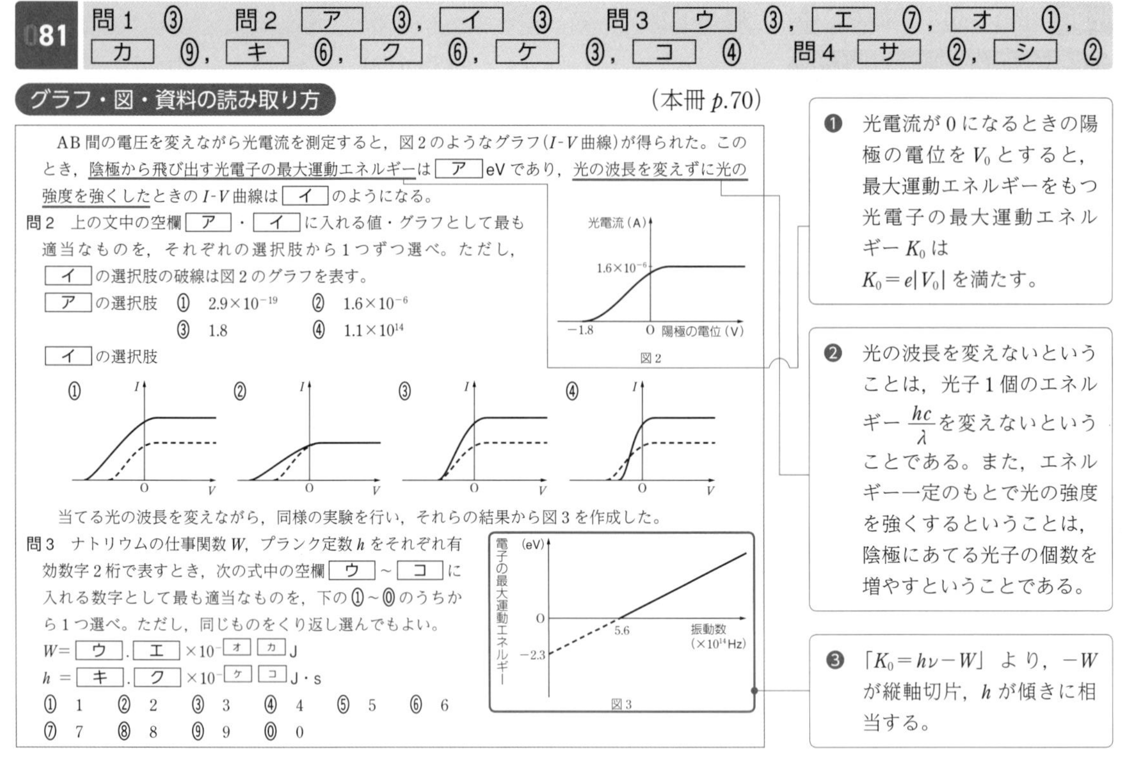

081　問1　③　　問2　ア　③，イ　③　　問3　ウ　③，エ　⑦，オ　①，カ　⑨，キ　⑥，ク　⑥，ケ　③，コ　④　　問4　サ　②，シ　②

グラフ・図・資料の読み取り方　(本冊 p.70)

AB間の電圧を変えながら光電流を測定すると，図2のようなグラフ(I-V曲線)が得られた。このとき，陰極から飛び出す光電子の最大運動エネルギーは［ア］eVであり，光の波長を変えずに光の強度を強くしたときのI-V曲線は［イ］のようになる。

問2　上の文中の空欄［ア］・［イ］に入れる値・グラフとして最も適当なものを，それぞれの選択肢から1つずつ選べ。ただし，［イ］の選択肢の破線は図2のグラフを表す。

［ア］の選択肢　①　2.9×10^{-19}　②　1.6×10^{-6}　③　1.8　④　1.1×10^{14}

［イ］の選択肢

図2

当てる光の波長を変えながら，同様の実験を行い，それらの結果から図3を作成した。

問3　ナトリウムの仕事関数W，プランク定数hをそれぞれ有効数字2桁で表すとき，次の式中の空欄［ウ］～［コ］に入れる数字として最も適当なものを，下の①～⓪のうちから1つ選べ。ただし，同じものをくり返し選んでもよい。

$W=$［ウ］.［エ］$\times10^{-［オ］［カ］}$J

$h=$［キ］.［ク］$\times10^{-［ケ］［コ］}$J・s

①　1　②　2　③　3　④　4　⑤　5　⑥　6　⑦　7　⑧　8　⑨　9　⓪　0

図3

❶　光電流が0になるときの陽極の電位をV_0とすると，最大運動エネルギーをもつ光電子の最大運動エネルギーK_0は$K_0=e|V_0|$を満たす。

❷　光の波長を変えないということは，光子1個のエネルギー$\dfrac{hc}{\lambda}$を変えないということである。また，エネルギー一定のもとで光の強度を強くするということは，陰極にあてる光子の個数を増やすということである。

❸　「$K_0=h\nu-W$」より，$-W$が縦軸切片，hが傾きに相当する。

解説

問1　光電流が1.6×10^{-6}Aなので，陰極Aから陽極Bに達する1秒間当たりの電気量が1.6×10^{-6}Cである。電子1個の電気量の大きさは1.6×10^{-19}Cであるから

$$\frac{1.6\times10^{-6}}{1.6\times10^{-19}}=1.0\times10^{13}\text{個}$$

よって，正解は③。

問2

> **思考の過程▶** 陽極の電位を下げていき，阻止電圧に達すると，最大運動エネルギーをもつ光電子も陽極に到達しなくなり，光電流は0になる。

陽極の電位が−1.8Vのとき，光電流が0となる。これは，最大運動エネルギーをもつ光電子が1.8Vの電位差でブレーキをかけられると，運動エネルギーのすべてが失われるということである。❶より，最大運動エネルギーは$1.8e$〔J〕，あるいは1.8eVである。

よって，［ア］の正解は③。

> **思考の過程▶** 光電管では，光を当てることにより陰極から光電子が飛び出すが，陽極の電位により，陽極に到達できる光電子の数が変わる。その大小を表すのが光電流の大きさである。
> 陽極の電位が正で，ある程度大きくなると，飛び出した光電子のほぼすべてが陽極に到達するようになり，光電流が一定となる。つまり，この一定値を見ることで光電子がどれだけ飛び出してくるかがわかる。

光子1個当たりのエネルギーを変えずに光子の数を増やすと，❶，❷より，光電流が0になるときの陽極の電位は変化せず，飛び出してくる光電子の個数が増える(光電流が大きくなる)。

以上より，［イ］の正解は③。

問3　❸より，グラフの縦軸の切片が$-W$なので

$$W=2.3\,\text{eV}=2.3\times1.6\times10^{-19}\,\text{J}$$
$$=3.68\times10^{-19}\,\text{J}\fallingdotseq3.7\times10^{-19}\,\text{J}$$

また，グラフの傾きがhなので

$$h=\frac{2.3\,\text{eV}}{5.6\times10^{14}\,\text{Hz}}$$
$$=\frac{2.3\times1.6\times10^{-19}\,\text{J}}{5.6\times10^{14}\,\text{Hz}}$$
$$=6.57\cdots\times10^{-34}\,\text{J·s}$$
$$\fallingdotseq6.6\times10^{-34}\,\text{J·s}$$

以上より，［ウ］③，［エ］⑦，［オ］①，［カ］⑨，［キ］⑥，［ク］⑥，［ケ］③，［コ］④。

問4　波長が6.3×10^{-7}mなので，振動数は

$$\frac{c}{\lambda}=\frac{3.0\times10^{8}}{6.3\times10^{-7}}=4.76\cdots\times10^{14}\,\text{Hz}$$

これは，限界振動数5.6×10^{14}Hzよりも小さいので，光電子は飛び出してこない。

以上より，［サ］②，［シ］②。

082 問1 ア ②，イ ④，ウ ③，エ ⑥，オ ⓪　問2 ①

グラフ・図・資料の読み取り方　(本冊 p.71)

図1のような陰極線管の管内を真空にして，陰極Kに対する格子状電極Gの電位 V_G を増加させると，電極Pの電流 I は単調に増加する。一方，管内に水銀蒸気を封入して，V_G を0Vから増加させたところ，図2のように，いくつかの V_G の値で I の減少が見られた。次の問いに答えよ。

問1　次の文章の ア ～ オ に入れる語句，数値として適当なものを，解答群より1つずつ選べ。

ヒーターで熱されることにより，Kから出た ア は，K-G間の電場により加速され，Kでの イ が ウ に変換される。この ア の ウ が水銀原子の基底状態のエネルギーと励起状態のエネルギーとの差に等しいときに， ア と水銀原子との衝突により， ア の ウ が水銀原子に移って減少するため，水銀原子と衝突した電子は，Gを過ぎた後，Pまで到達できない。そのため電流は減少する。また，電子から水銀原子に移るエネルギーがとびとびであることから，水銀原子のエネルギーがとびとびであり，そのエネルギー間隔の値は エ eVであることがわかる。このとき陰極線管から紫外線が観測されるのは，水銀原子が オ としてエネルギーを放出し，もとの状態にもどるからである。

①　陽子　②　電子　③　運動エネルギー　④　電気的な位置エネルギー　⑤　2.5
⑥　4.9　⑦　9.8　⑧　熱　⑨　運動　⓪　光

図1 (ヒーター, K, G, P, A, V_G)

図2 (電流 I, V_G[V], 0, 5, 10, 15, 20)

問2　ナトリウム原子には，基底状態からの遷移に伴う波長 5.9×10^{-7} m の吸収スペクトルがある。水銀蒸気のかわりにナトリウム蒸気を封入して，問1と同様の実験を行うとき，I が減少する V_G の相隣りあう値の差は何eVか。最も適当な値を次の①～⑤のうちから1つ選べ。ただし，プランク定数を 6.6×10^{-34} J·s，光の速さを 3.0×10^8 m/s，1eV $=1.6\times10^{-19}$ J とする。

①　2.1　②　2.8　③　3.5　④　4.2　⑤　4.9

［2007 東京学芸大 改］

❶ 電位 V_G (> 0)によって加速するので， ア は負の電荷を帯びていることになる。

❷「電子がもつエネルギーが エ eV増加するごとに，電流 I は急激に減少する」と読みかえ，図2と照らしあわせる。

❸ 基底状態から励起状態になるにあたって，波長 5.9×10^{-7} m の光を吸収しているので，光のエネルギーを考える。

解説

問1　❶より，ヒーターによって熱せられた陰極Kからは電子②（ ア の答）が出る。この電子は熱電子ともいわれ，加速電圧 V_G によって加速され，Kでの電気的な位置エネルギー④（ イ の答）が運動エネルギー③（ ウ の答）に変換される。この電子の運動エネルギーが，水銀原子の基底状態と励起状態のエネルギーの差に等しいとき，電極Pに流れる電流 I が極小となる。I は図2より $V_G=6$V，11V，16V周辺で極小となっている(❷)ので，エネルギーの間隔は選択肢の中では4.9eV⑥（ エ の答）が最も適当となる。このため励起状態にある水銀原子がエネルギーを放出し，基底状態にもどるときに，陰極線管から紫外線という光⓪（ オ の答）が観測される。

問2　プランク定数を h，光の速さを c，吸収した光の波長を λ とすると，❸より，吸収した光子1個のエネルギー E は

$$E=\frac{hc}{\lambda}$$

それぞれの値を代入すると

$$E=\frac{6.6\times10^{-34}\times3.0\times10^{8}}{5.9\times10^{-7}}=3.35\cdots\times10^{-19}\text{J}$$

1eV $=1.6\times10^{-19}$ J より

$$E=\frac{3.35\cdots\times10^{-19}}{1.6\times10^{-19}}=2.09\cdots\fallingdotseq2.1\text{eV}$$

よって，正解は①。

Ⅲ　グラフ・図・資料を読み解く問題

Ⅳ　読解問題

083　問1　⑤　　問2　ア　②，イ　②　　問3　⑦

問題文の読み方

（本冊 $p.74$）

次の文章を読み，下の問い（問1〜3）に答えよ。

図1に示すように，質量 $3m$ の物体に放物運動をさせる2つの実験を行う。この物体は，図2に示すように，質量 m と $2m$ の物体A，Bが軽いばねを内蔵して合体されている。遠隔操作で，これは，簡単に2つの物体A，Bに分離できる。ばねは軽く押し縮められていてエネルギー U_0 をもっているものとする。

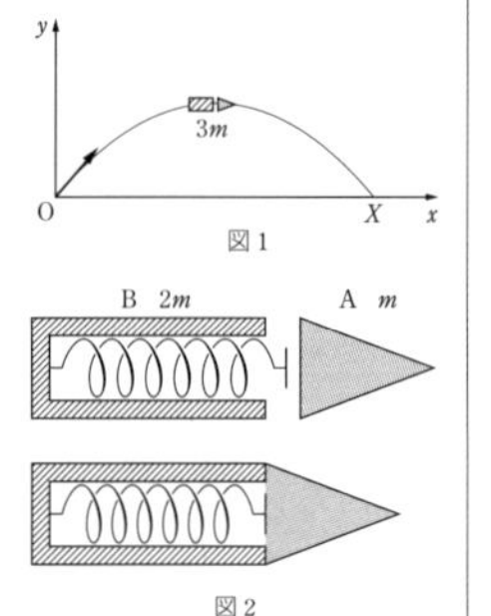

図1

図2

実験1では，物体を合体したまま放物運動をさせる。実験2では実験1と同じ条件で投射し，最高点に達したとき遠隔操作で物体AとBに分離する。図1のように水平右向きに x 軸，鉛直上向きに y 軸をとり，物体は原点から発射されるとし，重力加速度の大きさを g とする。A，Bの大きさや空気の抵抗は無視できるとする。また，この運動は，xy 平面内で行われる。

実験1　合体したままこの物体は，質量 m 側の物体Aを先頭にして，地上面上の点(0，0)から，x 軸方向成分 V_x，y 軸方向成分 V_y の速度で地上面上から斜め上方に投射され，投射後，時間 T の後に点(X，0)に到達した。

実験2　実験1と同じように地上面上の点(0，0)から同じ初速度で物体を投射する。最高点に達したとき，遠隔操作で質量 m の物体Aと $2m$ の物体Bに分離する。そのとき，ばねに蓄えられていたエネルギー U_0 は，すべて2つの物体A，Bに分配される。分離した瞬間，最高点では y 方向の速度成分をもたないので，2つの物体A，Bは，それぞれ x 方向の速度成分のみを得る。

問1　実験2でAとBが分離した直後，地上で静止している観測者から見た，物体Bの x 方向の速度成分はいくらか。正しいものを，次の①〜⑥のうちから1つ選べ。

①　$V_x+\frac{1}{2}\sqrt{\frac{U_0}{3m}}$　　②　$V_x+\sqrt{\frac{U_0}{3m}}$　　③　$V_x+2\sqrt{\frac{U_0}{3m}}$　　④　$V_x-\frac{1}{2}\sqrt{\frac{U_0}{3m}}$

⑤　$V_x-\sqrt{\frac{U_0}{3m}}$　　⑥　$V_x-2\sqrt{\frac{U_0}{3m}}$

問2　実験2で2つの物体A，Bが最高点に達したときからはかって，それぞれ時間 T_A，T_B の後に地上面に到達したとするとき，T_A [ア] $\frac{T}{2}$，T_B [イ] $\frac{T}{2}$ である。

上の文の空欄 [ア]・[イ] に入れるのに正しいものを，それぞれ次の①〜③のうちから1つずつ選べ。ただし，同じものを選んでもよい。

①　>　　②　=　　③　<

問3　実験2で2つの物体A，Bが地上面に到達したときの点を，それぞれ(x_A，0)，(x_B，0)とする。X を x_A，x_B を用いて表した式として正しいものを，次の①〜⑧のうちから1つ選べ。

①　x_A+x_B　　②　x_A-x_B　　③　$\frac{x_A+x_B}{2}$　　④　$\frac{x_A-x_B}{2}$　　⑤　$\frac{2x_A+x_B}{3}$　　⑥　$\frac{2x_A-x_B}{3}$

⑦　$\frac{x_A+2x_B}{3}$　　⑧　$\frac{x_A-2x_B}{3}$

［2018 和歌山大 改］

❶　AとBの分離は，ばねを介してAとBが力を及ぼしあうことのみによってなされるので，分離の直前・直後で運動量の和は保存される。

❷　分離の直前・直後でA，Bの高さは変わらないので，解放されたばねの弾性エネルギー U_0 の分だけ，A，Bの運動エネルギーの和が変化する。

❸　分離の直後はAもBも，速度の鉛直成分が0であるから，この後のAとBの運動は，鉛直方向のみに着目すれば自由落下である。

解説

問 1

> **思考の過程▶** 分離時にはAとBが力を及ぼしあうだけで，水平方向には外力がはたらかないので，水平方向の運動量の和は保存される(❶)。また，運動エネルギーと弾性エネルギーの和も保存される(❷)。
> →運動量保存則と力学的エネルギー保存則の式を立てよう。

分離の直前，AとBの速度の水平成分はともに V_x である。

分離の際，AとBに水平方向の外力ははたらかないので，水平方向の運動量の和は保存される(❶)。よって分離直後のA，Bの速度(の水平成分)をそれぞれ v_A，v_B とすれば

$$(m+2m)V_x = mv_A + 2mv_B \quad \cdots\cdots①$$

また，ばねの弾性エネルギー U_0 がすべてAとBの運動エネルギーに変換される(❷)から

$$\frac{1}{2}(m+2m)V_x^2 + U_0 = \frac{1}{2}mv_A^2 + \frac{1}{2}\cdot 2mv_B^2 \quad \cdots\cdots②$$

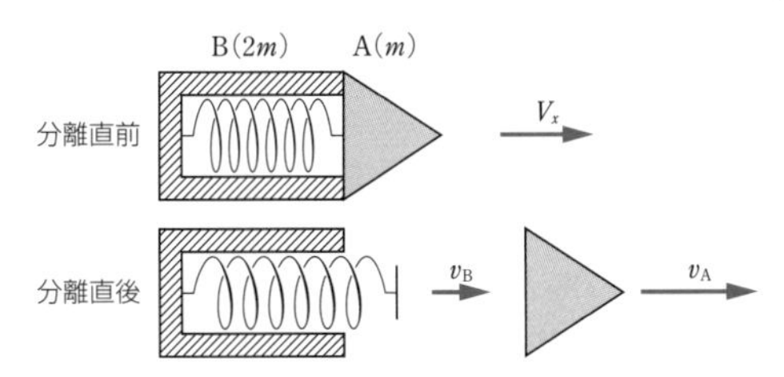

①式より $v_A = 3V_x - 2v_B$ であるから，これを②式に代入して

$$\frac{3}{2}V_x^2 + \frac{U_0}{m} = \frac{1}{2}(3V_x - 2v_B)^2 + v_B^2$$

v_B について整理すると，

$$3v_B^2 - 6V_xv_B + 3V_x^2 - \frac{U_0}{m} = 0$$

したがって　$(v_B - V_x)^2 = \dfrac{U_0}{3m}$

ここで，AとBが速度 V_x で運動している状態から，分離によってAの速度は大きくなり，Bの速度は小さくなると考えられるので，$v_B < V_x$ すなわち
$v_B - V_x < 0$　である。

ゆえに　$v_B - V_x = -\sqrt{\dfrac{U_0}{3m}}$

よって　$v_B = V_x - \sqrt{\dfrac{U_0}{3m}}$

したがって，正解は⑤。

問 2

> **思考の過程▶** 分離が水平方向に行われるので，鉛直方向の運動は分離の影響を受けず，実験2においても分離後は自由落下をする(❸)。
> →落下するまでの時間は実験1と実験2で変わらない。

まず，実験1について，放物運動の対称性から，A，Bは最高点まで時間 $\dfrac{T}{2}$ で達し，最高点から時間 $\dfrac{T}{2}$ で地面に達する。これは，最高点から自由落下して地面に達するまでの時間に等しい。

一方，実験2についても，最高点で分離したAとBは，鉛直方向には自由落下して地面に到達すると考えられる(❸)ので

$$T_A = T_B = \frac{T}{2}$$

よって，［ア］は②，［イ］は②。

問 3　実験1において水平方向に着目すると

$$X = V_xT \quad \cdots\cdots③$$

実験2において水平方向に着目する。Aは時間 $\dfrac{T}{2}$ を速度 V_x，残る $\dfrac{T}{2}$ を速度 v_A で進むので

$$x_A = V_x\cdot\frac{T}{2} + v_A\cdot\frac{T}{2} \quad \cdots\cdots④$$

Bについても同様にして

$$x_B = V_x\cdot\frac{T}{2} + v_B\cdot\frac{T}{2} \quad \cdots\cdots⑤$$

①式に注意して ④式＋⑤式×2 を計算すると

$$\begin{array}{rl} x_A = & \dfrac{V_xT}{2} + \dfrac{v_AT}{2} \\ +)\ 2x_B = & V_xT + v_BT \\ \hline x_A + 2x_B = & \dfrac{3}{2}V_xT + \dfrac{v_A+2v_B}{2}T \end{array}$$

ここで①式から　$v_A + 2v_B = 3V_x$　なので

$$x_A + 2x_B = \frac{3}{2}V_xT + \frac{3}{2}V_xT = 3V_xT$$

③式より　　$x_A + 2x_B = 3X$

したがって　$X = \dfrac{x_A+2x_B}{3}$

よって，正解は⑦。

別解　運動量保存則が成立する場合，重心の速度が一定で変化しないことを用いると，分離した後も，AとBの重心は水平方向の速度成分 V_x のまま進み続けるので，地面に達したときのAとBの重心は

$$\frac{mx_A+2mx_B}{m+2m} = V_xT$$

したがって　$\dfrac{x_A+2x_B}{3} = X$ を得る。

084　問1　⑥　問2　⑤　問3　⑤

問題文の読み方

(本冊 p.75)

次の文章を読み，下の問い(問1〜3)に答えよ。

図1のように，質量が m〔kg〕で等しい3つのおもり①〜③を質量の無視できる長さが等しいひもの先端につけて天井からつるしたところ，おもり①〜③は互いに接触した状態で静止した。このとき，3本のひもはすべて平行で鉛直方向を向いていた。

図2のように，ひもがたるまないようにしたまま，図1の状態から左端のおもり①と②を左上方に h〔m〕持ち上げて静かにはなす実験を行ったところ，1秒後におもり③に衝突した。このとき，③に衝突する前の①と②はわずかに離れていると考える。ただし，すべてのおもりは常に同一鉛直面内を運動して弾性衝突をくり返し，すべての衝突は瞬間的に起こるものとし，重力加速度の大きさを g〔m/s²〕とする。

図1　図2

問1　図2の状態で静かにはなされたおもり①と②が1秒後におもり③に衝突した直後のおもり③の速さは何 m/s か。正しいものを，次の①〜⑨のうちから1つ選べ。

①　0　②　$\frac{1}{4}\sqrt{\frac{gh}{2}}$　③　$\frac{1}{2}\sqrt{\frac{gh}{2}}$　④　$\sqrt{\frac{gh}{2}}$　⑤　$\sqrt{gh}$　⑥　$\sqrt{2gh}$

⑦　$\sqrt{3gh}$　⑧　$2\sqrt{gh}$　⑨　$2\sqrt{2gh}$

❶　おもり①と②がわずかに離れていると考えるということは，まず，おもり②が③と衝突し，減速した②に①が追突すると考えるということ。

❷　反発係数 $e=1$ の衝突をくり返す。

解説

問1

思考の過程▶ おもり①と②はわずかに離れているため，まずおもり②と③の衝突が起こり，次に②と①の衝突が起こる(❶)。
→おもり②と③の衝突，おもり②と①の衝突の順に考えていこう。

図1，2において水平方向右向きを正としたとき，衝突直前のおもり①，②の速度(水平成分)を v とすれば，力学的エネルギー保存則より

$$\frac{1}{2}mv^2=mgh$$

したがって $v=\sqrt{2gh}$ である。

まず，図のように②と③の衝突により，②の速度が $v\rightarrow v_2$，③の速度が $0\rightarrow v_3$ に変化するとすれば，②と③を1つの系とみなすと水平方向の運動量の和は保存されるので

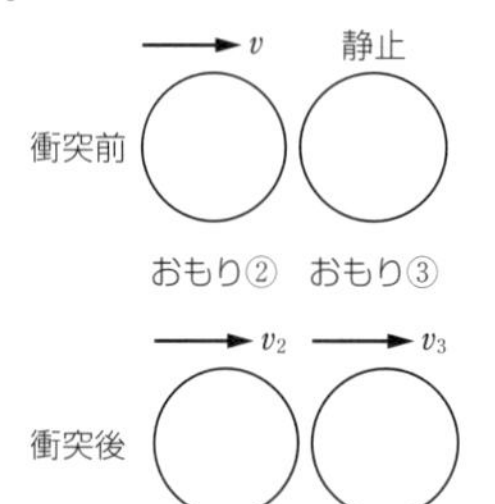

$$mv+m\cdot 0=mv_2+mv_3$$

弾性衝突では反発係数が1なので(❷)

$$1=-\frac{v_3-v_2}{0-v}$$

この v_2 と v_3 の連立方程式の解は

$$v_2=0,\ v_3=v$$

このように，2物体の速度が入れかわることがわかる。この衝突により，おもり②は静止し，今度はおもり①が速度 v で静止しているおもり②に衝突する。よって，衝突直後に①は静止し，②が速度 v $(=\sqrt{2gh})$ となる。結局，①が静止，②と③が速度 v となる。

よって，正解は⑥。

問2　おもり②に及ぼされた力積の総和はおもり②の運動量の変化に等しい。おもり②の運動量は2度の衝突により $mv\rightarrow 0\rightarrow mv$ となり，結局は変化しない。すなわち，及ぼされた力積の和は

$$-mv+mv=0$$

よって，正解は⑤。

問3　図2の状態で①と②を静かにはなしてから1秒後に最下点で衝突し，おもり①が静止して，おもり②と③が右向きに速さ v で動きだす。よって，さらに1秒後には②と③が最高点に達し，①は最下点に静止している。

したがって，正解は⑤。

085 問1 [1] ②, [2] ⑤, [3] ①, [4] ①, [5] ⑥, [6] ⓪　問2 ④

問題文の読み方

(本冊 $p.76$)

高校の授業で道路計画や自動車の物理について探究活動を行うことになった。次の文章を読み，下の問い(問 1，2)に答えよ。
道路計画を考えるには，まず自動車の運動を考えなくてはいけない。そこでみんなで次のように話しあった。
「円弧状の道路について考えてみよう。」
「実際に道路を走る自動車には速度制限があるね。」
「それでは仮に制限速度を 25m/s にしてみよう。」
「円運動しているときは，向心加速度というのがあったね。」
「向心加速度の大きさは 1.6m/s² 以下にしよう。」
「じゃあ，この 2 つの条件を満たしながら走るときの自動車の運動を考えていこう。」

❶ 自動車の速さを v とすると
$v \leqq 25$

❷ 円運動の半径を r，速さを v とすると
$\dfrac{v^2}{r} \leqq 1.6$

問2　道路の円弧部分でも，最初に決めた条件を満たす範囲で速さを変えることができる。図 2 のような点 O を中心とする円弧状の道路で，減速しながら P 地点を通過する瞬間の自動車の加速度の向きとして最も適当なものを，次の ①～⑧ のうちから 1 つ選べ。記号 a～d は，図 2 に示したものである。

① a の向き　② a と b の間の向き　③ b の向き
④ b と c の間の向き　⑤ c の向き　⑥ c と d の間の向き
⑦ d の向き　⑧ d と a の間の向き

〔2017 試行調査 改〕

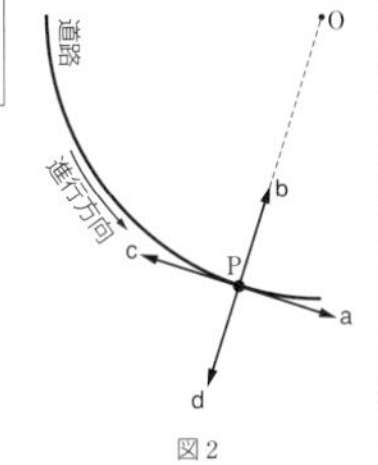

図2

❸ 円弧にそって運動しつつ減速しているということは，向心加速度に加え，円の接線方向にも加速度の成分をもつということである。しかも減速しているので，加速度の円の接線方向成分は進行方向とは逆向きである。

解説

問1

思考の過程▶ 速度や加速度について量的な制約がついている。
→連立不等式を立てて，いちばん厳しい条件を求めていけばよい。

円運動する自動車の速さを v とすると，制限速度が 25m/s(❶)より

$v \leqq 25$　……①

図 1 から円の半径は 400m と読み取れるので，向心加速度「$a=\dfrac{v^2}{r}$」が 1.6m/s² 以下という条件(❷)より

$\dfrac{v^2}{400} \leqq 1.6$　……②

よって $v^2 \leqq 640$ である。
一方①式からは $v^2 \leqq 625$ となるので，①式と②式をともに満たすのは $v \leqq 25$ の場合である。
ところで，弧 AB の長さは $2\pi \times 400 \times \dfrac{1}{4} = 200\pi$〔m〕であるから，AB 間を走行するのにかかる時間 t_{AB} は

$t_{AB} = \dfrac{200\pi}{v} \geqq \dfrac{200\pi}{25} = 8\pi \fallingdotseq 8 \times 3.14 = 25.12$

となり，その最小値は 2.5×10^1 s である。
また，向心加速度の大きさは

$\dfrac{v^2}{400} = \dfrac{25^2}{400} = \dfrac{25}{16} = 1.56\cdots$

すなわち 1.6×10^0 m/s² である。
よって，[1] ②，[2] ⑤，[3] ①，[4] ①，[5] ⑥，[6] ⓪。

問2　円弧にそって運動しているので，向心加速度(b の向き)をもち，かつ，減速しているので，c の向きの加速度ももっている(❸)。この 2 つを合成したものが，この自動車の加速度であるから，その向きは b と c の間の向きである。
よって，正解は④。

別解　OP を縦にして，図をかき直すと，図 a のようになる。P の直前の速度 $\vec{v_1}$ と，直後の速度 $\vec{v_2}$ をかくと，減速していることから図 a のようになる。加速度の定義より

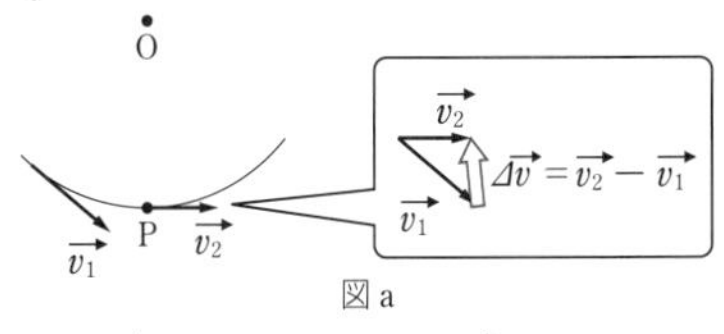

図a

$\vec{a} = \dfrac{\Delta\vec{v}}{\Delta t}$　すなわち $\vec{a} = \dfrac{\vec{v_2}-\vec{v_1}}{\Delta t}$

P における加速度の向きは，$\Delta\vec{v}$（すなわち $\vec{v_2}-\vec{v_1}$）の向きである。これは，作図の結果より，b と c の間の向きである。
ゆえに，正しいものは④。

086　問1　②　　問2　④　　問3　②

問題文の読み方

(本冊 $p.77$)

次の万有引力の法則に関する会話を読み，下の問い(問1～3)に答えよ。

生徒A：今日，物理の授業で万有引力の法則を習ったけど，役に立ちそうもないし，実感がわかないな。

生徒B：たしかに，日常生活とはかけ離れているようだけど，こうして僕たちが立っていられるのも，万有引力で地球に引っ張ってもらっているおかげだし，太陽や地球や月の運動を予測できるんだから，やっぱりすごい法則だと思うな。

生徒A：じゃあ，例えば地球の中心から月の中心までの距離をその法則を使って求められるかい。一度自分の手ではかってみたかったんだ。もしも家にある道具だけで大ざっぱな距離でもはかれたら，その法則のすごさを認めるよ。

生徒B：考えてみよう。うーん…。

先　生：月食を利用してみてはどうかな。月が欠け始めてから顔を出すまでの時間 T_1 は，時計さえあれば簡単にはかれるだろう。T_1 の間におおよそ地球の半径 R_0 の2倍進んだとすると，月の速さ v は，$v=$ ［　　］…①と求められる。

生徒B：そうか，v がわかれば，月の軌道を円と仮定して，万有引力と遠心力のつりあいの式を書けばいいぞ。地球の中心から月の中心までの距離を R_0 の x 倍として，万有引力定数 G，地球の質量 M を使って，$x=$ ［　　］…②と表せるぞ。やったー。あれ，月の質量はいらないのかな。

生徒A：ちょっと待ってくれよ。地球の半径も，万有引力定数も，地球の質量も自分ではからなくっちゃ。

先　生：重力加速度の大きさ g は，地表面での単位質量にはたらく地球による万有引力と同じだから，$g=$ ［　　］…③でしょ。

生徒B：なるほど，g を使って式変形すると…地球の中心から月の中心までの距離 R は，$R=xR_0=$ ［　　］…④だ。T_1 をはかったら，簡単に求められるじゃないか。

生徒A：待て待て，g も特別な装置を使わないではからなくっちゃ。

先　生：糸の長さ l の単振り子の周期 T をはかって，$g=$ ［　　］…⑤という式で計算すれば，精度よく g を求められるよ。単振り子は，周期が振幅によらないんだよ。これを単振り子の等時性というんだ。もう1つ，月が地球のまわりを回る公転周期 T_0 と月の速さ v の関係を使えば，T_0 と T_1 から $R_0=$ ［　　］…⑥という式を導ける。満月から満月までの期間から T_0 を約28日とすれば，地球の半径も計算できてしまうね。

生徒B：巻尺とストップウォッチだけで月までの距離がはかれるんだから，やっぱり法則はすごい。

生徒A：知は力なりというわけか。

問1　会話の中の①式，②式，③式を用いて地球の中心から月の中心までの距離 R を計算できる。このようにして求めた R の式として正しいものを，次の①～⑥のうちから1つ選べ。

①　$\frac{1}{8}gT_1^2$　②　$\frac{1}{4}gT_1^2$　③　$\frac{1}{2}gT_1^2$　④　gT_1^2　⑤　$2gT_1^2$　⑥　$4gT_1^2$

問2　⑤式の右辺に入れる式として正しいものを，次の①～⑧のうちから1つ選べ。

①　$\frac{1}{l}\left(\frac{T}{2\pi}\right)^2$　②　$l\left(\frac{T}{2\pi}\right)^2$　③　$\frac{1}{l}\left(\frac{2\pi}{T}\right)^2$　④　$l\left(\frac{2\pi}{T}\right)^2$　⑤　$\frac{T^2}{l}$　⑥　lT^2

⑦　$\frac{1}{lT^2}$　⑧　$\frac{l}{T^2}$

問3　⑥式にあてはまる式として正しいものを，次の①～⑥のうちから1つ選べ。

①　$\frac{\pi gT_0^3}{4T_1}$　②　$\frac{\pi gT_1^3}{4T_0}$　③　$\frac{\pi gT_0^3}{2T_1}$　④　$\frac{\pi gT_1^3}{2T_0}$　⑤　$\frac{\pi gT_0^3}{T_1}$　⑥　$\frac{\pi gT_1^3}{T_0}$

〔2002 関西学院大 改〕

❶ 月と地球の中心間の距離を xR_0 とおいており，これが月の円軌道の半径にもなる。

❷ 地表面に単位質量(質量1)があるときの万有引力が，質量1の物体にはたらく重力に等しい。

❸ 振れ角が十分に小さい単振り子の周期は $T=2\pi\sqrt{\frac{l}{g}}$ である。

❹ 公転周期 T_0 で，速さ v の月が円周 $2\pi xR_0$ の距離を移動する。

解説

問 1

思考の過程▶ ①式，②式，③式を用いて，xR_0 $(=R)$ を g と T_1 のみで表したい。
→まず①式，②式，③式を導出しよう。これら 3 式には x，R_0，g，T_1 以外に G，M，v が含まれているので，G，M，v を消去しよう。

①式の導出　図 a のように，月食は月が地球の陰(着色部分)に入り，太陽光が届かなくなることにより生じる。また，月は非常に遠方にあり，月食の起こっているときの軌道は，ほぼ直線とみなせる。このことから

$$v=\frac{2R_0}{T_1} \quad\cdots\cdots①$$

である。

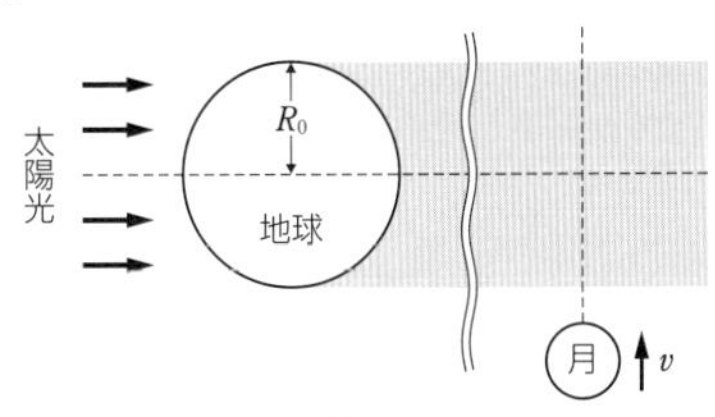

図 a

②式の導出　月の円軌道の半径が xR_0 であり，中心方向の運動方程式を立てると(月の質量を m として)

$$m\frac{v^2}{xR_0}=G\frac{Mm}{(xR_0)^2}$$

よって

$$x=\frac{GM}{R_0v^2} \quad\cdots\cdots②$$

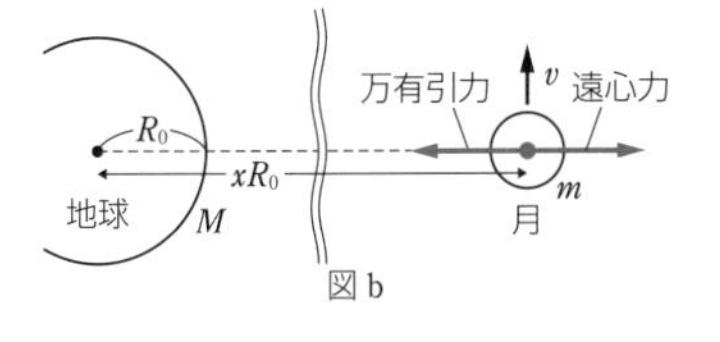

図 b

③式の導出　地表面(中心からの距離 R_0)に単位質量があるときの万有引力が，質量 1 の物体にはたらく重力に等しい(❷)から

$$1\cdot g=G\frac{M\cdot 1}{R_0{}^2} \quad より \quad g=\frac{GM}{R_0{}^2} \quad\cdots\cdots③$$

②式と③式から GM を消去すると

$$x=\frac{gR_0{}^2}{R_0v^2}=\frac{gR_0}{v^2}$$

これに①式を代入して v を消去すると

$$x=\frac{gR_0}{\left(\dfrac{2R_0}{T_1}\right)^2}=\frac{gT_1{}^2}{4R_0} \quad\cdots\cdots②'$$

したがって

$$R=xR_0=\frac{1}{4}gT_1{}^2 \quad\cdots\cdots④$$

よって，正解は ②。

問 2　単振り子の振れ角が十分に小さいとすると周期 T は(❸)

$$T=2\pi\sqrt{\frac{l}{g}}$$

よって

$$g=l\left(\frac{2\pi}{T}\right)^2 \quad\cdots\cdots⑤$$

すなわち，正解は ④。

問 3　速さ v の月が時間 T_0 をかけて，円軌道 $2\pi xR_0$ を移動する(❹)ので

$$v=\frac{2\pi xR_0}{T_0}$$

①式と②′式を用いて v と x を消去すれば

$$\frac{2R_0}{T_1}=\frac{2\pi}{T_0}\times\frac{gT_1{}^2}{4R_0}\times R_0$$

したがって

$$R_0=\frac{\pi gT_1{}^3}{4T_0} \quad\cdots\cdots⑥$$

よって，正解は ②。

Ⅳ
読解問題

087　問1　③　問2　ア　③，イ　⑦　問3　ウ　①，エ　①

問題文を読む前に

気体の分子運動論は，気体のマクロな状態である圧力 p を気体分子と壁の衝突で，温度 T を気体分子の運動エネルギーで考えていく。
ただし，マクロな気体の状態として観測されるものはミクロな気体分子の大集団（1 mol だとして 6×10^{23} 個）の平均値にすぎない。1つずつの気体分子の状態はさまざまだが，その平均値が気体全体の状態として観測されることになる，というイメージをもって考えてみよう。

問題文の読み方

（本冊 $p.80$）

次の文章を読み，下の問い（問1～3）に答えよ。

図のように，円筒のシリンダーとなめらかに動くピストンで構成されている容器の内部に，質量 m〔kg〕の単原子分子 N 個からなる理想気体が閉じこめられている。容器は外部とは遮断されており，容器に熱源を接触させない限り，容器は閉じこめている気体とのみ熱のやりとりをする。ただし，気体定数を R〔J/(mol·K)〕，アボガドロ定数を N_A〔1/mol〕とする。

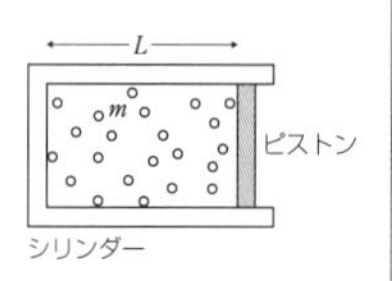

図のように，ピストンがシリンダーの底面から距離 L〔m〕の位置に固定され，容器と気体が熱平衡にあり，温度がともに T〔K〕である場合を考える。気体分子の運動について特別な方向はなく，個々の分子はいろいろな向きにいろいろな速さで飛んでいる。このとき，分子の速度の2乗の平均値 $\overline{v^2}$〔m²/s²〕について

$$\frac{1}{2}m\overline{v^2}=\frac{3RT}{2N_A}$$

なる関係式が成立する。また，$\overline{v^2}$ の平方根は，分子の平均の速さをおおよそ表すと考えてよい。

❶ $\overline{v^2}$ は T に比例する。

❷ $\sqrt{\overline{v^2}}$ が分子の平均の速さと考えてよい。

さて，はじめピストンは距離 L の位置に固定され，容器と気体の温度は T である。この状態の容器を温度 $2T$ の熱源に接触させた。時間が十分たつと，容器と気体の温度は $2T$ となり熱平衡に達した。

問1　温度 $2T$ で熱平衡に達したときの気体分子の速さの分布を表す曲線として最も適当なものを，右の図の①～④のうちから1つ選べ。ただし，図中で，温度 T のときの分布が太線で表されており，グラフの横軸には，温度 T のときに分子数が最大値をとる速さを v_0 として目盛りがつけられている。

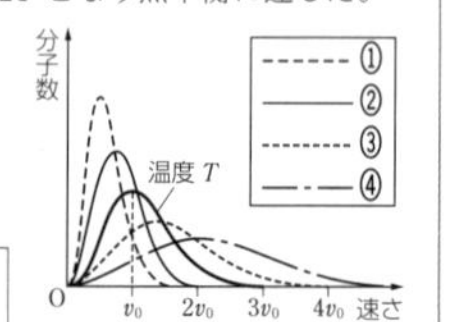

❸ グラフより，v_0 は温度 T のときの，おおよその分子の平均の速さになっている。

問2　次の文章の空欄 ア ・ イ に入れる式として正しいものを，それぞれの直後の｛　｝で囲んだ選択肢のうちから1つずつ選べ。

問1で考えた速度分布の変化は，分子が壁と衝突する過程でエネルギーをやりとりした結果生じたものである。この過程で気体が壁から受け取った熱量は ア ｛① $\frac{NRT}{2N_A}$　② $\frac{NRT}{N_A}$　③ $\frac{3NRT}{2N_A}$　④ $\frac{3NRT}{N_A}$｝〔J〕なので，体積一定の場合の気体の熱容量 C_g〔J/K〕は イ ｛① $\frac{R}{2N_A}$　② $\frac{R}{N_A}$　③ $\frac{3R}{2N_A}$　④ $\frac{3R}{N_A}$　⑤ $\frac{NR}{2N_A}$　⑥ $\frac{NR}{N_A}$　⑦ $\frac{3NR}{2N_A}$　⑧ $\frac{3NR}{N_A}$｝〔J/K〕である。

次に，断熱圧縮でピストンが動いているときについて考えてみよう。

問3　次の文章の空欄 ウ ・ エ に入れる語句として最も適当なものを，それぞれの直後の｛　｝で囲んだ選択肢のうちから1つずつ選べ。

ピストンを押しこむと，気体分子の平均の速さは，ピストンとの衝突によって ウ ｛① 速くなり　② 遅くなり　③ 変化せず｝，その結果，気体の内部エネルギーは エ ｛① 増加していく　② 減少していく　③ 変わらない｝。

〔2014 東京農工大 改〕

解説

問 1

> **思考の過程▶** ①から④の速度分布は，温度 T の分布(太線)とは平均の速さが異なっている。
> →❶の式に着目し，温度が T から $2T$ に変わったときに気体分子の平均の速さ $\sqrt{\overline{v^2}}$ (❷)がどのように変わるか考えよう。

$\frac{1}{2}m\overline{v^2}=\frac{3RT}{2N_A}$ より，温度が T から $2T$ へと 2 倍になったとき，$\overline{v^2}$ は 2 倍となるので，分子の平均の速さ $\sqrt{\overline{v^2}}$ が $\sqrt{2}$ 倍となる。温度 T のときの分子の平均の速さはおおよそ v_0 なので(❸)，平均が $\sqrt{2}\ v_0$ となっているグラフを選べばよい。

よって，正解は ③。

問 2　気体分子 N 個分の運動エネルギーの総和 E は

$$E=N\times\frac{1}{2}m\overline{v^2}=\frac{3NRT}{2N_A}$$

よって，温度が T から $T+\Delta T$ となったときの運動エネルギーの増加量 ΔE は

$$\Delta E=\frac{3NR}{2N_A}(T+\Delta T)-\frac{3NR}{2N_A}T=\frac{3NR}{2N_A}\Delta T$$

であるから，温度が $T\rightarrow 2T$ となったとき $\Delta T=T$ なので，エネルギーの増加量(気体が壁から受け取った熱量)は $\frac{3NRT}{2N_A}$ である。よって，［ア］ ③。

また，体積一定で温度が ΔT 変化したときに，気体が吸収する熱量 ΔE は，熱容量を C_g とすると $C_g\Delta T$ であるので

$$C_g\Delta T=\frac{3NR}{2N_A}\Delta T$$

よって

$$C_g=\frac{3NR}{2N_A}$$

したがって，［イ］ ⑦。

補足　単原子分子理想気体の内部エネルギー U は，分子 N 個分の運動エネルギーの和であり

$$U=N\times\frac{1}{2}m\overline{v^2}$$

$$=\frac{3NRT}{2N_A}$$

物質量を n〔mol〕として

$$n=\frac{N}{N_A}$$

なので

$$U=\frac{3}{2}nRT$$

とも表される。

問 3　1 個の気体分子とピストンの衝突を考える。ピストンを一定の速度 $-V$ $(V>0)$ で押しこんでいったとき，衝突の直前・直後で気体分子 1 個の速度が v から v' へと変化したとする。分子とピストンの衝突を弾性衝突とすると，反発係数の式より

$$1=-\frac{v'-(-V)}{v-(-V)}$$

であるから

$$v'=-(v+2V)$$

であり，速さが v から $v+2V$ へと増加する。よって，気体分子の運動エネルギーが増加し，その総和である気体の内部エネルギーも増加する。

よって，［ウ］ ①，［エ］ ①。

> **知識の確認　反発係数**
>
> $$e=-\frac{v_A'-v_B'}{v_A-v_B}$$
>
> e：物体 A と物体 B の間の反発係数
>
> v_A，v_B：衝突前の物体 A，B の速度
>
> v_A'，v_B'：衝突後の物体 A，B の速度

088　問1　①　問2　②　問3　③

問題文の読み方

（本冊 p.81）

次の文章を読み，下の問い（問1～3）に答えよ。

風船の中に1molの単原子分子理想気体Aを密封し，風船内に設置されたヒーターで気体を温めることによって，浮力で風船を浮かせることができる。浮力は，風船の上部と下部のわずかな大気圧の差によって生じるが，風船内の理想気体Aの状態変化や理想気体Aが外部になす仕事を考える際には，このわずかな差は無視してよい。また，風船が常に地表付近にあることから，外部の大気圧は常に p_0〔Pa〕と近似してよい。

風船には伸び縮みしない質量の無視できる糸が取りつけられている。図1のように，なめらかに動くピストンをもつシリンダーを水平に設置する。糸をなめらかに回転する軽い定滑車にかけ，シリンダー底面にある無限小の穴を通してピストンに水平につなげてある。シリンダー底面につけられた装置によって，ピストンと底面の間の空間は常に気密性が保たれており，無限小の穴を通じて気体が外部にもれることもなく，外部から内部に入ることもない。

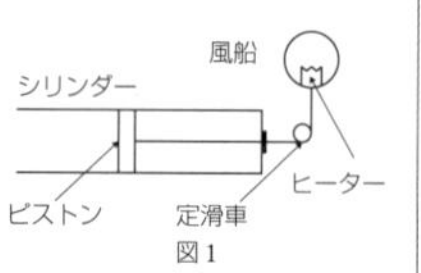

図1

風船の膜は熱を通さず自由に伸縮できるものとし，外部と内部の圧力は等しいと考えてよい。理想気体Aの質量やヒーターも含めた風船全体の質量を M〔kg〕，大気の質量密度を m〔kg/m³〕とする。ヒーターやピストンの体積および熱容量，糸と定滑車の間および糸とシリンダー底面の無限小の穴との間で発生する摩擦力などは無視できるものとする。また重力加速度の大きさを g〔m/s²〕，気体定数を R〔J/(mol·K)〕とする。

いま，図2のように，シリンダーの左の開口部を栓で閉め，ピストンの両側のシリンダー内の空間を真空にする。質量の無視できるばね定数 k〔N/m〕のばねの一端をピストンに固定し，他端をシリンダー底面にばねが水平になるようにつなげる。

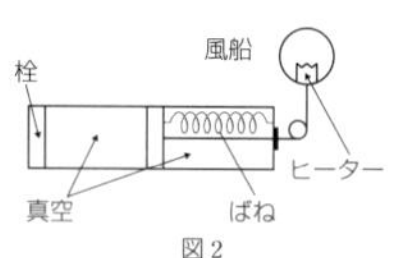

図2

はじめ，理想気体Aの温度を下げ，糸を外した状態で風船を地表に置いた。風船内の温度をゆっくり上げていったところ，T_0〔K〕になったとき風船が浮き上がった。

問1　T_0 を表す式として正しいものを，次の①～⑥のうちから1つ選べ。

①　$\dfrac{Mp_0}{mR}$　②　$\dfrac{MR}{mp_0}$　③　$\dfrac{Mm}{p_0R}$　④　$\dfrac{mp_0}{MR}$　⑤　$\dfrac{mR}{Mp_0}$　⑥　$\dfrac{p_0R}{Mm}$

風船に糸を取りつけ，理想気体Aの温度を $2T_0$ の状態にしたところ，糸が張った状態で図2のように風船は静止した。この状態を状態Ⅰとする。この状態からゆっくりとヒーターで風船内を温めてから加熱をやめたところ，十分時間が経過したのち理想気体Aの温度は $3T_0$ になった。このときの状態を状態Ⅱとする。

問2　状態Ⅰから状態Ⅱまでに理想気体Aが外部の大気にした仕事を表す式として正しいものを，次の①～⑤のうちから1つ選べ。

①　$\dfrac{1}{2}RT_0$　②　RT_0　③　$\dfrac{3}{2}RT_0$　④　$2RT_0$　⑤　$\dfrac{5}{2}RT_0$

問3　状態Ⅰから状態Ⅱまでにばねが蓄えたエネルギーを表す式として正しいものを，次の①～⑤のうちから1つ選べ。

①　$\dfrac{(Mg)^2}{2k}$　②　$\dfrac{(Mg)^2}{k}$　③　$\dfrac{3(Mg)^2}{2k}$　④　$\dfrac{2(Mg)^2}{k}$　⑤　$\dfrac{5(Mg)^2}{2k}$

❶ 風船内の理想気体Aの圧力は，常に p_0〔Pa〕と考えてよい。

❷ 大気中の体積 V〔m³〕の物体が受ける浮力の大きさは mVg〔N〕である。

❸ 風船内の温度が T_0〔K〕となったとき，浮力の大きさが，風船およびその内部の気体が受ける重力の大きさに等しくなったとみなせる。

❹ 状態Ⅰから状態Ⅱへの変化は圧力が p_0 で一定の定圧変化であり，風船内の気体Aは膨張した分，外部の大気に対して仕事をする。

解説

問 1

> **思考の過程▶** 風船内の気体の温度が T_0 となったとき，浮力 mV_0g (V_0：気体の体積) と重力 Mg がつりあっている(❸)。
> →力のつりあいの式を立てよう。また，体積 V_0 を状態方程式から求めよう。

温度が T_0〔K〕となったときの気体 A の体積を V_0〔m³〕とすると，状態方程式は

$$p_0V_0 = 1 \cdot RT_0$$

したがって

$$V_0 = \frac{RT_0}{p_0}$$

このとき，風船にはたらく浮力の大きさ(❷)は

$$mV_0g = \frac{mgRT_0}{p_0}$$

これが重力の大きさ Mg とつりあった直後に風船が浮き上がるので

$$\frac{mgRT_0}{p_0} = Mg$$

したがって

$$T_0 = \frac{Mp_0}{mR} \quad \cdots\cdots ①$$

よって，正解は ①。

問 2

> **思考の過程▶** ❶より，状態 I から II の変化は定圧変化である。
> →気体が外部の大気にした仕事 W は $W = p_0(V_2 - V_1)$ で表される(V_1，V_2 はそれぞれ状態 I，II での風船の体積)。まずは，p_0V_1 と p_0V_2 を状態方程式から求めよう。

気体 A の，状態 I，II における体積をそれぞれ V_1〔m³〕，V_2〔m³〕とすると，状態方程式は

$$p_0V_1 = R \cdot 2T_0 \quad \cdots\cdots ②$$

$$p_0V_2 = R \cdot 3T_0 \quad \cdots\cdots ③$$

気体 A の膨張により，外部の大気にした仕事を W とすると

$$W = p_0(V_2 - V_1) = RT_0$$

よって，正解は ②。

問 3

> **思考の過程▶** 状態 I，II におけるばねの自然の長さからの伸びをそれぞれ x_1〔m〕，x_2〔m〕とすると，ばねが蓄えたエネルギーは $\frac{1}{2}kx_2{}^2 - \frac{1}{2}kx_1{}^2$ となる。
> → x_1〔m〕，x_2〔m〕を力のつりあいの式から求めよう。

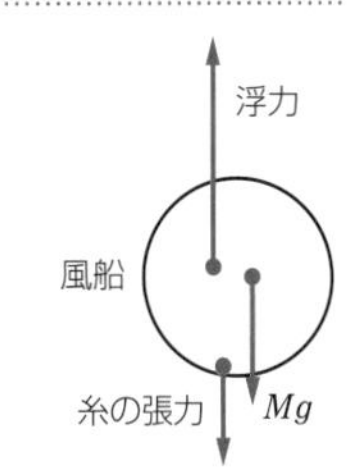

右図のような状態での力のつりあいを考えると風船に取りつけた糸の張力は，ばねの弾性力に等しい。状態 I，II における，ばねの自然の長さからの伸びをそれぞれ x_1〔m〕，x_2〔m〕とすると，力のつりあいの式は

$$mV_1g - Mg - kx_1 = 0$$

$$mV_2g - Mg - kx_2 = 0$$

よって

$$x_1 = \frac{mV_1 - M}{k}g$$

$$x_2 = \frac{mV_2 - M}{k}g$$

状態 I → II でばねが蓄えた弾性エネルギーは

$$\frac{1}{2}kx_2{}^2 - \frac{1}{2}kx_1{}^2$$

$$= \frac{1}{2}k(x_2 + x_1)(x_2 - x_1)$$

$$= \frac{k}{2} \cdot \frac{m(V_2 + V_1) - 2M}{k}g \times \frac{m(V_2 - V_1)}{k}g$$

$$= \frac{mg^2}{2k}\{m(V_2 + V_1) - 2M\}(V_2 - V_1)$$

②式，③式より

$$V_2 + V_1 = \frac{5RT_0}{p_0}$$

$$V_2 - V_1 = \frac{RT_0}{p_0}$$

であり，さらに①式を用いると

$$V_2 + V_1 = \frac{5M}{m}$$

$$V_2 - V_1 = \frac{M}{m}$$

したがって

$$\frac{1}{2}kx_2{}^2 - \frac{1}{2}kx_1{}^2$$

$$= \frac{mg^2}{2k}\left(m \cdot \frac{5M}{m} - 2M\right)\frac{M}{m}$$

$$= \frac{3M^2g^2}{2k}$$

$$= \frac{3(Mg)^2}{2k}$$

よって，正解は ③。

089　問1　ア　③，イ　①，ウ　①　問2　④　問3　②，⑥

問題文の読み方　（本冊 p.84）

次の音の干渉についての文章を読み，下の問い（問1～3）に答えよ。

ノイズキャンセリングという技術がある。ヘッドホンをして，周囲から聞こえてくる音と逆位相の音を発生させることで周囲の音をシャットアウトするというものである。これにより，都会の喧騒の中でも静寂を得ることができる。この例は意図的に逆位相の波を発生させているが，偶然，逆位相の波を生む場合もある。ある日，電車内で高校生がこんな会話をしていた。

A　今日の掃除の終わりのチャイム，不気味じゃなかった？

B　そうかな。いつも通りだったと思うけど。

A　校庭で落ち葉を掃いていたんだけど，キーンコーンカーンコーンの最後のコーンだけがよく聞き取れなかったんだよね。

B　そんなことなかったと思うけど。

2人が話しているこの現象について，次のような設定で考えてみよう。

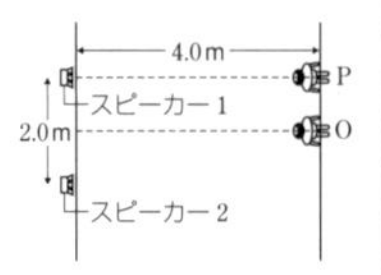

図のように，点Pをスピーカー1の正面に，点Oを2つのスピーカーの中点の正面にとる。2つのスピーカーを用いて，特定の周波数の音を発することにより，点Oで立っている人にはよく聞こえ，点Pで立っている人には聞こえないようにすることができる。ただし，2つのスピーカーはちょうど人の耳の高さと同じ高さに取りつけられている。また，スピーカーから出る音波の周波数は，独立に変えることはできず，2つそろえて450Hz～1.3kHzの間で変えることができる。さらに2つのスピーカーはそれぞれ独立に音波の位相を0～2πの範囲で変えることができる。また，音の伝わる速さを340m/sとする。

問1　次の文章の空欄 ア ～ ウ に入れる数値・語句として最も適当なものをそれぞれの直後の｛　｝で囲んだ選択肢のうちから1つずつ選べ。

　2つのスピーカーから同じ位相で十分な音量の音を発するとき，<u>点Pで立っている人にこの音が聞こえなくなるには，2つのスピーカーからの音波が点Pにおいて位相差</u> ア ｛①　0　②　$\frac{\pi}{2}$　③　π｝になればよい。これは，2つのスピーカーから点Pまでの距離の差に イ ｛①　依存する　②　依存しない｝。また，音波の波長に ウ ｛①　依存する　②　依存しない｝。

問2　スピーカーから出せる周波数域で，<u>点Oで立っている人にはよく聞こえるが，点Pで立っている人には聞こえない</u>音の周波数は何Hzか。最も適当なものを次の①～④のうちから1つ選べ。ただし，必要なら，$\sqrt{5}=2.24$とせよ。

①　5.1×10^2　②　7.1×10^2　③　9.1×10^2　④　1.1×10^3

問3　問2と等しい周波数の音を発して，<u>点Pで立っている人にはよく聞こえ，点Oで立っている人には聞こえない</u>ようにする方法として，適当なものを，次の①～⑥のうちから2つ選べ。

①　スピーカー1から出る音波の位相は変えずに，スピーカー2から出る音波の位相を$\frac{\pi}{2}$進める。

②　スピーカー1から出る音波の位相は変えずに，スピーカー2から出る音波の位相をπ進める。

③　スピーカー1から出る音波の位相は変えずに，スピーカー2から出る音波の位相を$\frac{3}{2}\pi$進める。

④　スピーカー1から出る音波の位相を$\frac{\pi}{2}$進め，スピーカー2から出る音波の位相を$\frac{\pi}{2}$進める。

⑤　スピーカー1から出る音波の位相を$\frac{\pi}{2}$進め，スピーカー2から出る音波の位相をπ進める。

⑥　スピーカー1から出る音波の位相を$\frac{\pi}{2}$進め，スピーカー2から出る音波の位相を$\frac{3}{2}\pi$進める。

❶　2つの波が同位相で重なると強めあい，逆位相で重なると弱めあう。
正弦関数 $y=\sin x$ の周期は2πであるから，位相差がπで逆位相となり，2πずれると同位相にもどる。

❷　点Oにおいては位相差が0であり，点Pにおいては位相差がπである。

❸　点Pにおいては位相差が0であり，点Oにおいては位相差がπである。

解説

問1　2つの音が弱めあって聞こえにくくなるとき，その位相差は π(逆位相)である(❶)。

この位相差は，2つのスピーカーから点Pまでの距離の差によって生じることになる。具体的には

(距離の差)＝(半波長の奇数倍)

となるときに弱めあう。

したがって，［ア］③，［イ］①，［ウ］①。

問2　音の波長を λ〔m〕，振動数を f〔Hz〕とすると，波の基本式から $340=f\lambda$ である。

点Oでは2つのスピーカーからの距離の差が0であり，かつ強めあっていることから，2つのスピーカーは同位相で振動していることがわかる。よって，点Pで弱めあうためには，2つのスピーカーから点Pまでの距離の差が半波長の奇数倍になる必要がある。

点Pでは2つのスピーカーからの距離の差が

$$2\sqrt{5}-4.0=4.48-4.0=0.48\,\mathrm{m}$$

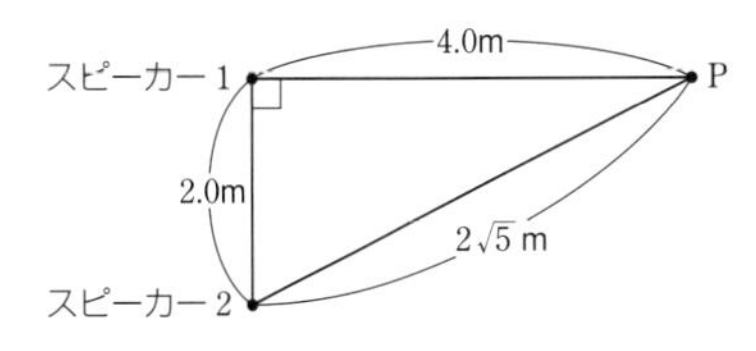

なので，弱めあう条件は

$$0.48=(2m-1)\frac{\lambda}{2}\quad(m=1,\ 2,\ 3,\ \cdots)$$

つまり

$$0.48=(2m-1)\times\frac{170}{f}$$

すなわち

$$f=(2m-1)\times\frac{170}{0.48}$$

これを f の範囲に代入して

$$450\leqq(2m-1)\times\frac{170}{0.48}\leqq1300$$

よって

$$\frac{45}{17}\times0.48\leqq2m-1\leqq\frac{130}{17}\times0.48$$

したがって

$$1.2\cdots\leqq2m-1\leqq3.6\cdots$$

これを満たす奇数 $2m-1$ は3のみであるから

$$m=2$$

すなわち

$$f=3\times\frac{170}{0.48}=1062.5\fallingdotseq1.1\times10^3\,\mathrm{Hz}$$

よって，正解は④。

問3

思考の過程▶ 問2においては，点Oでの位相差は0，点Pでの位相差は π である(❷)。

→点Oでの位相差を π，点Pでの位相差を0にする(❸)ためには，2つのスピーカーの位相差を π だけずらす必要がある。

問2では，2つのスピーカーが同位相(位相差0)で振動していたので，ここを逆位相(位相差 π)にすればよい。

各選択肢で，2つのスピーカーの位相差を調べてみると

① $\frac{\pi}{2}-0=\frac{\pi}{2}$

② $\pi-0=\pi$

③ $\frac{3}{2}\pi-0=\frac{3}{2}\pi$

④ $\frac{\pi}{2}-\frac{\pi}{2}=0$

⑤ $\pi-\frac{\pi}{2}=\frac{\pi}{2}$

⑥ $\frac{3}{2}\pi-\frac{\pi}{2}=\pi$

よって，正解は②，⑥。

補足　波源と観測点の距離が波長に比べて十分に長いとき，2波源からの距離の差を近似計算しているのが(光波の話だが)ヤングの実験であり，ヤングの実験のもう少し単純な形であるとイメージすることもできる。

090　問1　⑤　　問2　①　　問3　④

問題文の読み方

（本冊 p.85）

次の文章は2人の高校生の会話である。これを読み，下の問い（問1～3）に答えよ。

A　この間，信号を待っていたら右から救急車がやって来て，ああ，ドップラー効果だと思っていたら，左からも救急車が来て驚いたよ。

B　それを遠くで聞くと，救急車が単振動しているように思えるかも。

A　そうだね。

B　例えば，一定の振動数 f_0 の音を出す音源が x 軸にそって単振動していて，それを x 軸上の少し遠くの位置で観測したとするとどうなるかな。

A　音が高くなったり低くなったりするだろうね。

B　わざわざ単振動と断っているんだから，もう少し詳しくわかるんじゃない？

A　ああ，近づく速さが変わるから，音の高さも少しずつ変わるのか。

B　観測される振動数は，こんなグラフ（図）かな。まあ，音の速さに対して音源の速さがある程度大きかったりすると，グラフは少しゆがむだろうけど。

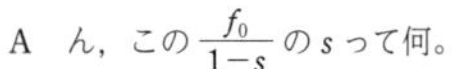

A　ん，この $\frac{f_0}{1-s}$ の s って何。

B　ドップラー効果の式は知ってるでしょ。計算して。

問1　音源が振動の中心を通過する瞬間は，図のA～Dのどれに相当するか。最も適当なものを，次の①～⑦のうちから1つ選べ。

①　A　　②　B　　③　C　　④　D　　⑤　A，C　　⑥　B，D　　⑦　A，B，C，D

問2　振動の中心を通過する瞬間の音源の速さは何 m/s か。正しいものを，次の①～⑤のうちから1つ選べ。ただし，空気中を伝わる音の速さを V〔m/s〕とする。

①　sV　　②　$(1-s)V$　　③　$(1-s^2)V$　　④　$\frac{1}{1+s}V$　　⑤　$\frac{1}{1+s^2}V$

A　考えたんだけどさ，救急車が通り過ぎるときって，もっと急に音の高さが変わるんじゃない。

B　その通り。じゃあ，今度は，単振動の振動の中心のすぐ近くで観測したときを考えてみよう。

問3　測定される振動数の変化の様子を表すグラフとして最も適当なものを，次の①～④のうちから1つ選べ。

①
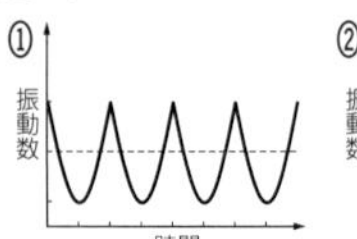

②
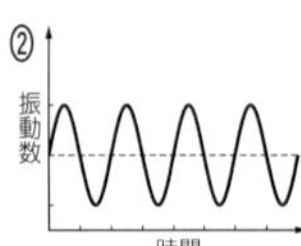

③
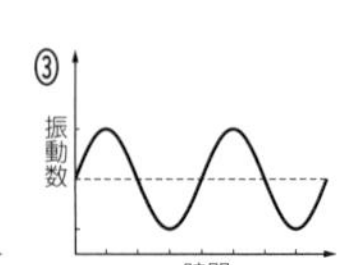

④
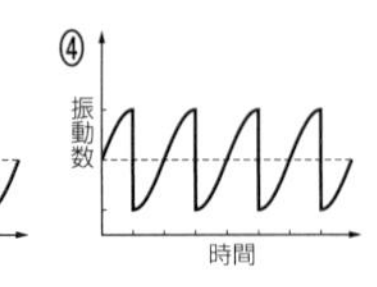

❶　x 軸上で単振動していることから，速度は位置によって異なることがわかる。

❷　振動の中心において音源の速さが最大になっているうえ，音源は観測者に v_0（v_0 は振動の中心での速度）で近づいてきた直後，今度は v_0 で遠ざかっていく。

解説

問 1

思考の過程 ▶ 音源が単振動をしているため，音源が観測者に近づく速度が時間変化し（❶），観測される振動数が変化する。
→音源の速度の変化をしっかり考えよう。

図 a のように，原点を中心として音源が単振動しており，観測者は x 軸上の原点から十分に離れた位置（$x>0$）に静止しているとする。

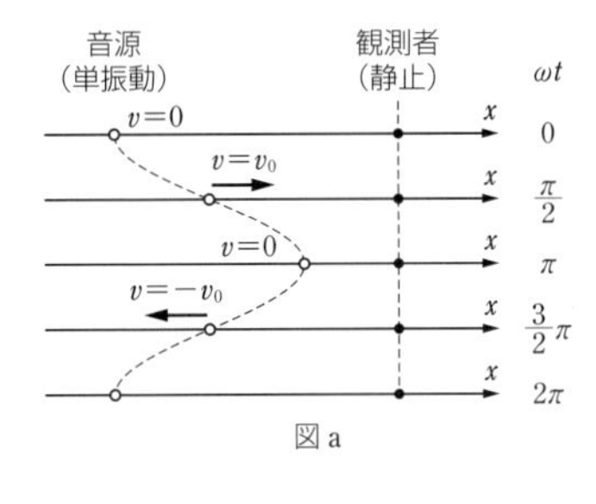

図 a

音源の速度を $v=v_0\sin\omega t$ とすると，観測者が観測する振動数 f は，音の速さを V として

$$f=\frac{V}{V-v}f_0=\frac{V}{V-v_0\sin\omega t}f_0=\frac{1}{1-\dfrac{v_0}{V}\sin\omega t}f_0 \quad \cdots\cdots ①$$

ここで，$-1\leqq\sin\omega t\leqq1$ であるから，分母は最大値が $1+\dfrac{v_0}{V}$，最小値が $1-\dfrac{v_0}{V}$ である。

$V>v_0$ であれば $1-\dfrac{v_0}{V}>0$ なので，f の最小値は $\dfrac{f_0}{1+\dfrac{v_0}{V}}$，$f$ の最大値は $\dfrac{f_0}{1-\dfrac{v_0}{V}}$ となる。

このとき $s=\dfrac{v_0}{V}$ とおけば $0<s<1$ であり，問題文の図のように，f は $\dfrac{f_0}{1+s}$ と $\dfrac{f_0}{1-s}$ の間で振動することになる。音源が振動の中心を通過する瞬間は $v=\pm v_0$ であるから，$f=\dfrac{f_0}{1\mp s}$ となる。

すなわち，A あるいは C に相当する。

よって，正解は ⑤。

補足　振動の端では $v=0$，振動の中心では $v=\pm v_0$（v_0 は $|v|$ の最大値）であるから，振動の端で発せられた音は振動数 f_0 と観測され，振動の中心で発せられた音の振動数は $v=v_0$ のとき最大，$v=-v_0$ のとき最小と観測されるというわけである。

補足　①式において $v_0\ll V$ であれば

$$f=\frac{1}{1-\dfrac{v_0}{V}\sin\omega t}f_0\fallingdotseq\left(1+\frac{v_0}{V}\sin\omega t\right)f_0$$

となり，三角関数とみなせるが，$v_0\ll V$ でなければ上記の近似はできないため，問題文中の図のような三角関数とみなせるグラフとは程遠いものとなる。

問 2　問 1 の考察から $s=\dfrac{v_0}{V}$ すなわち $v_0=sV$ であり，これが振動の中心を通過するときの速さである。

よって，正解は ①。

問 3

思考の過程 ▶ ❷より，音源が中心を通過する直前は v_0 で近づき，通過した直後は v_0 で遠ざかる。
→振動数は，音源が通過する直前と直後で変化することが予想される。
→それぞれの場合において，ドップラー効果の式を立てて考えてみよう。

今度は図 b のように観測者が振動の中心のすぐそばにいる場合である。音源が振動の端から音を発したとき，音源の速度は 0 であるから，観測される振動数は f_0 である。

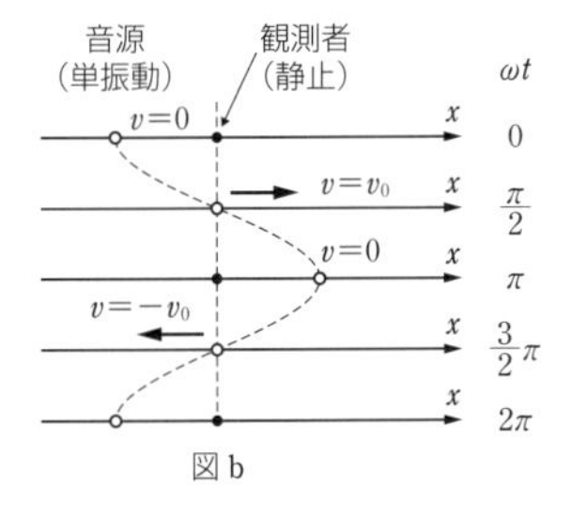

図 b

音源が振動の中心を通過していくときは次のようになる。

中心を通過する直前，音源が近づく速さが v_0 で最大となり，$f=\dfrac{V}{V-v_0}f_0=\dfrac{f_0}{1-s}$ で最大となる。

中心を通過した直後，音源が遠ざかる速さが v_0 で最大となり，$f=\dfrac{V}{V+v_0}f_0=\dfrac{f_0}{1+s}$ で最小となる。

つまり，音源が中心を通過する直前と直後で，観測される振動数が最大から最小へと激しく変化することになる。

よって，正解は ④。

091　問1　⑧　　問2　④　　問3　⑥

問題文を読む前に

プールの底にいる観測者が，プールの水面上の景色を見ようとしたらどう見えるかという話である。空気中から水面に入射してくる光の入射角を0°～90°で変化させたとき，屈折角の変化できる範囲が限られてしまう(屈折角がある値より大きくはなれない)ことから，問題の図にある円の外側に目を向けると，水面下からの反射光しか観測されないことになる。このイメージをもって，問題文を読み直してみよう。

問題文の読み方

(本冊 p.86)

次の文章を読み，下の問い(問1～3)に答えよ。

図(b)は水深3mの水を張った幅10m，長さ25mのプールの鉛直断面図であり，図(a)はこのプールの右端から10mの底面中央の点Oに観察者がいて，その観察者から見える静水面を表している。プールの右端には目盛板が壁面にそってプール底面から鉛直に設置されている。図(a)の明るい円形領域にはプール端の鉛直目盛板の上部を含めた水面より上の周囲の景色が見え，円形領域外の暗い領域には水面より下の景色およびプール端の鉛直目盛板の下部も映っている。ただし，点Oの真上にある水面上の点をPとし，点Pを通りプールの長さの方向と平行で左向きにx軸，鉛直上向きにz軸をとる。また，鉛直目盛板はx軸と交わる位置にあり，目盛りはプール底面を0mとして，鉛直上向きに0.5m間隔で記されているものとする。観察者の大きさは無視できるものとし，水の空気に対する相対屈折率は簡単のため1.25とする。

問1　点Pを中心とする明るい円形領域の半径は何mか。最も適当な値を，次の①～⑧のうちから1つ選べ。

①　0.5　②　1.0　③　1.5　④　2.0　⑤　2.5　⑥　3.0　⑦　3.5　⑧　4.0

問2　点Oにいる観察者から見ると，円形領域外の水面のx軸上には鉛直目盛板の像が映っている。点Pから鉛直目盛板の最下端の像までの距離は何mか。最も適当な値を，次の①～⑨のうちから1つ選べ。

①　2　②　3　③　4　④　5　⑤　6　⑥　7　⑦　8　⑧　9　⑨　10

問3　点Oの観察者には，図(a)の点Pから7.5mの水面上のx軸付近に映っている目盛数値の像はどのように見えるか。最も適当なものを，次の①～⑨のうちから1つ選べ。ただし，観察者は上を向いて頭上をx軸の正の向きに見ているものとする(そのため，水がないときに目盛りを見ると，[0.0] [0.5] [1.0] …というように見える)。

①　5.1　②　I.2　③　S.I　④　0.2　⑤　2.0　⑥　S.0
⑦　5.2　⑧　2.5　⑨　S.2

〔2015 立正大 改〕

❶ 水面における光の屈折を考えたとき，明るい円形領域に空気の側から入射する光は適当な入射角のときに点Oに到達することができる。つまり，点Oからは水面より上側が見える。

❷ 円形領域外の水面に空気の側から入射する光は，どんな入射角に対しても点Oに達することができない。つまり，点Oからは水面より上側は見えず，水面の下側から入射して水面で反射する光だけが点Oに到達することになる。

解説

問 1

> **思考の過程▶** 円形領域内に空気の側から入射した光は，水面において屈折し，適当な入射角のときに点 O に到達する(❶)。
> →入射光が点 O に到達できる範囲を，屈折の法則を用いて求めてみよう。

まず，図 a のように空気の側から入射角 i で入射した光の屈折角を r とすると，屈折の法則より

$$\frac{\sin i}{\sin r}=1.25$$

図 a

よって

$$\sin r=\frac{\sin i}{1.25}$$

i を $0^\circ \leqq i \leqq 90^\circ$ で変化させたとき

$$0 \leqq \sin i \leqq 1$$

より

$$0 \leqq \sin r \leqq \frac{1}{1.25}\left(=\frac{4}{5}\right)$$

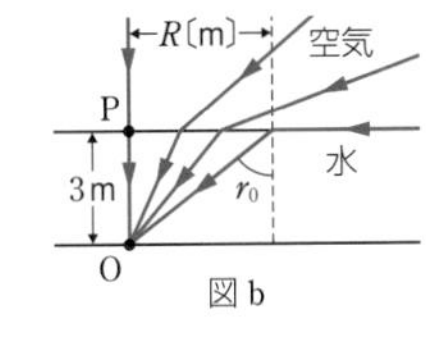

図 b

つまり，屈折角 r の最大値を r_0 とすれば

$$\sin r_0=\frac{4}{5}$$

図 c

図 b のように，点 P から最も遠い点で入射して点 O に達する光の屈折角は r_0 であり，この点と点 P の距離 R〔m〕が明るい円形領域の半径となる。

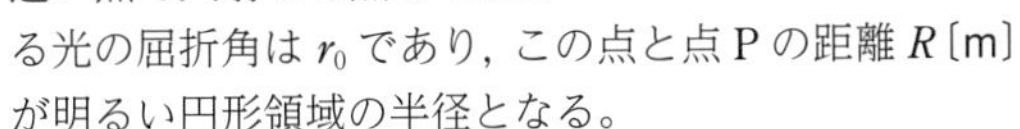

図 d のように

$$\tan r_0=\frac{R}{3}$$

であるが，図 c と比較して

$$R=4\text{m}$$

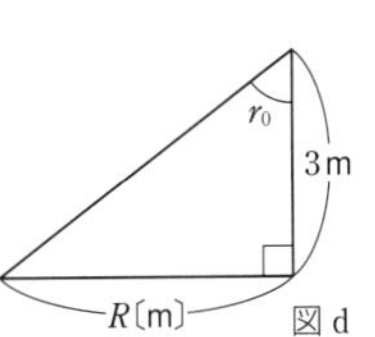

図 d

よって，正解は ⑧。

> **知識の確認　屈折の法則**
>
> $$\frac{\sin i}{\sin r}=\frac{v_1}{v_2}=\frac{\lambda_1}{\lambda_2}=n_{12}$$
>
> i：入射角　r：屈折角
>
> v_1，v_2：媒質 1，媒質 2 での波の速さ
>
> λ_1，λ_2：媒質 1，媒質 2 での波の波長
>
> n_{12}：媒質 1 に対する媒質 2 の屈折率

問 2　目盛板の最下点から出た光は，図 e のように点 P から 5m の位置で反射して，点 O に到達する。

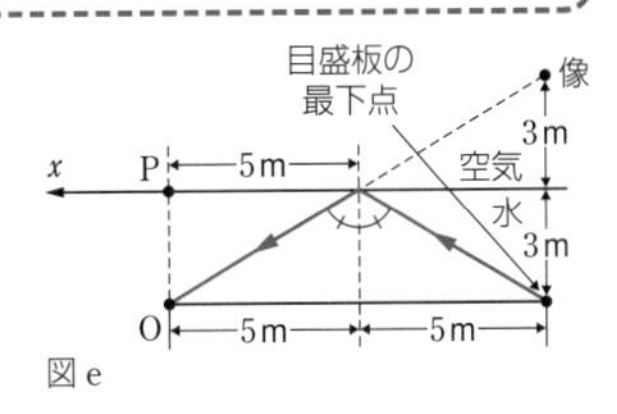

図 e

目盛板の最下点の水面(という鏡)による像(虚像)といえば，図 e のように，目盛板の最下点の上方 6m の点ということになるところだが，問題文に，「水面の x 軸上には鉛直目盛板の像が映っている」という記述があるので，反射した点のことを指しているものと解釈して，点 P からの距離は 5m と考えられる。

よって，正解は ④。

問 3　図 f のように，目盛板の最下点上方 2.0m から出た光が，点 P から 7.5m の水面で反射して点 O に届く。つまり，点 O の観察者には，目盛数値 2.0 が見える。

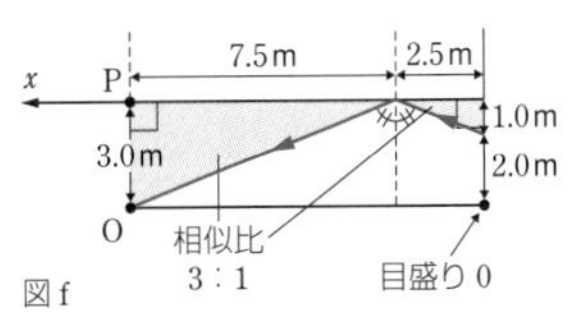

図 f

また，図 g のように，像は上下が逆転して見えることがわかる。左右は逆転しない。よって，像は図 h のように 2.0 を上下逆転させたものとなる。

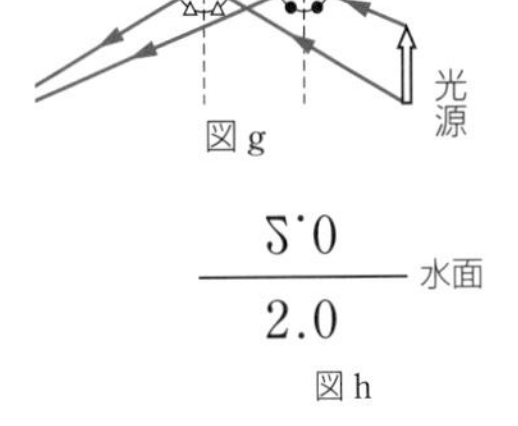

図 g

水面
図 h

したがって，正解は ⑥。

092 問1 ⑤ 問2 ③ 問3 ⑥

問題文の読み方

(本冊 $p.87$)

次の光の速さに関する文章を読み，下の問い(問1～3)に答えよ。

光の速さは非常に速いため，歴史上測定は簡単ではなかった。天体を用いず，地上で初めて光の速さを測定したのはフィゾーである。フィゾーは空気中で実験を行っており，光は物質中では真空中よりも遅くなるので，フィゾーの測定値は真空中における光の速さよりも少し小さい値となっているはずであるが，空気の屈折率は1に非常に近いため，測定の精度を考えると真空中における光の速さを測定したといっても差し支えない。現在では，フィゾーの実験をさらに発展させた次のような測定を行うことができる。

単色のパルス光を0.1秒間隔で放射するレーザー光源がある。まず，図1のような装置で，レーザー光を半透鏡で2つに分ける。半透鏡で反射した半分の光は受光器1で検出され，残りの半分の透過した光は，距離 L の位置に置かれた反射鏡で反射され，半透鏡にもどり反射された後，受光器2で検出される。これらの2つの受光器は，光の強度を電気的な信号に変換して出力信号をオシロスコープのチャンネル1 (CH1)，チャンネル2 (CH2) に入力する。このオシロスコープは，光の強度を縦軸に，時間を横軸に表示する。なお，光軸に対して対称な位置に置かれた2つの受光器において，受光後の信号の遅延時間は同一であるとする。

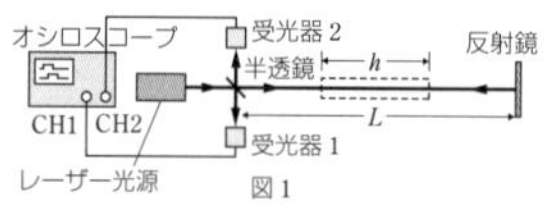

図1

> ❶ CH1の信号に対するCH2の信号の遅延時間は，光が $2L$ の距離を進むのにかかる時間である。

問1 図2のようにCH2の信号はCH1の信号に比べ，時間 T_0 だけ遅れた。光の速さ c を表す式として正しいものを，次の①～⑨のうちから1つ選べ。

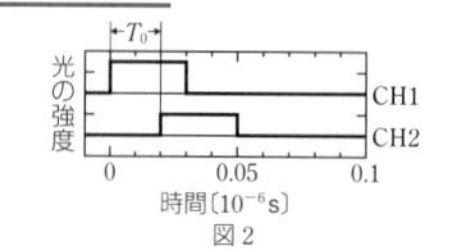

図2

① LT_0 ② $\frac{L}{T_0}$ ③ $\frac{T_0}{L}$ ④ $2LT_0$ ⑤ $\frac{2L}{T_0}$

⑥ $\frac{2T_0}{L}$ ⑦ $\frac{LT_0}{2}$ ⑧ $\frac{L}{2T_0}$ ⑨ $\frac{T_0}{2L}$

次に，図1中に破線で描いた屈折率 n の一様な物質でできた透明で長さ h の円柱を，その中心軸を光線に一致させて半透鏡と反射鏡の間に挿入した。

> ❷ 円柱内の光学距離が長くなるため，信号の遅延時間も長くなる。

問2 光の速さを c とするとき，CH1の信号に対するCH2の信号の遅れ時間 T を表す式として正しいものを，次の①～⑧のうちから1つ選べ。ただし，円柱によるレーザー光の反射は考えなくてよい。

① $\frac{L+(n-1)h}{c}$ ② $\frac{L+nh}{c}$ ③ $\frac{2\{L+(n-1)h\}}{c}$ ④ $\frac{2(L+nh)}{c}$

⑤ $\frac{(n-1)L+h}{(n-1)c}$ ⑥ $\frac{nL+h}{nc}$ ⑦ $\frac{2\{(n-1)L+h\}}{(n-1)c}$ ⑧ $\frac{2(nL+h)}{nc}$

問3 半透鏡から反射鏡までの距離を $L=3.00$ m として，円柱を挿入せずに実験したところ，CH2の信号の遅れ時間は $T_0=2.0\times10^{-8}$ s であった。また，長さが $h=1.00$ m の円柱を挿入したときは，$T=2.4\times10^{-8}$ s であった。円柱の屈折率の値として最も適当なものを，次の①～⑨のうちから1つ選べ。

① 1.1 ② 1.2 ③ 1.3 ④ 1.4 ⑤ 1.5 ⑥ 1.6 ⑦ 1.7

⑧ 1.8 ⑨ 1.9

〔2003 東京都立大 改〕

解説

問1　2つの受光器は，受光後の信号の遅延時間が同一であるため，CH1の信号に対するCH2の信号の遅延時間 T_0 は，光が $2L$ の距離を進むのにかかる時間である(❶)。

よって

$$c=\frac{2L}{T_0}$$

したがって，正解は⑤。

問2　円柱の中を通る距離 $2h$ を光学距離に直すと $2nh$ であるから，光は速さ c で光学距離 $2L-2h+2nh$ を進むことになる。

したがって

$$T=\frac{2L-2h+2nh}{c}=\frac{2\{L+(n-1)h\}}{c}$$

よって，正解は③。

別解　光の速さは，距離 $2(L-h)$ では c，距離 $2h$ では $\frac{c}{n}$ であるから

$$T=\frac{2(L-h)}{c}+\frac{2h}{\frac{c}{n}}$$

と計算することもできる。

問3　まず，問1の式に $L=3.00\,\mathrm{m}$，$T_0=2.0\times10^{-8}\,\mathrm{s}$ を代入して

$$c=\frac{2\times3.00}{2.0\times10^{-8}}=3.0\times10^8\,\mathrm{m/s}$$

次に問2の式を用いて

$$\frac{cT}{2}=L+(n-1)h$$

よって

$$n=1+\frac{\frac{cT}{2}-L}{h}$$

ここで，$c=3.0\times10^8\,\mathrm{m/s}$，$T=2.4\times10^{-8}\,\mathrm{s}$ より

$$\frac{cT}{2}=\frac{(3.0\times10^8)\times(2.4\times10^{-8})}{2}=3.6\,\mathrm{m}$$

したがって

$$n=1+\frac{3.6-3.00}{1.00}=1.6$$

よって，正解は⑥。

別解　問1，問2より

$$\frac{T}{T_0}=1+(n-1)\frac{h}{L}\quad\cdots\cdots①$$

ここで

$$\frac{T}{T_0}=\frac{2.4\times10^{-8}}{2.0\times10^{-8}}=1.2$$

であるから，①式に代入して整理すると

$$n=1+\frac{L}{5h}=1.6$$

補足　2つの光線の距離の差と時間差がわかれば，光がその時間差で進む距離がわかるので光の速さが計算できる。

さらに，物質の屈折率によって光路差が生まれる状態をつくれば，光の速さが測定できているので，今度は光路差を計算することができ，物質の屈折率を求めることができる。

093 ア ②，イ ③，ウ ①，エ ⑥，オ ②，カ ④

問題文の読み方

（本冊 *p*.90）

次の文章を読み，空欄 ア ～ カ に入れるのに最も適当な語句または式を，それぞれの直後の｛　｝で囲んだ選択肢のうちから1つずつ選べ。

図1のように，起電力 E の電池，電気容量 C のコンデンサー，抵抗値 r の抵抗，およびスイッチSからなる回路がある。

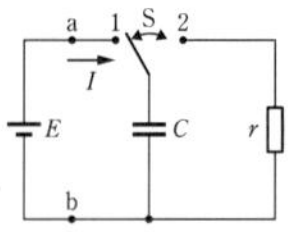

図1

スイッチSを1の側につなぐと，コンデンサーにほぼ瞬間的に電流が流れ，すぐに電流は0になった。このときコンデンサーには電気量 $Q=$ ア ｛① $\frac{CE^2}{2}$　② CE　③ $\frac{E}{C}$　④ $2CE$　⑤ $\frac{E^2}{2C}$　⑥ CE^2｝が蓄えられる。続いてスイッチSを2の側につなぎかえると，抵抗の両端にかかる電圧 V が図2のように変化した。ただし，図中の T は $T=rC$ を満たす，時間の次元をもつ物理量である。図2のグラフからわかるように，スイッチSを2の側につなぎかえてから時間 $5T$ が経過すると $V=0$ になると考えられる。スイッチSを2の側につないでから時間 $5T$ が経過するまでの間に，コンデンサーに蓄えられていたエネルギーは イ ｛① コンデンサーの中で熱に変わる　② 空中に電波としてすべて放出される　③ 抵抗 r の中でほとんど熱に変わる　④ コンデンサーの中に残っている　⑤ コンデンサーに蓄えられる分と抵抗で熱になる分が等しくなる　⑥ 電池にもどされる｝。

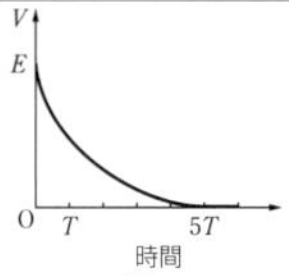

図2

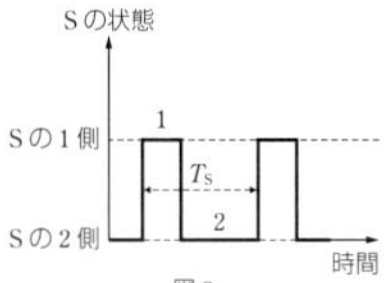

今度は，図3のグラフで表されるように，スイッチSを1の側へ少しの間つないだ後，2の側に切りかえ，$5T$ より長い時間つないでおくというセットを一定の時間間隔 T_s でくり返していく。これは，図1の端子a，bから見て右側の部分に電圧 E を加えたときに，流れる電流が周波数 $f=\frac{1}{T_s}$ で変動しているとみなすことができる。この電流を平均した値は右側の部分に流れ込む電気量を単位時間当たりにならしてやれば求めることができるので，電流（の平均値）は $I=$ ウ ｛① fQ　② $fQ+\frac{E}{r}$　③ $r+fQ$　④ $\frac{Q}{f}$　⑤ $\frac{Q}{f}+\frac{E}{r}$　⑥ $r+\frac{Q}{f}$｝となる。この右側の部分を図4の抵抗 R と同等であると考えると $R=$ エ ｛① $\frac{r}{fCr+1}$　② $\frac{f}{C}$　③ $\frac{f}{C}+r$　④ $fC+r$　⑤ $\frac{r}{rC+1}$　⑥ $\frac{1}{fC}$｝と表される。

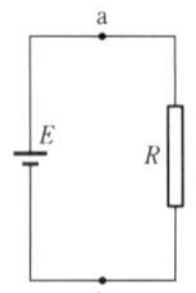

図3

図4

最後に，図5のような回路で SW_1 と SW_2 を同時に図3のように動作させる。ここで，各スイッチを2および2′側に倒している時間は $5r_1C_1$ および $5r_2C_2$ のいずれよりも大きいとする。また，図1の回路で $C=C_1$，$r=r_1$ のとき，端子a，bより右側の部分が図4の抵抗 $R=R_1$ と同等であり，$C=C_2$，$r=r_2$ のとき $R=R_2$ と同等であるとする。このとき，端子A, B間の抵抗を R_{AB} とすると R_{AB} は2つの抵抗 R_1，R_2 の オ ｛① 直列　② 並列｝接続とみなされるので，$R_{AB}=$ カ ｛① R_1+R_2　② $\frac{1}{R_1}+\frac{1}{R_2}$　③ $\frac{1}{R_1+R_2}$　④ $\frac{R_1R_2}{R_1+R_2}$｝となる。

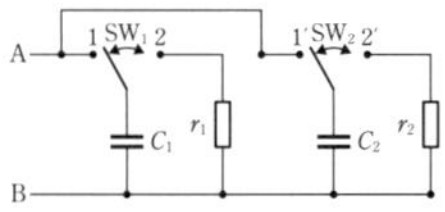

図5

［1999 神奈川工科大 改］

❶ $T=rC$ の単位を国際単位系で表してみると

$$[\Omega]\times[\mathrm{F}]=\frac{[\mathrm{V}]}{[\mathrm{A}]}\times\frac{[\mathrm{C}]}{[\mathrm{V}]}=\frac{[\mathrm{A}]\times[\mathrm{s}]}{[\mathrm{A}]}=[\mathrm{s}]$$

となり，時間の次元をもつことがわかる。

❷ コンデンサーに $Q=CE$ の電気量を蓄え，それを抵抗 r に放電するという作業を，一定の時間間隔 T_s でくり返すので，単位時間当たり $\frac{Q}{T_s}$ の電気量が移動していることになる。

❸ コンデンサー，抵抗，スイッチからなる部分をひとかたまりの抵抗ととらえ直すということである。

解説

思考の過程▶ コンデンサー，抵抗，スイッチからなる部分を，ひとかたまりの抵抗ととらえ直す(❸)ということである。
→この部分にある電圧を加えたときにどれだけ電流が流れたかを考えて，オームの法則にあてはめて，この部分の抵抗を求めよう。

| ア |　コンデンサーに電圧 E が十分な時間加わっているので

$$Q=CE$$

よって，正解は②。

| イ |　コンデンサーに蓄えられた静電エネルギーは，スイッチ S を 2 の側に切りかえることで，抵抗 r においてジュール熱となる。

よって，正解は③。

| ウ |　時間 T_s ごとに，電気量 Q が移動するので，単位時間当たりに移動する電気量は

$$\frac{Q}{T_s}=fQ$$

であり，これが電流の平均値である。

よって，正解は①。

| エ |　電圧 E を加えて，電流 fQ が流れるので，抵抗 R は，オームの法則より

$$E=R\times fQ$$

よって

$$R=\frac{E}{fQ}=\frac{E}{fCE}=\frac{1}{fC}$$

したがって，正解は⑥。

| オ |　図 1 のうち図 a に示した部分を，図 b と等価であるとみなすということである(❸)。

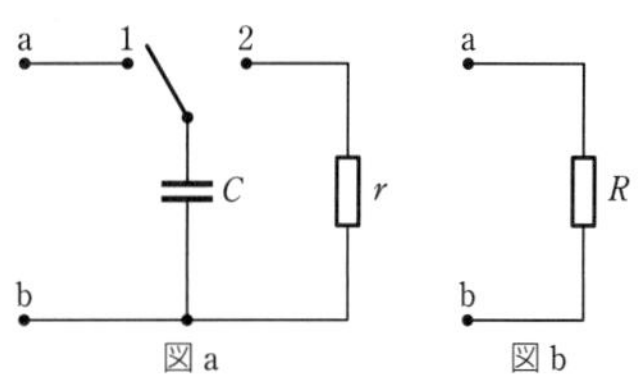

図 a　図 b

よって，図 5 の等価回路は図 c のようになる。これは，2 つの抵抗 R_1，R_2 の並列接続である。

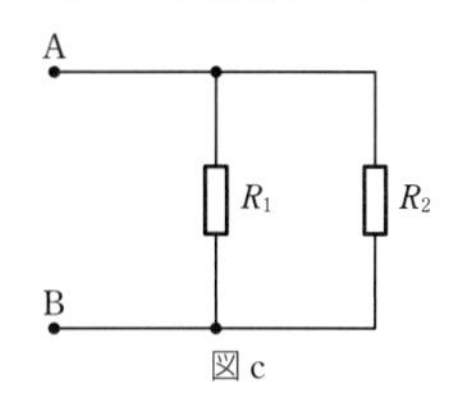

図 c

よって，正解は②。

| カ |　合成抵抗 R_{AB} は

$$\frac{1}{R_{AB}}=\frac{1}{R_1}+\frac{1}{R_2}$$

を満たすので

$$R_{AB}=\frac{R_1R_2}{R_1+R_2}$$

よって，正解は④。

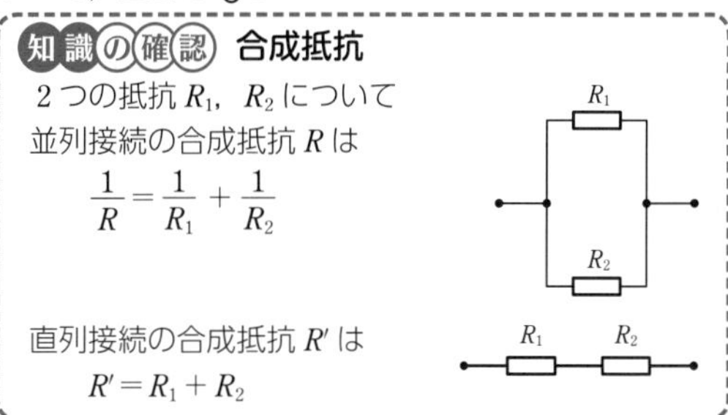

知識の確認　合成抵抗

2 つの抵抗 R_1，R_2 について
並列接続の合成抵抗 R は

$$\frac{1}{R}=\frac{1}{R_1}+\frac{1}{R_2}$$

直列接続の合成抵抗 R' は

$$R'=R_1+R_2$$

094　問1　⑤　　問2　②　　問3　③

問題文を読む前に

どんな装置なのかが，図からは少しとらえにくいかもしれないが，１つの操作によって何が起こるか，それによって何が引き起こされることになるのかを，少しずつ分析しながら考えていく姿勢が必要である。
実験結果からは，同じことをくり返すことがわかるので，上の分析で，同じことのくり返しが現れるまで，考えを１つずつ進めていけばよい。

問題文の読み方

（本冊 *p*.91）

図1は誘導コイルの概略を表している。誘導コイルは，内側のコイル1に流れる電流の変化を利用して，外側のコイル2の両端の電極間に大きな起電力を得る装置である。コイル1は，鉄心のまわりに，抵抗の無視できる細い導線をすき間なく一様にN回巻いた，長さL〔m〕のソレノイドである。コイル1の長さLは，鉄心の直径に比べて十分長いものとする。図1の調節ねじは導体でつくられており，スイッチを入れて，鉄心の近くにおかれた鉄片に調節ねじの先端を接触させると，コイル1に電流が流れる。

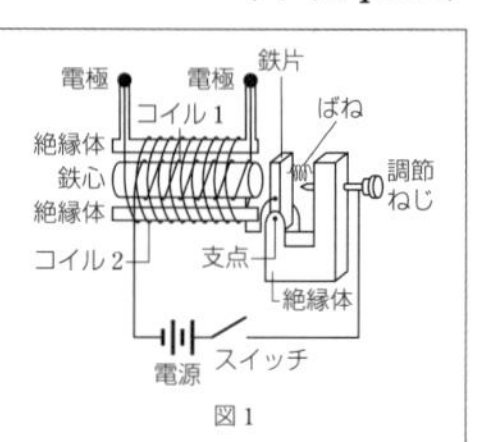

図1

問1　コイル1に流れる電流をI〔A〕，鉄心の透磁率をμ〔N/A²〕とすると，鉄心内の磁束密度の大きさB〔T〕はいくらか。正しいものを，次の①～⑥のうちから1つ選べ。

①　μNI　　②　$\dfrac{NI}{\mu}$　　③　μNLI　　④　$\dfrac{NLI}{\mu}$　　⑤　$\dfrac{\mu NI}{L}$　　⑥　$\dfrac{NI}{\mu L}$

図1に示したように，鉄片は支点を中心に傾くことができるように取りつけられており，鉄片と絶縁体はばねでつながれている。調節ねじを微調整して，先端を鉄片にわずかに接触させるようにすると，コイル1に流れる電流は図2のようになる。

問2　図2のように，電流がコイル1に流れる状態と流れない状態を頻繁にくり返す理由として最も適当なものを，次の①～③のうちから1つ選べ。ただし，調節ねじの先端が鉄片に接触するとき，ばねの長さは自然の長さであるものとする。また，鉄片は硬く，鉄片とコイル1をつなぐ導線は十分柔らかいものとし，支点には摩擦がないものとする。

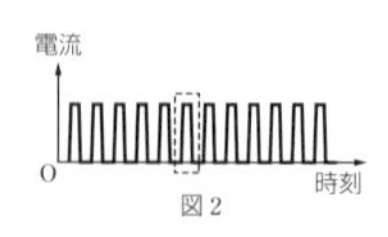

図2

①　コイル1に電流が流れると，自己誘導起電力により回路全体の起電力の和が0になり，電流も0になる。すると，自己誘導起電力が0になり，再び電流が流れる。
②　コイル1に電流が流れると，コイル1を貫く磁場が生じ鉄片を引きつけるため鉄片と調節ねじが離れ，電流が0になる。すると，磁場が0になり，鉄片がばねで引きもどされて調節ねじと再び接触し，電流が流れる。
③　コイル1に電流が流れると，コイル1を貫く磁場が生じ，鉄片が磁石になる。鉄片がつくる磁場によりコイル1に誘導起電力が生じ，回路全体の起電力の和が0になり電流も0になる。すると鉄片も磁石ではなくなるので，再び電流が流れる。

> ❶　①と③では，流れていた電流が誘導起電力によって急に0になる。

問3　図3は図2の点線の範囲を拡大したものである。コイル1を流れる電流が図3のようになっていたとき，コイル2の両端の電極に発生する誘導起電力の時間変化を表すグラフとして最も適当なものを，次の①～④のうちから1つ選べ。ただし，t_1は電流が流れ始める時刻，t_3は電流が減少しはじめる時刻，t_2とt_4は$t_2-t_1=t_3-t_2=t_4-t_3$を満たす時刻である。

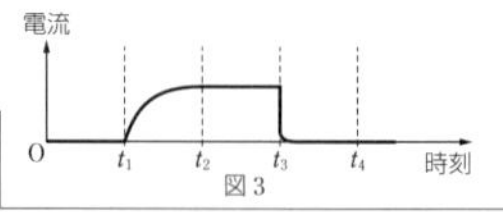

図3

> ❷　コイル2の両端の電極に発生する誘導起電力は，コイル1を流れる電流の時間変化に比例する。

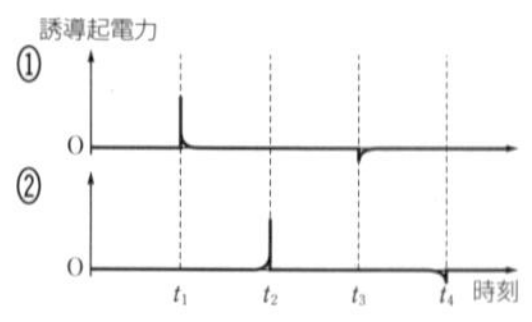

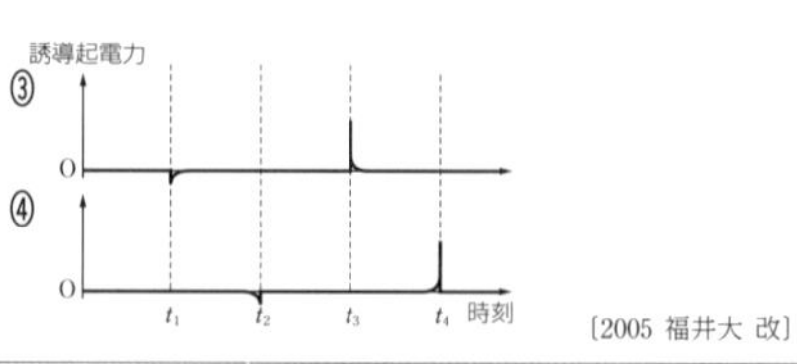

〔2005 福井大 改〕

解説

問１　コイル１の単位長さ当たりの巻数は $\frac{N}{L}$ なので，生じる磁場の強さを H とすると

$$H=\frac{N}{L}I$$

$B=\mu H$ より

$$B=\mu\frac{N}{L}I=\frac{\mu NI}{L}$$

よって，正解は⑤。

知識の確認　ソレノイド内部の磁場と磁束密度

磁場 $H=nI$　　　磁束密度 $B=\mu nI$

H〔A/m〕：磁場の強さ

n〔1/m〕：単位長さ当たりのコイルの巻数

I〔A〕：電流

B〔T〕：磁束密度の大きさ　　μ〔N/A^2〕：透磁率

問２　調節ねじの先端を鉄片にわずかに接触させると，コイル１に電流が流れる。すると，コイル１を貫く磁場が生じる(要するに，コイル１は電磁石となる)。
この磁場により鉄片がコイル１の側に引きつけられることになるので，鉄片は調節ねじの先端から離れ，コイル１に電流は流れなくなる。
すると，コイル１を貫く磁場も消えるので，ばねにより鉄片はもとの位置にもどり，再びコイル１に電流が流れることになる。これがくり返し起こることになる。
よって，正解は②。

補足　①と③の選択肢では，流れていた電流が誘導起電力によって急に０になるとしている(❶)。誘導起電力は電流の急な変化を妨げるはたらきをするため，①と③は誤りである。

問３

思考の過程▶ コイル２の両端の電極に発生する誘導起電力は，コイル１を流れる電流の時間変化に比例する(❷)。
→コイル１を流れる電流の時間変化(図３のグラフの傾き)に着目しよう。

コイル１に流れる電流 I の時間変化 $\frac{\Delta I}{\Delta t}$ の大きさが一番大きいのは，図の $t=t_3$ 付近で，このとき $\frac{\Delta I}{\Delta t}<0$ である。

また，$t=t_1$ から少し後も $\left|\frac{\Delta I}{\Delta t}\right|$ は大きく，このときは $\frac{\Delta I}{\Delta t}>0$ である。

したがって，誘導起電力の大きさは $t=t_3$ 付近で最大であり，$t=t_1$ 付近でも大きくなる。そして，この２箇所では，誘導起電力の向きは逆向きである。
よって，正解は③。

095　問1　①　問2　④　問3　(1)　①，(2)　⑤，(3)　④

問題文の読み方

(本冊 p.92)

次の文章を読み，下の問い(問1～3)に答えよ。

図の回路において P_{DC} は定電圧の直流電源，P_{AC} は周波数50Hzの交流電源，A_{DC} は直流電流計，A_{AC} は交流電流計，S_{DC}，S_{AC}，S_1，S_2，S_3，S_4 はスイッチである。そして，(1)，(2)，(3) は以下の表の素子 a～g のいずれかを表している。同じ素子が2回以上使われることはない。

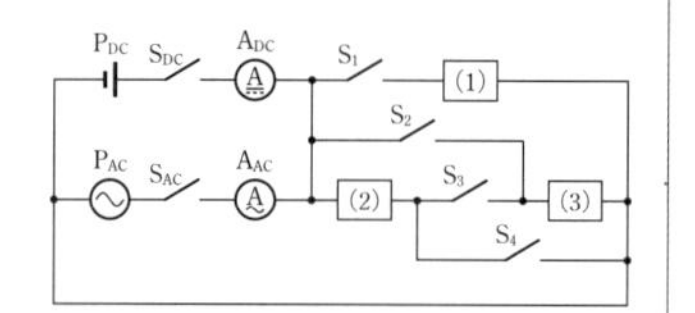

a	b	c	d	e	f	g
1kΩの抵抗	2kΩの抵抗	4kΩの抵抗	$\left(\frac{5}{2\pi}\right)$μFのコンデンサー	$\left(\frac{10}{2\pi}\right)$μFのコンデンサー	$\left(\frac{15}{2\pi}\right)$μFのコンデンサー	$\left(\frac{20}{2\pi}\right)$μFのコンデンサー

この回路について，先生が4人の生徒に対してそれぞれ異なる簡単な指示を出して測定を行わせたところ，結果について以下の報告が提出された。以下で，電流はスイッチを閉じて十分時間が経過してから測定されたものとする。以下の報告では閉じたスイッチのみについて述べている。それぞれの場合について，S_{DC}，S_{AC} はその一方だけが閉じられて他方は開いており，S_1，S_2，S_3，S_4 はその中の1つだけが閉じられて残りの3つは開いている。

報告1　スイッチ S_{DC} を閉じて直流電源を利用した。スイッチ S_1 を閉じたとき A_{DC} で測定した電流は0Aでない値を示した。

報告2　スイッチ S_{DC} を閉じて直流電源を利用した。スイッチ S_2 を閉じたとき，A_{DC} で測定した電流は0Aであった。また，スイッチ S_4 を閉じたとき，A_{DC} で測定した電流は0Aであった。

報告3　スイッチ S_{AC} を閉じて交流電源を利用した。A_{AC} で測定した電流は，スイッチ S_3 を閉じたときの値を I_3，スイッチ S_4 を閉じたときの値を I_4 とすると，どちらも0Aではなく，I_4 は I_3 の3倍であった。

報告4　スイッチ S_{AC} を閉じて交流電源を利用した。A_{AC} で測定した電流は，スイッチ S_1 を閉じたときの値を I_1，スイッチ S_3 を閉じたときの値を I_3 とすると，どちらも0Aではなかった。測定結果を書いた紙を紛失したので正確には報告できないが，I_1 は I_3 の4倍以上の値であったことは確実である。

問1　報告1のみに基づいて考えたとき，(1) の素子としてありうるものをすべてあげたものとして最も適当なものを，次の①～③のうちから1つ選べ。

① a, b, c　② d, e, f, g　③ a, b, c, d, e, f, g

問2　報告2と報告3のみに基づいて考えたとき，(3) の素子としてありうるものをすべてあげたものとして最も適当なものを，次の①～⑨のうちから1つ選べ。

① a, b　② a, c　③ b, c　④ d, e　⑤ d, f　⑥ d, g
⑦ e, f　⑧ e, g　⑨ f, g

問3　すべての報告を総合して考えたとき，(1)，(2)，(3) の素子として最も適当なものを，それぞれ次の①～⑦のうちから1つずつ選べ。

① a　② b　③ c　④ d　⑤ e　⑥ f　⑦ g

〔2001 工学院大 改〕

❶ スイッチを閉じてから十分に時間が経過した後の電流を測定しているので，電源が直流であれば，電流は一定値となる。特にコンデンサーの場合，電流は0Aである。
交流電源の場合は，コンデンサーでも抵抗でも電流は0Aにならず，振動することになる。

❷ ❶をふまえると，抵抗がつながれていることがわかる。

❸ ❶をふまえると，コンデンサーがつながれていることがわかる。

❹ 式にすると
$I_4 = 3I_3$

❺ 式にすると
$I_1 \geqq 4I_3$

解説

問1　報告1では，直流電源を(1)の素子に接続して電流を測定している。電流は0Aにならなかったので，(1)は抵抗a，b，cのいずれかである(❷)。

よって，正解は①。

問2

> 思考の過程▶ 報告2よりスイッチS_2とS_4を閉じたときの電流は0Aである(❸)。また，報告3よりI_4がI_3の3倍(❹)である。
> →まずは報告2から，つながれている端子の種類を判断しよう。次に，報告3の結果から素子を絞りこもう。

報告2では，直流電源と(3)の素子を接続したとき(S_2を閉じたとき)，電流が0Aであったから，(3)はコンデンサーd，e，f，gのいずれかである(❸)。また，直流電源と(2)の素子を接続したとき(S_4を閉じたとき)，やはり電流が0Aであったので(2)もコンデンサーd，e，f，gのいずれかである(❸)。

報告3では交流電源を用いている。

S_3を閉じたときは(2)のコンデンサー（C_2[F]とする）と(3)のコンデンサー（C_3[F]とする）を直列接続していることになるので，合成容量をC[F]とすれば

$\frac{1}{C}=\frac{1}{C_2}+\frac{1}{C_3}$ である。リアクタンスをX_Cとすると

$X_C=\frac{1}{\omega C}=\frac{1}{2\pi fC}$（$\omega$：角周波数，$f$：周波数）より

$$X_C=\frac{1}{2\pi\times 50\times C}=\frac{1}{100\pi C}$$
$$=\frac{1}{100\pi C_2}+\frac{1}{100\pi C_3}$$

S_4を閉じたときは(2)のコンデンサーを接続しているので，リアクタンスをX_{C2}とすると

$$X_{C2}=\frac{1}{2\pi\times 50\times C_2}=\frac{1}{100\pi C_2}$$

電源電圧は等しいので，$X_CI_3=X_{C2}I_4$より

$$\frac{1}{100\pi}\left(\frac{1}{C_2}+\frac{1}{C_3}\right)I_3=\frac{1}{100\pi C_2}I_4$$

かつ $I_4=3I_3$ (❹)であるから

$$\frac{1}{C_2}+\frac{1}{C_3}=\frac{3}{C_2}\quad よって\quad \frac{1}{C_3}=\frac{2}{C_2}$$

すなわち$C_2=2C_3$である。

この電気容量の関係を満たすものは(2)eかつ(3)d，あるいは(2)gかつ(3)eであるから，(3)の素子としてありうるものは，dあるいはeである。

よって，正解は④。

> **知識の確認　コンデンサーのリアクタンス**
>
> $$X_C=\frac{1}{\omega C}\ (\omega=2\pi f)$$
>
> X_C〔Ω〕：コンデンサーのリアクタンス
> C〔F〕：電気容量
> ω〔rad/s〕：角周波数
> f〔Hz〕：周波数

問3　報告4では交流電源を用いている。

S_1を閉じたとき，(1)の素子，すなわち抵抗を接続している。その抵抗値をR[Ω]とすれば，$RI_1=X_CI_3$より

$$RI_1=\frac{1}{100\pi}\left(\frac{1}{C_2}+\frac{1}{C_3}\right)I_3$$

また $I_1\geqq 4I_3$ (❺)である。

これら2式から

$$R\leqq\frac{1}{4}\times\frac{1}{100\pi}\left(\frac{1}{C_2}+\frac{1}{C_3}\right)\quad\cdots\cdots①$$

を得る。そこで，C_2，C_3の2つの可能性それぞれについて調べてみることにする。

（ⅰ） (2)がe，(3)がdのとき

$C_2=\frac{10}{2\pi}\times 10^{-6}$F，$C_3=\frac{5}{2\pi}\times 10^{-6}$Fより

$$\frac{1}{100\pi}\left(\frac{1}{C_2}+\frac{1}{C_3}\right)$$
$$=\frac{1}{100\pi}(2\pi+4\pi)\times 10^5$$
$$=6\times 10^3\,\Omega$$

①式に代入して　$R\leqq 1.5\times 10^3\,\Omega$

これを満たすのはaの抵抗である。

（ⅱ） (2)がg，(3)がeのとき

$C_2=\frac{20}{2\pi}\times 10^{-6}$F，$C_3=\frac{10}{2\pi}\times 10^{-6}$Fより

$$\frac{1}{100\pi}\left(\frac{1}{C_2}+\frac{1}{C_3}\right)$$
$$=\frac{1}{100\pi}(\pi+2\pi)\times 10^5$$
$$=3\times 10^3\,\Omega$$

①式に代入して

$$R\leqq\frac{1}{4}\times 3\times 10^3=0.75\times 10^3\,\Omega$$

であり，a，b，cの中にこれを満たすものはない。

よって，(ⅰ)の場合が適当であり，(1)はa，(2)はe，(3)はd。

したがって，(1)は①，(2)は⑤，(3)は④。

096　問1　⑧　　問2　ア　⑤，イ　①，ウ　①

問題文の読み方

（本冊 *p*.93）

次の文章を読み，下の問い（問1，2）に答えよ。

ラジオ放送を受信するときは，さまざまな周波数の電波の中から，聞きたい放送局の周波数の電波を選びださなければならない。そのときに，並列接続されたコイルとコンデンサーの共振が利用される。すなわち，共振周波数の電波が選びだされることになる。ラジオ放送の受信ではコンデンサーの電気容量を変化させることにより，共振周波数を変化させている。ここでは話を単純化して，次のような回路の振る舞いについて考えてみよう。

図に示すように，自己インダクタンス L のコイルと電気容量 C のコンデンサーからなる並列回路が交流電源に接続されている。時刻 t において電源電圧は $V=V_0\cos\omega t$ である。コイルに流れる電流を I_L，コンデンサーに流れる電流を I_C，並列回路に流れ込む電流を I とする。以下の問いでは，I_L の位相が V の位相よりも $\frac{\pi}{2}$ 遅れていること，I_C の位相が V の位相よりも $\frac{\pi}{2}$ 進んでいることを用いてよい。

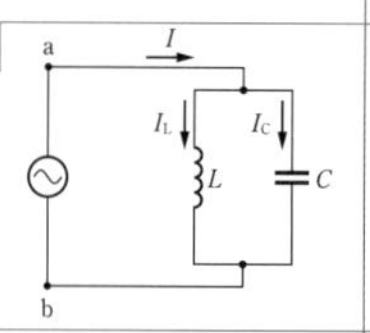

問1　回路のインピーダンスを表す式として正しいものを，次の①～⑧のうちから1つ選べ。

①　$\omega L+\frac{1}{\omega C}$　②　$\frac{1}{\omega L}+\omega C$　③　$\left|\omega L-\frac{1}{\omega C}\right|$　④　$\left|\frac{1}{\omega L}-\omega C\right|$

⑤　$\frac{1}{\omega L+\frac{1}{\omega C}}$　⑥　$\frac{1}{\frac{1}{\omega L}+\omega C}$　⑦　$\frac{1}{\left|\omega L-\frac{1}{\omega C}\right|}$　⑧　$\frac{1}{\left|\frac{1}{\omega L}-\omega C\right|}$

問2　次の文章の空欄 ア ～ ウ に入れるグラフと語句として最も適当なものを，それぞれの直後の｛　｝で囲んだ選択肢のうちから1つずつ選べ。

電流 I の振幅 I_0 と ω との関係を表すグラフは ア である。単純化して考えると，この LC 並列回路に対して並列にスピーカーを接続したとき，角周波数が イ ｛①　ω_0 の信号だけ　②　ω_0 以外の信号｝は LC 並列回路のほうに流れることができないので，共振周波数の信号はスピーカー側に入力 ウ ｛①　される　②　されない｝ことになる。

ア の選択肢

①
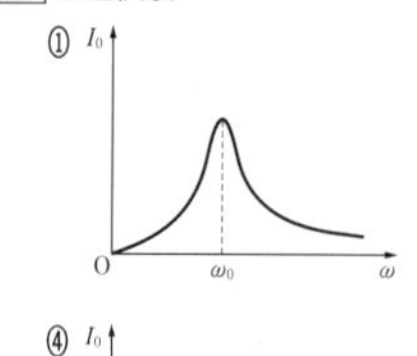

②
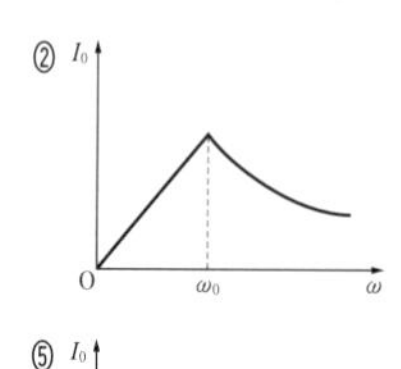

③
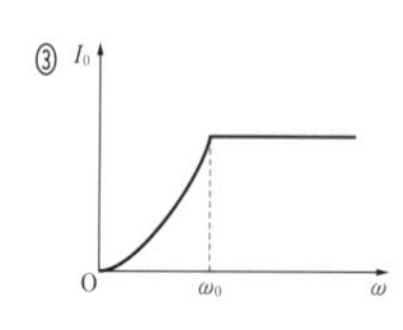

④　⑤

〔2017 大分大 改〕

❶ 特定の周波数の電波を選びだし，スピーカーに入力することで，ラジオ放送を聞くことができる。

❷ コイルにもコンデンサーにも等しい電圧 $V=V_0\cos\omega t$ が加わっている。
コイルのリアクタンスは ωL，コンデンサーのリアクタンスは $\frac{1}{\omega C}$ である。

❸ 式にすると
$I_L=(\text{定数})\times\cos\left(\omega t-\frac{\pi}{2}\right)$
$I_C=(\text{定数})\times\cos\left(\omega t+\frac{\pi}{2}\right)$

解説

問 1

> **思考の過程▶** 回路のインピーダンスは，並列回路に加わる電圧の最大値 V_0 と並列回路に流れる電流の最大値（本問では I_0）の比となる。
> →並列回路に流れる電流の最大値 I_0 を求めて，インピーダンスを導出しよう。

並列回路なのでコイルにもコンデンサーにも

$$V=V_0\cos\omega t$$

の電源電圧が加わっている（❷）。

コイルのリアクタンスは ωL であり，コイルに流れる電流 I_L は V よりも位相が $\frac{\pi}{2}$ 遅れている（❸）ので

$$I_L=\frac{V_0}{\omega L}\cos\left(\omega t-\frac{\pi}{2}\right)$$
$$=\frac{V_0}{\omega L}\sin\omega t$$

コンデンサーのリアクタンスは $\frac{1}{\omega C}$ であり，コンデンサーに流れる電流 I_C は V よりも位相が $\frac{\pi}{2}$ 進んでいる（❸）ので

$$I_C=\omega CV_0\cos\left(\omega t+\frac{\pi}{2}\right)$$
$$=-\omega CV_0\sin\omega t$$

よって

$$I=I_L+I_C$$
$$=\left(\frac{1}{\omega L}-\omega C\right)V_0\sin\omega t$$

電流 I の最大値を I_0 とすれば

$$I_0=\left|\frac{1}{\omega L}-\omega C\right||V_0| \quad\cdots\cdots①$$

であるから，回路のインピーダンスを Z とすると

$$Z=\frac{|V_0|}{I_0}=\frac{1}{\left|\frac{1}{\omega L}-\omega C\right|}$$

よって，正解は ⑧。

問 2

> **思考の過程▶** I_0 と ω の関係を表すグラフが知りたい。
> →①式から ω と I_0 の関係の特徴を調べよう。グラフの特徴としては $\omega=\omega_0$ 付近，$\omega\to 0$，$\omega\to\infty$ における I_0 の振る舞いをみればよい。

①式より $I_0\geqq 0$ であり，$\frac{1}{\omega L}=\omega C$ すなわち

$\omega=\frac{1}{\sqrt{LC}}$ のとき $I_0=0$ で最小値になっている。

つまり，$\omega_0=\frac{1}{\sqrt{LC}}$ である。

I_0 は $0<\omega<\infty$ で定義され，

$\omega\to 0$　のとき $I_0\to\infty$

$\omega\to\infty$　のとき $I_0\to\infty$

である。

よって，［ア］は ⑤。

> **思考の過程▶** 問題文の導入部をしっかり読めば，さまざまな周波数の電波の中から特定の周波数のものだけを選択して聞きたい（スピーカーに入力したい）という意味であることがわかる（❶）。
> →特定の角周波数 ω_0 の信号だけが LC 並列回路に流れることができず，スピーカーに入力される場面を想定していることが予想される。

$\omega=\omega_0$ の信号は $I_0=0$ より LC 並列回路には流れることができない。

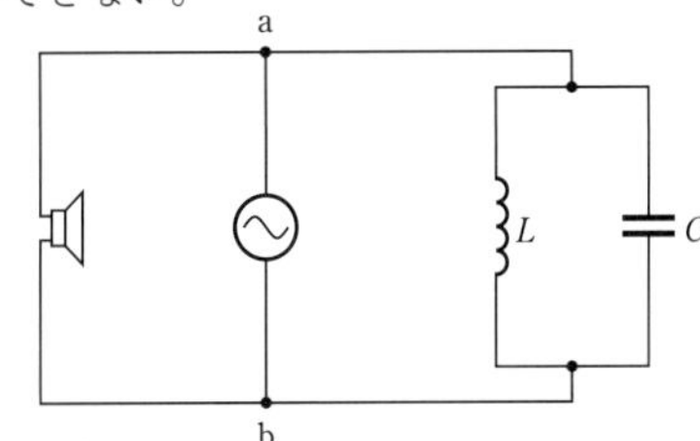

よって，［イ］は ①。

また，このとき，共振周波数の信号（$\omega=\omega_0$ の信号）は，LC 並列回路と並列につながれた，スピーカーのほうに入力されることになる。

よって，［ウ］は ①。

097 問1 ① 問2 ② 問3 ③

問題文の読み方

(本冊 p.95)

次の文章を読み，下の問い(問1～3)に答えよ。

電子の比電荷を測定したトムソンの実験の解説に，電子にはたらく重力は電子の速さが大きいために無視できる，という記述があった。この点に疑問を抱いた太郎さんは，電子より約2000倍も大きい質量をもつ陽子(水素の原子核)に置きかえて，図1のような装置で重力の影響を考えた。陽子を収納した容器と電極板の間にV[V]の電圧を加えると，陽子が水平なz軸上を点Pに向かって電極板の穴を通り抜ける。この陽子は，点Pを速さv_0[m/s]で通過し，強さE[V/m]の一様な電場が加わる幅W[m]の水平な平行板電極を通過中に進路が曲げられ，その後，z軸に垂直な蛍光面に衝突した。蛍光面とz軸との交点を原点Oとし，鉛直下向きをy軸正の向きとする。また，電気素量をe[C]，陽子の質量をm[kg]，重力加速度の大きさをg[m/s²]とする。

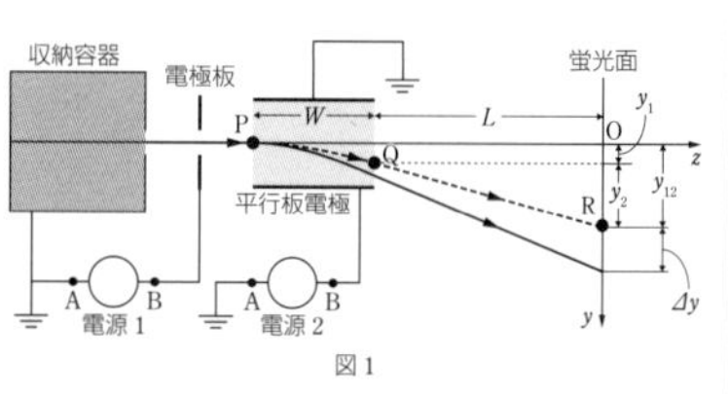

図1

❶ 陽子が電源1によってz軸の正の向きに加速されたことがわかる。

重力を無視すると，y軸正方向にz軸からy_1[m]だけずれた点Qで飛び出してくる。その後は直進し，L[m]離れた蛍光面にさらにy_2[m]だけずれた点Rで衝突することになる。

❷ 陽子が電源2によってy軸の正の向きに加速されたことがわかる。

いま，重力は図1のy軸正の向きにはたらくとし，点RからのずれΔy[m]をもとに，重力の影響を考察する。

問1 電源1および電源2は，図2のように2種類の接続方法が可能である。図1のように陽子が蛍光面上の$y>0$に到達するためにはそれぞれの電源をどのように接続すればよいか。最も適当な組合せを，次の①～④のうちから1つ選べ。

接続方法a　接続方法b
A B　A B
図2

	電源1	電源2
①	a	a
②	a	b
③	b	a
④	b	b

問2 $y_{12}=y_1+y_2$とするとき，y_{12}を表す式として最も適当なものを，次の①～④のうちから1つ選べ。

① $\dfrac{eEW(W+L)}{2mv_0^2}$　② $\dfrac{eEW(W+2L)}{2mv_0^2}$　③ $\dfrac{eEW(2W+L)}{2mv_0^2}$　④ $\dfrac{eEW(W+L)}{mv_0^2}$

問3 太郎さんの考えが科学的に正しくなるように，次の文章の空欄［　］に入れる語句として最も適当なものを，それぞれの直後の{　}で囲んだ選択肢のうちから1つ選べ。

太郎さんはΔyも計算し，例として$W=L=1$mを代入して$\dfrac{\Delta y}{y_{12}}=\dfrac{4mg}{3eE}$を得た。さらに，例えば$E=100$V/mとして$e=1.6\times10^{-19}$C，$m=1.7\times10^{-27}$kg，$g=9.8$m/s²とすれば$\Delta y \fallingdotseq y_{12}\times10^{-9}$mとなり，重力の影響は無視できると結論づけた。そして，［　］{ ① 陽子の速さが十分に大きい　② 陽子にはたらく重力が静電気力に比べて十分に大きい　③ 陽子にはたらく静電気力が重力に比べて十分に大きい　④ 陽子の質量が電子の質量に比べて十分に大きい }のが，その原因だと考えた。

〔2018 岐阜大 改〕

解説

問 1

> 思考の過程▶ ❶，❷から，陽子が加速される向き，すなわち陽子にはたらく力の向きがわかる。
> →正電荷である陽子は電場の向きに力を受けることを利用して，電源の向きを決めよう。

陽子は電源 1 によって z 軸の正の向きに加速され(❶)，電源 2 によって y 軸の正の向きに加速されている(❷)。よって，それぞれの区間で，陽子が電場から受ける力の向きは，図 a，図 b のようにならなければならない。陽子が受ける力の向きは電場の向きに等しいので，電源 1，2 の接続の方法も，図 a，図 b に示した向きとなる。

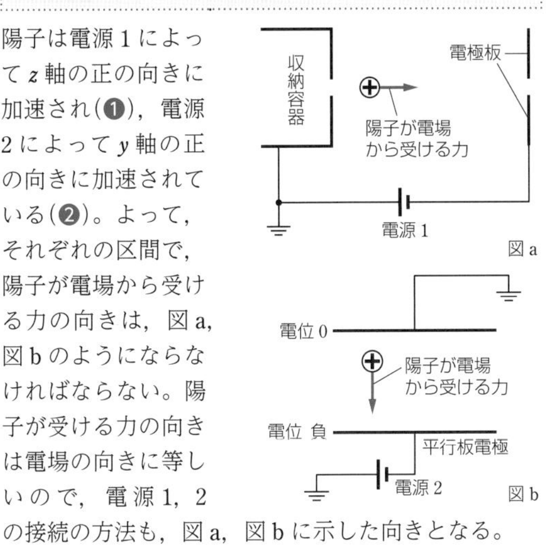

よって，正解は①。

問 2　平行板電極の間において，陽子の運動を考える。

z 軸方向は，速度 v_0 の等速直線運動であり，W の距離を進むので，通り抜けるのにかかる時間 t_1 は

$$t_1=\frac{W}{v_0}$$

y 軸方向について，重力を無視する場合，運動方程式は，加速度を a_y として

$$ma_y=eE \qquad よって \quad a_y=\frac{eE}{m}$$

y 軸方向の初速度は 0 と考えられるので

$$y_1=\frac{1}{2}a_yt_1{}^2=\frac{eE}{2m}\left(\frac{W}{v_0}\right)^2$$

また，点 Q における速度の y 成分を v_1 とすれば

$$v_1=a_yt_1=\frac{eE}{m}\cdot\frac{W}{v_0}$$

点 Q から点 R までは，z 軸方向が速度 v_0 の等速直線運動，y 軸方向が速度 v_1 の等速直線運動なので

$$L:y_2=v_0:v_1$$

よって

$$y_2=L\cdot\frac{v_1}{v_0}=\frac{eEWL}{mv_0{}^2}$$

したがって

$$y_{12}=y_1+y_2=\frac{eEW^2}{2mv_0{}^2}+\frac{eEWL}{mv_0{}^2}=\frac{eEW(W+2L)}{2mv_0{}^2}$$

よって，正解は②。

問 3　太郎さんの計算より

$$\frac{\varDelta y}{y_{12}}=\frac{4mg}{3eE}\fallingdotseq 10^{-9} \qquad \cdots\cdots①$$

①式より，重力によるずれ $\varDelta y$ が y_{12} に比べて十分に小さい原因は，「陽子にはたらく静電気力 eE が重力 mg に比べて十分大きいから」であると考えられる。

よって，正解は③。

補足　①式は以下のようにして導出できる。

y 軸方向について，重力も考慮する場合，加速度を a_y' として運動方程式を立てると

$$ma_y'=eE+mg$$

よって　$a_y'=\dfrac{eE}{m}+g\ (=a_y+g)$

z 軸方向に $W+L$ 進む間$\left(時間\ \dfrac{W+L}{v_0}\right)$は，問 2 の考察と比べて，さらに g で加速されているので

$$\varDelta y=\frac{1}{2}g\left(\frac{W+L}{v_0}\right)^2$$

よって

$$\frac{\varDelta y}{y_{12}}=\frac{\varDelta y}{y_1+y_2}=\frac{\frac{1}{2}g\left(\frac{W+L}{v_0}\right)^2}{\frac{eEW(W+2L)}{2mv_0{}^2}}=\frac{mg(W+L)^2}{eEW(W+2L)}$$

例えば $W=L=1\,\mathrm{m}$ とすれば

$$\frac{\varDelta y}{y_{12}}=\frac{4mg}{3eE}$$

であり

$$mg=1.7\times10^{-27}\times9.8 \fallingdotseq 1.7\times10^{-26}\,\mathrm{N}$$

一方

$$eE=1.6\times10^{-19}\times100 =1.6\times10^{-17}\,\mathrm{N}$$

よって

$$\frac{4mg}{3eE}\fallingdotseq\frac{4\times(1.7\times10^{-26})}{3\times(1.6\times10^{-17})}\fallingdotseq 10^{-9}$$

以上より①式が成立することが示された。

カテゴリー別
大学入学共通テスト対策問題集
物理

解答編

編集協力者　小川　栄一
清水　　正

13651　A

ISBN978-4-410-13651-1

編　者　数研出版編集部
発行者　星野　泰也
発行所　**数研出版株式会社**
〒101-0052　東京都千代田区神田小川町2丁目3番地3
〔振替〕00140-4-118431
〒604-0861　京都市中京区烏丸通竹屋町上る大倉町205番地
〔電話〕代表（075）231-0161
ホームページ　https://www.chart.co.jp
印刷　河北印刷株式会社

乱丁本・落丁本はお取り替えいたします。　200201